普通高等院校"十二五"规划教材

金工实习

主编 黄丽明
副主编 朱征 郑连义
主审 孔德音

国防工业出版社
·北京·

内容简介

本书是根据2009年"教育部高等学校机械基础课程教学指导分委员会金工课指组"关于《机械制造实习课程教学基本要求》的精神，在总结多年教学改革成功经验的基础上，结合教学实践和学科发展编写而成的。

全书共12章，内容包括：金工实习基础知识、铸造、锻压、焊接、钢的热处理、车削加工、铣削加工、刨削加工、磨削加工、钳工、数控加工和特种加工。

本书可作为高等学校机械类各专业本科、专科的金工实习（或机械制造实习）教材，及非机械类各有关专业机械制造实践教学用书，也可供各类成人高校、高职、高专相关专业选用，还可供机械制造行业的工程技术人员学习参考。

图书在版编目(CIP)数据

金工实习/黄丽明主编. —北京：国防工业出版社，2022.2重印
普通高等院校"十二五"规划教材
ISBN 978-7-118-08391-0

Ⅰ.①金… Ⅱ.①黄… Ⅲ.①金属加工-实习 Ⅳ.①TG-45

中国版本图书馆CIP数据核字(2012)第231807号

※

*国防工业出版社*出版发行
（北京市海淀区紫竹院南路23号 邮政编码100048）
北京虎彩文化传播有限公司印刷
新华书店经售

*

开本787×1092 1/16 印张14½ 字数357千字
2022年2月第1版第5次印刷 印数7001—7600册 定价28.00元

(本书如有印装错误，我社负责调换)

国防书店：(010)88540777 发行邮购：(010)88540776
发行传真：(010)88540755 发行业务：(010)88540717

前　言

"金工实习"是一门实践性的技术基础课,是高等学校机械类各专业学习机械制造基本工艺和基本方法、完成工程基本训练、培养工程素质和创新精神的重要必修课;也是非机械类各有关专业重要的实践教学环节,是实现理工与人文社会学科融通的有效途径。

本书是根据2009年12月国家"教育部高等学校机械基础课程教学指导分委员会金工课指组"关于《机械制造实习课程教学基本要求》的精神,在总结多年教学改革成功经验的基础上,结合教学实践和学科发展编写而成的。

为提高教材质量,本书在内容取材上注意了与课堂教学教材的分工与配合,合理调整了理论教学与实践教学内容;对加工设备的介绍,以外部结构、作用和使用方法为主;对加工方法的介绍,以操作过程和操作技术为主,以体现实践为主的原则。对近年来应用日益广泛的数控加工技术、特种加工技术以及各种新材料、新工艺、新技术,均作了精选介绍,以适应机械制造技术发展的需要;在内容编排和叙述方法上,贯彻由浅入深、循序渐进的原则,不仅注重学生观察现象、独立思考、分析问题和解决问题能力的培养,而且注重学生工程实践能力和创新思维能力的提高。

本书由天津科技大学黄丽明担任主编,朱征、郑连义担任副主编。参加本书编写的有:刘志平(1.1节、第5章),朱恩龙(1.2节～1.4节,第11章、第12章),黄丽明(第2章、第3章),朱征(第4章、第6章、第7章),郑连义(第8章～第10章)。

本书由天津科技大学孔德音教授担任主审。

天津科技大学杜素梅老师对本书的编写提出了许多宝贵的修改意见,颜伟老师对本书有关数控程序内容提出了大量改进建议,在此一并表示衷心感谢。

本书在编写过程中,参考并引用了部分有关教材和网络资料,全体编写人员在此特向相关出版社和作者表示诚挚谢意。

由于编者水平有限,书中欠妥与疏漏之处在所难免,恳请广大读者批评指正。

编　者

目 录

第1章 金工实习基础知识 ············ 1
1.1 工程材料基础知识 ············ 1
1.1.1 工程材料的分类 ············ 1
1.1.2 金属材料的力学性能 ······ 1
1.1.3 常用金属材料 ············ 5
1.2 机械制造基础知识 ············ 8
1.2.1 机械制造基本过程 ········ 8
1.2.2 切削加工基本知识 ········ 9
1.2.3 切削加工质量 ············ 11
1.2.4 切削加工步骤 ············ 13
1.3 刀具材料 ···················· 15
1.3.1 刀具材料的性能要求 ······ 15
1.3.2 常用的刀具材料 ·········· 16
1.4 常用量具及用法 ············ 17
1.4.1 游标卡尺 ················ 17
1.4.2 千分尺 ·················· 18
1.4.3 百分表 ·················· 20
1.4.4 万能角度尺 ·············· 21
1.4.5 量规 ···················· 21

第2章 铸造 ························ 23
2.1 铸造概述 ···················· 23
2.2 砂型铸造 ···················· 23
2.2.1 砂型铸造的工艺过程 ······ 23
2.2.2 铸型的组成 ·············· 24
2.2.3 型(芯)砂 ················ 24
2.2.4 模样和芯盒 ·············· 26
2.2.5 造型 ···················· 27
2.2.6 造芯 ···················· 32
2.2.7 浇冒口系统 ·············· 34
2.2.8 造型的基本操作 ·········· 35
2.3 合金的熔化与浇注 ············ 36
2.3.1 合金的铸造性能 ·········· 36
2.3.2 合金的熔炼 ·············· 38
2.3.3 浇注 ···················· 40

2.4 落砂与清理 ·················· 41
2.4.1 落砂 ···················· 41
2.4.2 清理 ···················· 41
2.5 特种铸造 ···················· 41
2.5.1 金属型铸造 ·············· 41
2.5.2 熔模铸造 ················ 42
2.5.3 压力铸造 ················ 43
2.5.4 离心铸造 ················ 44
2.6 铸件缺陷分析 ················ 45

第3章 锻压 ························ 47
3.1 锻压概述 ···················· 47
3.2 锻造 ························ 47
3.2.1 锻造坯料的加热与锻件
冷却 ···················· 48
3.2.2 自由锻造 ················ 50
3.2.3 模型锻造 ················ 60
3.2.4 锻件缺陷分析 ············ 61
3.3 板料冲压 ···················· 63
3.3.1 冲压设备 ················ 63
3.3.2 冲模结构 ················ 65
3.3.3 冲压基本工序 ············ 66

第4章 焊接 ························ 69
4.1 焊接概述 ···················· 69
4.1.1 焊接定义及特点 ·········· 69
4.1.2 焊接方法及分类 ·········· 69
4.2 电弧焊 ······················ 70
4.2.1 焊接电弧 ················ 70
4.2.2 焊条电弧焊 ·············· 70
4.2.3 埋弧焊 ·················· 77
4.2.4 气体保护焊 ·············· 79
4.2.5 其他常用熔焊方法 ········ 82
4.3 其他焊接方法 ················ 88
4.3.1 电阻焊 ·················· 88
4.3.2 摩擦焊 ·················· 89

4.3.3　钎焊 ………………… 90
4.4　焊接检验 ……………………… 90
　　4.4.1　常见焊接缺陷 …………… 91
　　4.4.2　焊接质量检验 …………… 92

第5章　钢的热处理 …………… 94
5.1　热处理概述 …………………… 94
5.2　钢的整体热处理 ……………… 95
　　5.2.1　退火 ……………………… 95
　　5.2.2　正火 ……………………… 95
　　5.2.3　淬火 ……………………… 96
　　5.2.4　回火 ……………………… 97
5.3　钢的表面热处理 ……………… 97
　　5.3.1　表面淬火 ………………… 98
　　5.3.2　化学热处理 ……………… 99
5.4　常用热处理设备 ……………… 99
　　5.4.1　热处理加热炉 …………… 100
　　5.4.2　冷却装置 ………………… 101
5.5　常见热处理缺陷及防止
　　　措施 ………………………… 101
5.6　钢的火花鉴别 ………………… 102
　　5.6.1　火花的构成 ……………… 102
　　5.6.2　常用钢的火花特征 ……… 103

第6章　车削加工 ……………… 106
6.1　车削概述 ……………………… 106
6.2　车床 …………………………… 106
　　6.2.1　卧式车床型号 …………… 106
　　6.2.2　卧式车床的组成 ………… 106
　　6.2.3　卧式车床的基本操作 …… 108
　　6.2.4　卧式车床的传动系统 …… 109
6.3　车刀 …………………………… 111
　　6.3.1　车刀的结构 ……………… 111
　　6.3.2　车刀组成及角度 ………… 111
　　6.3.3　车刀的刃磨 ……………… 114
　　6.3.4　车刀安装 ………………… 114
6.4　工件安装及车床附件 ………… 115
　　6.4.1　卡盘安装 ………………… 115
　　6.4.2　花盘安装 ………………… 116
　　6.4.3　顶尖安装 ………………… 116
　　6.4.4　心轴安装 ………………… 117
　　6.4.5　中心架与跟刀架的
　　　　　使用 ………………………… 119

6.5　车削步骤 ……………………… 119
6.6　车削工艺 ……………………… 121
　　6.6.1　车外圆 …………………… 121
　　6.6.2　车端面 …………………… 122
　　6.6.3　车台阶 …………………… 123
　　6.6.4　切槽 ……………………… 123
　　6.6.5　切断 ……………………… 124
　　6.6.6　车成形面 ………………… 125
　　6.6.7　车圆锥面 ………………… 126
　　6.6.8　车螺纹 …………………… 127
　　6.6.9　孔加工 …………………… 130
　　6.6.10　滚花 …………………… 131
6.7　车削综合工艺 ………………… 132
　　6.7.1　轴类零件车削工艺 ……… 132
　　6.7.2　盘套类零件车削工艺 …… 133
　　6.7.3　典型零件车削实例 ……… 134

第7章　铣削加工 ……………… 135
7.1　铣削概述 ……………………… 135
　　7.1.1　铣削特点与应用 ………… 135
　　7.1.2　铣削用量 ………………… 135
　　7.1.3　铣削方式 ………………… 136
7.2　铣床 …………………………… 136
　　7.2.1　铣床种类 ………………… 136
　　7.2.2　铣床型号 ………………… 137
　　7.2.3　铣床组成 ………………… 138
7.3　铣刀及其安装 ………………… 139
　　7.3.1　铣刀 ……………………… 139
　　7.3.2　铣刀的安装 ……………… 140
7.4　铣床附件及工件安装 ………… 142
　　7.4.1　铣床附件 ………………… 142
　　7.4.2　工件的安装 ……………… 144
7.5　铣削基本工艺 ………………… 145
　　7.5.1　铣平面 …………………… 145
　　7.5.2　铣斜面和台阶面 ………… 146
　　7.5.3　铣沟槽 …………………… 147
　　7.5.4　铣成形面 ………………… 148
　　7.5.5　铣齿形 …………………… 148
　　7.5.6　其他加工 ………………… 149
7.6　铣削工艺示例 ………………… 150

第8章　刨削加工 ……………… 152
8.1　刨削概述 ……………………… 152

V

8.2 刨床 ……………………… 153
  8.2.1 牛头刨床 ……………… 153
  8.2.2 龙门刨床 ……………… 155
8.3 刨刀及其安装 ……………… 156
  8.3.1 刨刀 …………………… 156
  8.3.2 刨刀的安装 …………… 156
  8.3.3 工件的安装 …………… 156
8.4 刨削的基本操作 …………… 157
  8.4.1 刨平面 ………………… 157
  8.4.2 刨沟槽 ………………… 157
  8.4.3 刨成形面 ……………… 159
8.5 插削 ………………………… 159
  8.5.1 插床 …………………… 159
  8.5.2 插刀 …………………… 159
  8.5.3 插削的应用及特点 …… 159

第9章 磨削加工 …………… 161
9.1 磨削概述 …………………… 161
9.2 磨床 ………………………… 161
  9.2.1 外圆及内圆磨床 ……… 161
  9.2.2 平面磨床 ……………… 162
9.3 砂轮 ………………………… 163
  9.3.1 砂轮的特性 …………… 163
  9.3.2 砂轮的安装 …………… 164
  9.3.3 砂轮的修整 …………… 165
9.4 磨削工艺 …………………… 165
  9.4.1 外圆磨削 ……………… 165
  9.4.2 内圆磨削 ……………… 166
  9.4.3 平面磨削 ……………… 166
  9.4.4 圆锥面磨削 …………… 167

第10章 钳工 ………………… 168
10.1 钳工概述 …………………… 168
  10.1.1 钳工的加工特点及应用范围 ………………… 168
  10.1.2 钳工常用设备 ………… 168
10.2 划线 ………………………… 170
  10.2.1 划线的作用 …………… 170
  10.2.2 划线工具 ……………… 170
  10.2.3 划线方法与步骤 ……… 173
  10.2.4 划线举例 ……………… 174
10.3 錾削 ………………………… 175
  10.3.1 錾削工具 ……………… 176
  10.3.2 錾削操作及应用 ……… 176
10.4 锯削 ………………………… 177
  10.4.1 手锯 …………………… 178
  10.4.2 锯削操作 ……………… 178
10.5 锉削 ………………………… 179
  10.5.1 锉刀 …………………… 180
  10.5.2 锉削操作 ……………… 180
  10.5.3 锉削方法 ……………… 181
10.6 钻削 ………………………… 183
  10.6.1 钻孔加工 ……………… 183
  10.6.2 扩孔与铰孔 …………… 185
10.7 攻螺纹和套螺纹 …………… 186
  10.7.1 攻螺纹 ………………… 186
  10.7.2 套螺纹 ………………… 187
10.8 刮削 ………………………… 188
  10.8.1 刮削工具 ……………… 189
  10.8.2 刮削质量的检验 ……… 189
  10.8.3 刮削方法 ……………… 190
10.9 装配 ………………………… 191
  10.9.1 装配概述 ……………… 191
  10.9.2 典型零、部件装配 …… 192
  10.9.3 部件装配和总装配 …… 194

第11章 数控加工 …………… 196
11.1 数控机床 …………………… 196
  11.1.1 数控机床的基本组成 ………………………… 196
  11.1.2 数控机床的工作原理 ………………………… 197
  11.1.3 数控机床的特点 ……… 197
11.2 数控加工编程 ……………… 198
  11.2.1 数控机床的坐标系 …… 198
  11.2.2 数控编程方法 ………… 198
  11.2.3 数控编程内容及步骤 ………………………… 199
  11.2.4 数控程序代码 ………… 200
  11.2.5 数控程序结构与格式 ………………………… 201
11.3 数控加工常用指令及实例 ………………………… 201
  11.3.1 M功能 ………………… 202
  11.3.2 F功能 ………………… 202

11.3.3　T功能 …………………… 202
　　11.3.4　S功能 …………………… 203
　　11.3.5　G功能 …………………… 203
　　11.3.6　综合举例 ………………… 207
　11.4　数控加工中心简介 ……………… 210
第12章　特种加工 ……………………… 211
　12.1　电火花加工 ……………………… 211
　　12.1.1　电火花成形加工 ………… 211
　　12.1.2　电火花线切割 …………… 214
　12.2　电解加工 ………………………… 215
　　12.2.1　电解加工原理 …………… 215
　　12.2.2　电解加工特点 …………… 216
　12.3　超声波加工 ……………………… 216
　　12.3.1　超声波加工原理 ………… 216
　　12.3.2　超声波加工特点 ………… 217
　　12.3.3　超声波加工的
　　　　　　应用 …………………… 217
　12.4　高能束加工 ……………………… 218
　　12.4.1　激光加工 ………………… 218
　　12.4.2　电子束加工 ……………… 220
　　12.4.3　离子束加工 ……………… 221
参考文献 …………………………………… 222

第1章 金工实习基础知识

1.1 工程材料基础知识

1.1.1 工程材料的分类

工程材料是指制造工程结构、机器零件和工模具等所使用的材料,包括金属材料、高分子材料、无机非金属材料和复合材料。

1. 金属材料

金属材料包括黑色金属材料和有色金属材料。黑色金属材料是指以铁为基的钢铁材料,又称铁类合金。黑色金属以外的所有金属及其合金称为有色金属,又称非铁合金。常用的有色金属材料有铝及铝合金、铜及铜合金、钛及钛合金、镁及镁合金等。

在工程材料中,金属材料(尤其是钢铁材料)使用最广,是现代工业、农业、国防及科学技术的重要物质基础。

2. 高分子材料

高分子材料包括塑料、橡胶和纤维。高分子材料有像金属材料一样良好的延展性,像无机非金属材料一样优良的绝缘性和耐腐蚀性,还具有密度小、容易加工成形、原材料丰富、价格低廉等优点。其缺点是强度比金属差,熔点低,化学稳定性不及无机非金属材料,易老化等。高分子材料是工程上发展较快的一类新型结构材料,广泛用于科学技术、国防建设和国民经济各个领域。

3. 无机非金属材料

传统无机非金属材料包括陶瓷、玻璃、水泥、耐火材料和天然矿物材料等,新型无机非金属材料包括先进陶瓷、无机涂层、无机纤维等。无机非金属材料有许多优良的性能,如耐压强度高、硬度大、耐高温、耐磨损、抗腐蚀等。此外,水泥在胶凝性能上,玻璃在光学性能上,陶瓷在耐蚀及介电性能上,耐火材料在防热隔热性能上都具有优异的特性,为金属材料和高分子材料所不及。但与金属材料相比,其断裂强度低、缺少延展性,属于脆性材料;与高分子材料相比,其密度较大,制造工艺较复杂。

4. 复合材料

复合材料是由两种或两种以上物理和化学性质不同的物质组合而成的一种多相固体材料。在复合材料中通常以一种材料为基体,而另一种材料为增强体。基体是连续相,增强体则以独立形态分布于基体之上。各种材料在性能上互相取长补短,使复合材料的综合性能优于原组成材料,从而满足了各种不同的要求。混凝土、胶合板和玻璃钢都是典型复合材料。近代科学技术,特别是航空航天、导弹、火箭、原子能工业等领域对材料的性能提出了越来越高的要求,复合材料因此得到了迅速发展。

在金工实习过程中所使用的主要是金属材料。

1.1.2 金属材料的力学性能

金属材料的性能一般分为使用性能和工艺性能。使用性能是指材料在服役条件下应具备的性能,包括力学性能、物理性能和化学性能,它决定了材料的使用范围与使用寿命。对于大多数工程材料来说,力学性能是其最重要的使用性能。工艺性能是指材料的可加工性,即零件在冷、热加工制造过程中应具备的与加工工艺相适应的性能,包括铸造性能、锻压性能、焊接性能、热处理性能以及切削加工性能等。关于材料的工艺性能将在相关章节中分别进行讨论,本节只讨论金属材料的力学性能。

所谓力学性能是指金属材料在外力作用下抵抗变形或断裂的能力,也称为机械性能,是零件设计和选材的主要依据。常用的力学性能包括弹性、刚度、强度、塑性、硬度、冲击韧性和疲劳强度等。

1. 弹性与刚度

弹性、强度和塑性是材料承受静载荷的性能,可通过静载拉伸试验来测定。

将被测金属材料加工成标准拉伸试样(图1-1(a)),在拉伸试验机上夹紧试样两端,缓慢地对试样施加轴向载荷,使试样在外力作用下被拉长直至断裂(图1-1(b))。试验机会自动绘出试样在每一瞬间的载荷(F)与伸长量(ΔL)的关系曲线,分别用应力σ(载荷F和原始横截面积S_0的比值,单位为MPa)和应变ε(伸长量ΔL与原始标距长度L_0的比值)代替F和ΔL便可得到拉伸应力应变曲线。图1-2是低碳钢的应力应变曲线。

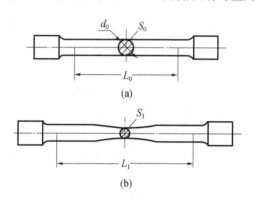

图1-1 拉伸试样示意图
(a)标准拉伸试样;(b)拉断后试样。

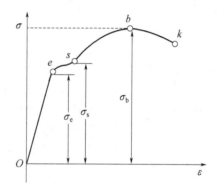

图1-2 低碳钢的应力应变曲线

在应力应变曲线上,e点以前的变形为弹性变形,即外力去除后试样可恢复到原来的长度。e点对应的应力是弹性变形阶段的最大应力,称为弹性极限,用σ_e表示。材料受力时抵抗弹性变形的能力称为刚度,其指标是弹性模量(E),单位为MPa。弹性模量值越大,刚度越大。弹性模量的大小主要取决于材料的本性,除随温度升高而逐渐降低外,其他强化材料的手段如热处理、冷热加工、合金化等对其影响很小。可以通过增加横截面积或改变截面形状来提高零件的刚度。

2. 强度

强度是指金属材料在静载荷作用下抵抗变形或断裂的能力。根据外力的作用方式不同,强度指标有屈服极限(屈服强度)、强度极限(抗拉强度)、抗压强度、抗弯强度、抗剪强度等,其中屈服极限、强度极限应用最多。

屈服极限是材料在外力作用下开始产生塑性变形所对应的最低应力值,用σ_s表示:

$$\sigma_s = \frac{F_s}{S_0}$$

式中：F_s 为应力应变曲线上 s 点对应的载荷。

强度极限是材料在外力作用下抵抗断裂所能承受的最大应力值，用 σ_b 表示：

$$\sigma_b = \frac{F_b}{S_0}$$

式中：F_b 为应力应变曲线上 b 点对应的载荷。

工程上大多数零件都是不允许产生塑性变形的，即不能在超过屈服极限的条件下工作，否则会使零件失去原有精度甚至报废；更不能在超过强度极限的条件下工作，否则会导致零件的破坏，特别是对于低塑性或脆性材料，强度极限更应作为主要的设计指标。

3. 塑性

塑性是指材料在外力作用下产生塑性变形（永久变形）而不断裂的能力。通过拉伸试验测得的塑性指标有伸长率（δ）和断面收缩率（ψ）。

伸长率是试样被拉断时的相对伸长量：

$$\delta = \frac{L_1 - L_0}{L_0} \times 100\%$$

式中：L_1 为试样被拉断后的标距长度。

断面收缩率是试样被拉断后断口截面的相对收缩量：

$$\psi = \frac{S_0 - S_1}{S_0} \times 100\%$$

式中：S_1 为试样断口处的最小横截面积。

伸长率和断面收缩率的数值越大，表明材料的塑性越好。

材料的塑性指标在工程技术中十分重要，许多成形工艺都要求材料具有较好的塑性，如锻造、轧制、拉拔、挤压、冲压等都是利用材料自身的塑性加工成形的。从零件工作的可靠性来看，在超载时，也能利用塑性变形使材料的强度提高而避免突然断裂。

4. 硬度

硬度是衡量金属材料软硬程度的性能指标，也可以说是材料抵抗局部塑性变形的能力，是材料的重要性能之一。目前生产中最常用的测定硬度方法有布氏硬度、洛氏硬度等。

布氏硬度的测量原理如图1-3所示。用规定载荷 F 把直径为 D 的淬火钢球或硬质合金球压入试件表面，并保持一定时间，而后卸除载荷，根据钢球在试样表面上的压痕直径 d 测定被测金属的硬度值。压头为钢球时用 HBS 表示，适于测量布氏硬度小于 450HBS 的材料；压头为硬质合金时用 HBW 表示，适于测量布氏硬度小于 650HBW 的材料。

布氏硬度试验压痕面积较大，试验数据较稳定，重复性也好，常用于测定铸铁、有色金属、低合金结构钢等较软的材料。但布氏硬度不适于测量成品零件和薄壁零件。

洛氏硬度的测量原理如图1-4所示。将锥角为120°的金刚石圆锥体或直径为1.588mm的淬火钢球压入被测金属表面，然后根据压痕的深度来确定试样的硬度。压痕越深，材料越软，洛氏硬度值越低。被测材料的硬度可直接由硬度计的刻度盘读出。根据压头和压力的不同，洛氏硬度有三种常用的表示方法：HRA、HRB、HRC，其中以 HRC 应用最广，表1-1列出了洛氏硬度的试验规范。

洛氏硬度试验操作简单、迅速，适用范围广，可直接测量成品件及高硬度材料；但由于洛氏硬度压痕较小，测量结果分散度较大，不宜测量极薄工件及渗层、镀层的硬度。

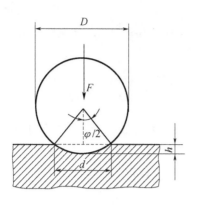

图1-3 布氏硬度测量原理

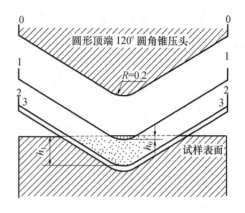

图1-4 洛氏硬度测量原理

表1-1 洛氏硬度的试验规范

标度	压头	预载荷/N	总载荷/N	应用范围	适用的材料
HRA	120°金刚石圆锥	98.07	60×9.807	70~85	硬质合金、表面淬火的钢等
HRB	φ1.588mm 钢球	98.07	100×9.807	25~100	软钢、退火钢,铜合金等
HRC	120°金刚石圆锥	98.07	150×9.807	20~67	淬火钢、调质钢等

硬度是表征金属材料力学性能的一个综合参量,生产上可以根据测定的硬度值估计出材料的近似强度极限和耐磨性。此外,硬度与材料的冷成形性、切削加工性(最佳切削硬度范围是170HBS~230HBS)、可焊性等工艺性能之间也存在一定的联系,可作为选择加工工艺时的参考。

5. 冲击韧性

冲击韧性简称韧性,是材料抵抗冲击载荷作用而不破坏的能力。工程上常用一次摆锤冲击试验(图1-5)来测定材料的冲击韧性。摆锤冲断带缺口的冲击试样所做的冲击功(A_k)与试样缺口原始横截面积(S)的比值即材料的冲击韧性值,用 a_k 表示,单位为焦耳(J)。

$$A_k = G(h_1 - h_2)g$$

$$a_k = \frac{A_k}{S}$$

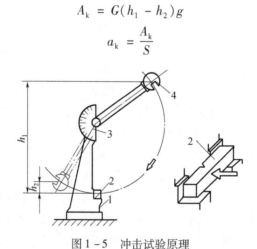

图1-5 冲击试验原理
1—支座;2—试样;3—刻度盘;4—摆锤。

式中:G 为摆锤的质量;h_1、h_2 分别为冲击前后摆锤的高度。

冲击韧性指标的实际意义在于揭示材料的变脆倾向。材料的 a_k 值随温度的降低而减小,且在某一温度范围内,a_k 值发生急剧降低,表明断裂由韧性状态向脆性状态发生转变,此温度范围称为韧脆转变温度(T_k)。韧脆转变温度越低,材料的低温冲击韧性就越好,这对于在低温条件下工作的机械构件非常重要。

应当指出,在冲击载荷工作下的机械零件,很少是受大能量一次冲击而破坏的,往往是经受小能量的多次冲击,因冲击损伤的积累引起裂纹扩展,从而造成断裂。

6. 疲劳强度

许多机械零件,如轴、齿轮、轴承、叶片、弹簧等,都是在交变载荷的作用下工作的。虽然这些零件所承受的应力低于材料的屈服点,但经过较长时间的工作后会产生裂纹或突然发生断裂,这种现象称为疲劳破坏。疲劳破坏是机械零件失效的主要原因之一,据统计,在机械零件失效中大约有80%以上属于疲劳破坏,而且疲劳破坏前没有明显的变形,因此危害很大。疲劳强度是用来衡量金属抵抗疲劳破坏能力的性能指标,是金属材料在规定次数(对钢铁来说为10^7次)交变载荷作用下仍不发生断裂时的最大应力,用符号σ_{-1}表示。

1.1.3 常用金属材料

1. 钢

工业上将碳的质量分数为0.02%~2.11%的铁碳合金称为钢。钢具有良好的使用性能和工艺性能,而且原料丰富、价格较为低廉,是应用最广最重要的工程材料之一。

钢的分类方法很多,按成分可分为碳素钢和合金钢,按冶金质量可分为普通钢、优质钢、高级优质钢和特级优质钢,按用途则可分为结构钢、工具钢和特殊用途钢。下面介绍几种常用的钢种。

1) 碳素结构钢

碳素结构钢也称普通碳素结构钢,其牌号是由代表屈服强度的字母Q、屈服强度值、质量等级符号(A、B、C、D)及脱氧方法符号(F、b、Z、TZ)四部分按顺序组成,主要钢号有Q195、Q215、Q235A、Q235C、Q255、Q275等。

碳素结构钢含碳量较低,钢中有害元素和非金属夹杂物较多,但冶炼容易、工艺性好、价格低廉,在力学性能上能满足一般工程构件及普通机器零件的要求,所以工程上用量很大。这类钢通常以热轧态供应,一般不需进行热处理。其中含碳量较低的Q195、Q215钢塑性和韧性较好,有一定的强度,常用于制造承受载荷不大的桥梁、建筑等构件,也用于制造普通螺钉、铆钉、冲压件和焊接件等;Q235钢含碳量居中,既有较高的塑性又有适中的强度,是应用最为广泛的一种碳素结构钢,可用于制造承受较大载荷的建筑、车辆、桥梁等构件,也可用于制作一般的机器零件,如转轴、拉杆、螺栓等;Q255、Q275钢含碳量稍高,具有较高的强度,塑性也较好,可进行焊接,常轧成工字钢、角钢、钢板、钢管及其他各种型材,也用于制作简单机械的链、销、连杆、齿轮等。

2) 优质碳素结构钢

优质碳素结构钢的牌号是用钢中平均含碳量的万分数来表示的,如45钢的平均含碳量为0.45%。

与碳素结构钢相比,优质碳素结构钢对成分及杂质的限制较严,钢的均匀性和表面质量好,塑性和韧性较高,经适当热处理后,其力学性能可达到一定水平。其中,08、08F、10、10F钢含碳量低,塑性、韧性好,具有优良的冷成形性能和焊接性能,常冷轧成薄板,用于制作仪表外壳、汽车和拖拉机的冷冲压件等;含碳量稍高的15、20、25钢强度较高,塑性仍好,用于制作尺寸较小、负荷较轻、表面要求耐磨、心部强度要求不高的渗碳零件,如活塞、样板等;具有中碳成分的30、35、40、45、50钢经热处理后具有良好的综合机械性能,即具有较高的强度、塑性和韧性,常用于制作轴、杆、齿轮类承受冲击及磨损的零件;含碳量较高的55、60、65钢热处理后具有很高的弹性及适量的韧性,常用来制作弹簧、钢丝绳、火车轮、钢轨等。

3) 低合金结构钢

低合金结构钢是在碳素结构钢的基础上加入少量合金元素而形成的,牌号的表示方法与碳素结构钢相同,按其屈服强度的高低分为5个级别(Q295、Q345、Q390、Q420和Q460)。

与相同含碳量的碳素结构钢相比,低合金结构钢的强度可提高20%~30%以上,并有较好的塑性、韧性、焊接性能及冷热加工性能,常轧成钢板及各种型材,一般不需要热处理。低合金结构钢主要用来制造各种要求强度较高的工程结构件,如船舶、车辆、高压容器、锅炉、输油输气管道、大型钢结构件等,在建筑、石油、化工、铁道、造船、机车车辆、农机农具等诸多领域都得到了广泛的应用。

4) 合金结构钢

合金结构钢包括渗碳钢、调质钢、弹簧钢、滚动轴承钢等。合金结构钢的牌号用"两位数(平均含碳量的万分数)+ 元素符号 + 数字(该合金元素质量分数,小于1.5%不标出;1.5%~2.5%标2;2.5%~3.5%标3,依次类推)"表示,如40Cr、20CrMnTi、60Si2Mn等。

这类钢由于加入了一定量的合金元素,提高了淬透性,经适当的热处理后,具有较高的强度极限和屈强比(屈服极限与强度极限的比值),较高的韧性和疲劳强度,以及较低的韧脆转变温度,可用于制造各种机器零件,如齿轮、曲轴、连杆、车床主轴等。

5) 碳素工具钢

碳素工具钢分为优质碳素工具钢和高级优质碳素工具钢,其编号方法是在"T"后面加上数字,该数字表示平均含碳量的千分数,若为高级优质钢,则在数字后面加"A"。如T12A代表平均含碳量为1.2%的高级优质碳素工具钢。

碳素工具钢含碳量为0.65%~1.35%,这是为了保证工件淬火后具有高硬度、高耐磨性。含碳量越高,未溶渗碳体越多,钢的耐磨性越好,但韧性下降。因此,制造承受冲击负荷的工具时,如凿子、锤子、冲头等,应使用T7、T8钢;制造冲击较小、但要求高硬度和高耐磨性的工具时,如小钻头、形状简单的小冲模、手工锯条等,应使用T9、T10、T11钢;制造要求高硬度和高耐磨性、但不受冲击的工具时,如锉刀、刮刀、量具等,应使用T12、T13钢。高级优质碳素工具钢(T7A~T13A),由于其淬火时产生裂纹的倾向相对较小,多用于制造形状较为复杂的工具。

6) 合金工具钢

合金工具钢的牌号是用数字 + 合金元素符号 + 数字来表示的,牌号前面的数字表示平均含碳量,当平均含碳量小于1%时,该数字为平均含碳量的千分数;当平均含碳量大于等于1%时,含碳量不标出。合金元素的表示方法与合金结构钢相同。如9SiCr代表平均含碳量为0.9%、平均含Si量小于等于1.5%、平均含Cr量小于等于1.5%的合金工具钢;Cr12代表平均含碳量大于等于1%,平均含Cr量为12%的合金工具钢。

合金工具钢是在碳素工具钢的基础上中加入Si、Mn、Cr、W、Mo、V等合金元素形成的,具有高的硬度、耐磨性、淬透性和热硬性,以及足够的强度和韧性,主要用于制造各种刃具、模具、量具等工具,如Cr12、Cr4W2MoV等可用来制造冷作模具;9SiCr、CrWMn可用来制造量具;W18Cr4V、W6Mo5Cr4V2可用来制造刃具。

2. 铸铁

铸铁是碳质量分数大于2.11%(一般为2.5%~4.0%)的铁碳合金,含有较多Si、Mn、S、P等元素。铸铁是历史上使用最早、最便宜的金属材料之一。虽然铸铁的强度极限、塑性和韧性均比钢差,但其铸造性能极好,生产工艺和生产设备简单,减震性和耐磨性好,切削加工性好,所以在工程上得到非常广泛的应用。

工业上常用的铸铁有灰铸铁、可锻铸铁、球墨铸铁和蠕墨铸铁。

1) 灰铸铁

灰铸铁中的石墨呈片状，其牌号以HT××表示，其中"HT"代表"灰铁"，"×××"是最低强度极限值(MPa)，如HT100，其$\sigma_b \geq 100$MPa。

灰铸铁的力学性能比钢低，焊接性能很差，不能锻造，但其抗压强度与同基体的碳钢差不多，具有良好的铸造性能、切削加工性能、减震和减摩性能。用于制造承受压力和震动的零件，如机床床身、各种箱体、壳体、泵体、缸体等。

2) 可锻铸铁

可锻铸铁中的石墨呈团絮状，其牌号以KT×××-××表示，其中"KT"表示"可铁"，第一组数字表示最低强度极限，第二组数字表示最低伸长率，如KT300-6，其$\sigma_b \geq 300$MPa、$\delta \geq 6\%$。

可锻铸铁的强度比灰铸铁高，还具有一定的塑性和较高的韧性。尽管如此，可锻铸铁还是不能进行锻造加工。根据基体组织的不同，可锻铸铁分为铁素体可锻铸铁和珠光体可锻铸铁。铁素体可锻铸铁具有较高的塑性和韧性，多用于制造受冲击、振动等形状复杂的零件，如汽车、拖拉机前后轮壳、减速机壳、制动器等。珠光体可锻铸铁的强度和耐磨性比铁素体可锻铸铁高，有较高的硬度和一定的塑性，可用于制造要求强度高和耐磨的零件，如曲轴、凸轮轴、连杆、齿轮、活塞环、轴套、扳手、万向接头等。

3) 球墨铸铁

球墨铸铁中的石墨呈近似球状分布，其牌号以QT×××-××表示，其中"QT"表示"球铁"，第一组数字表示最低强度极限，第二组数字表示最低伸长率，如QT700-2，其$\sigma_b \geq 700$MPa，$\delta \geq 2\%$。

球墨铸铁的力学性能比灰铸铁高得多，其强度极限、塑性、韧性、弯曲强度和疲劳强度明显优于灰铸铁，综合力学性能接近于钢，特别是屈强比高于碳钢，其缺点是消震性能低，主要用来制造受力复杂、负荷较大、要求耐磨的铸件(替代部分铸钢、锻钢件)，如发动机的曲轴、连杆和机床的主轴等。

4) 蠕墨铸铁

蠕墨铸铁中的石墨呈蠕虫状，其牌号以RuT×××表示，其中"RuT"表示"蠕铁"，后面的数字表示最低强度极限，如RuT420，其$\sigma_b \geq 420$MPa。

蠕墨铸铁性能介于灰铸铁和球墨铸铁之间，它的强度和韧性比灰铸铁高，与铁素体球墨铸铁相似；耐磨性、壁厚敏感性比灰铸铁好；导热性和耐热疲劳性与灰铸铁相近，比球墨铸铁高；减震性比球墨铸铁好，但不如灰铸铁；铸造性能与灰铸铁相近，切削加工性能与球墨铸铁相近。蠕墨铸铁多用于制造承受热循环载荷的零件和结构复杂、强度要求高的铸件，如汽缸盖、活塞环、制动盘、液压阀、大齿轮箱、高压热交换器及重型机床立柱等。

3. 有色金属

工业上使用最多的有色金属是铝、铜及其合金。

1) 铝及铝合金

铝有三大优点：质量轻，比强度大；具有良好的导电性和导热性；耐腐蚀性好。

工业纯铝具有银白色光泽，塑性极好，但强度低，难于满足结构零件的性能要求，主要用作配制铝合金及代替铜制作导线、电器和散热器等。

铝合金是在纯铝中加入Cu、Mn、Si、Mg、Zn等合金元素而形成的，按其加工方法可分为形变铝合金和铸造铝合金。形变铝合金的合金含量较低，塑性较好，可以通过压力加工制成各种型材、板材、管材等，用于制造建筑门窗、飞机蒙皮及构件、油箱、铆钉等。铸造铝合金不仅具有较好的铸造性能和耐蚀性能,而且还能用变质处理的方法使强度进一步得到提高,应用较为广泛,可用于生产形状复杂及有一定力学性能要求的零件,如内燃机活塞、气缸头、气缸散热套等。

2) 铜及铜合金

纯铜又称紫铜,属重金属,强度低,塑性好,具有极好的导电和导热性能,在大气中具有较好的耐蚀性,并具有抗磁性。纯铜通过冷、热态塑性变形可制成板材、带材和线材等半成品,多用于制造电器元件或冷凝器、散热器和热交换器等零件。

铜合金有黄铜、白铜和青铜。黄铜是以锌为主要添加元素的铜合金,塑性好,但强度较低,主要用于制造弹壳、冷凝器管、弹簧、轴套以及耐蚀零件等。白铜的主加元素为镍,因呈银白色而得名。普通白铜(只加镍)具有优良的塑性、耐热性、耐蚀性及特殊的导电性,用于制造海水和蒸汽环境中工作的精密仪器零件和热交换器等;特殊白铜(除镍外,还加入锌、铝、铁、锰)有很高的耐蚀性、强度和塑性,适于制造精密仪器零件、医疗器械等。青铜是除黄铜和白铜外的其他铜合金的统称,如锡青铜、铝青铜、铍青铜、硅青铜、铅青铜等,主要用于制造轴瓦、涡轮、弹簧以及要求减摩、耐蚀的零件。

1.2 机械制造基础知识

1.2.1 机械制造基本过程

1. 机械制造基本过程

机械制造过程实质上是一个由资源向零件或产品转变的过程,是将大量设备、材料、加工过程和人力等有序结合的一个大的生产系统。机械制造基本过程 如图1-6所示,包括产品的设计、零件的加工与机器的装配等。为改善零件材料的力学性能和工艺性能,多数零件在加工过程中需要进行热处理。

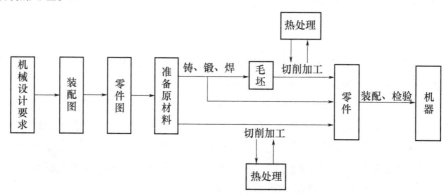

图1-6 机械制造基本过程

2. 零件的加工方法

零件是组成机器最小的不可分割的制造单元体,如轴、齿轮、连杆和螺栓等。根据各阶段所达到的质量要求不同,零件的加工可分为毛坯生产和切削加工两个阶段。

1) 毛坯生产

毛坯种类的选择不仅影响毛坯的制造工艺及成本,还与零件的机械加工工艺和质量密切相关。绝大多数零件的毛坯通过铸造、锻造或焊接方法制成,也可选用合适的型材制造。

对形状较复杂的毛坯,一般采用铸造方法生产。目前大多数铸件采用砂型铸造,对尺寸精度要求较高的小型铸件,可采用特种铸造;对受力复杂的重要毛坯件,多采用锻造方法生产,这是因为锻造的毛坯可得到连续和均匀的金属纤维组织,力学性能较好;焊接主要用于生产单件小批或大型零件,其优点是制造过程简单、生产周期短、节省材料。但焊接件的抗震性较差,变形大,需经时效处理后才能进行机械加工;型材主要有板材、棒材、线材等,制造方法可分为热轧和冷拉两大类。热轧型材尺寸较大,精度较低,用于一般的机械零件。冷拉型材尺寸较小,精度较高,用于毛坯精度要求较高的中小型零件。其它毛坯还包括冲压件、粉末冶金件、冷挤压件和塑料压制件等。

生产毛坯时,应尽量使其形状和尺寸与零件相接近,以达到少切削或无切削加工。考虑到现有毛坯制造技术的限制,以及零件的加工精度和表面质量要求,毛坯的某些表面仍需留有一定的加工余量,以便通过切削加工达到零件的技术要求。

2) 切削加工

切削加工是利用切削工具(包括刀具、磨具和磨料等)将毛坯上多余的材料切除,以获得所需要的尺寸、形状、位置精度和表面质量的加工方法。在现代机器制造中,除极少数零件采用精密铸造、精密模锻等少或无切削加工方法外,绝大多数机械零件都是通过切削加工的方法生产的。

金属切削加工主要分为机械加工和钳工两大类。

机械加工是由工人操作机床完成刀具对工件的切削加工。常用的机械加工方法有车削、刨削、铣削、钻削、镗削、拉削、铰削、磨削、珩磨和抛光等。由于机械加工具有生产率高、自动化程度高、加工质量好和加工成本低等优点,已成为切削加工的主要方式。

钳工主要是由工人手持工具对工件进行切削加工的方法,包括划线、锯削、锉削、刮削、錾削、研磨、钻孔、扩孔、铰孔、攻螺纹、套螺纹、机械装配和设备维修等。钳工使用的工具简单,操作灵活,是装配、修理及制造精密量具、模具等工作中不可缺少的加工方法。

1.2.2 切削加工基本知识

1. 切削运动

机械零件的表面是由各种几何要素(点、线、面)的不同组合而成的,如棱线、平面、圆柱面、圆锥面、球面、螺旋面等,其特点都是圆和直线相互运动轨迹的集合。要完成对这些表面的切削加工,刀具与工件之间需有特定的相对运动,这种相对运动称为切削运动。切削运动分为主运动和进给运动。

(1) 主运动　使工件与刀具产生相对运动以进行切削的基本运动称为主运动。主运动是直接切除金属的运动,是形成机床切削速度的工作运动。没有主运动,切削就不可能进行。主运动的特点是在切削过程中运动速度最高,消耗机床功率最大。

(2) 进给运动　是指在切削加工中与主运动配合,使工件多余材料不断被去除的运动,是提供连续切削可能性的运动。没有进给运动,就不可能加工成完整零件的形面。进给运动的特点是运动速度相对较低,消耗的机床功率相对较少。

主运动和进给运动可以是直线运动,也可以是旋转运动,或是两种运动的组合。几种典型的切削运动如图1-7所示。

主运动和进给运动是靠机床内部的机械传动关系或液压传动关系相互协调起来,以实现对工件不同表面形状的切削加工。每种切削运动中,主运动只能有一个,而进给运动可以有一个或几个。

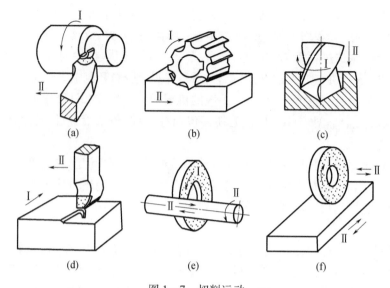

图 1-7 切削运动

(a) 车削；(b) 铣削；(c) 钻削；(d) 刨削；(e) 外圆磨削；(f) 平面磨削。
Ⅰ—主运动；Ⅱ—进给运动。

2. 加工表面

任何被加工的工件，在切削过程中，总会出现变化着的表面，如图 1-8 所示。

（1）待加工表面　工件上即将被切去的表面称为待加工表面。随切削过程的进行，其表面面积将逐渐减小，直至全部切除。

（2）已加工表面　工件上已经被刀具切削后形成的新表面称为已加工表面。随切削过程的进行，其表面面积将逐渐增大。

（3）过渡表面（切削加工表面）　工件上正被切削加工的表面，它是待加工表面与已加工表面间的连接表面。

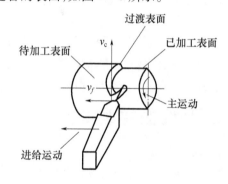

图 1-8 切削加工的表面

3. 切削用量

切削用量是切削速度、进给量和背吃刀量的总称，三者称为切削用量三要素。现以车削外圆面为例（图 1-8）介绍。

1）切削速度 v

切削速度是刀具切削刃上选定点相对于工件待加工表面在主运动方向上的瞬时速度，用 v 表示，是描述主运动的参数。由于切削刃上各点的切削速度可能不同，计算时常用最大切削速度代表刀具的切削速度。当主运动为回转运动时

$$v = \frac{\pi dn}{1000}(\text{m/min})$$

式中：d 为工件或刀具切削刃上选定点的最大回转直径，单位为 mm；n 为主运动的转速，单位为 r/min。

2）进给量 f

进给量是指在主运动的一个循环内，刀具相对工件在进给运动方向上的位移量，用 f 表示，它是描述进给运动的参数。当主运动为旋转运动时，进给量是工件每转一圈刀具沿进给方向移

动的距离,单位为mm/r;当主运动为直线往复运动时,进给量为刀具往复一次工件沿进给方向移动的距离,单位为mm/srt。对于铣刀、铰刀等多齿刀具,进给量为每个齿相对工件在进给方向的位移量,每齿进给量$f_z = f/z$,单位为mm/z,z为齿数。

车削外圆时进给量的计算式为

$$f = v_f/n \ (\text{mm/r})$$

式中:v_f为进给速度,是单位时间的进给量,单位为mm/s或mm/min;n为工件转速,单位为r/s或r/min。

进给量越大,生产效率越高,但零件的表面加工质量也越低。

3) 背吃刀量 a_p

背吃刀量,又称切削深度,是指垂直于进给方向测得的主切削刃切入工件的深度,用a_p表示,单位为mm。车削外圆时,背吃刀量a_p为工件待加工表面与已加工表面的垂直距离,即

$$a_p = \frac{d_w - d_m}{2} \ (\text{mm})$$

式中:d_w、d_m分别为工件上待加工表面和已加工表面的直径。

4. 切削力与切削热

1) 切削力

切削力是指刀具切入工件使切削层产生变形成为切屑所需要的力。切削力不宜太大,否则会使机床、工件和刀具组成的工艺系统产生弹性变形,导致工件产生形状误差;切削力过大还可能造成刀具崩刃、机床"闷车"、顶跑工件、损坏机床等生产事故。

影响切削力的主要因素有以下三方面:

(1) 工件材料　材料的强度硬度越高,切削力越大。

(2) 刀具　刀具前角增大,切削力减小;刀具越钝,切削力越大。

(3) 切削用量　背吃刀量和进给量越大,切削面积越大,使得变形抗力和摩擦力越大,切削力也越大;一定条件下,切削速度增加,切削力减小。

为降低切削力,切削加工时应使用刃磨锋利而耐用的刀具,适当增加进给量,减少背吃刀量,采用高速切削;切削锻件、铸件、焊接件等硬度高的工件之前,应对其进行退火处理,以降低硬度。

2) 切削热

切削过程中,切削力所做的机械功绝大部分转化为热能,称为切削热。切削热主要来源于两个方面:一是由于切削材料发生弹性变形和塑性变形产生大量的热量,二是刀具与工件、刀具与切屑摩擦产生的热。

切削热大部分被切屑带走,其余部分传入工件和刀具。传入工件的切削热会使工件因热胀而变形,影响加工精度;传入刀具的切削热会使刀具硬度下降,加速刀具的磨损,缩短刀具的使用寿命。因此,切削加工时一般都要使用切削液,通过其冷却、润滑作用,减少切削热对刀具和工件的不利影响。

常用的切削液有水类(如乳化液)和油类(如矿物油)两种。水类切削液主要起冷却作用,油类切削液主要起润滑作用。粗加工时,产生的切削热较多,多用水类切削液进行冷却;精加工时,为提高工件的加工质量,多用油类切削液进行润滑。加工脆性材料时,一般不使用切削液,以防细颗粒状切屑进入机床的传动系统,加速传动件的磨损。

1.2.3　切削加工质量

合格的机械零件通过装配获得机械产品,因此机械产品的质量取决于单个零件的加工质量

和装配质量。零件的加工质量包括加工精度和表面质量两个方面。

1. 加工精度

加工精度是指零件加工后的实际几何参数与理想几何参数的符合程度,包括尺寸精度、形状精度和位置精度。

(1) 尺寸精度 指尺寸的准确程度,由尺寸公差控制,尺寸公差是允许尺寸的变动量。根据 GB/T 1800.2—1998,标准公差分为 IT01,IT0,IT1~IT18 共 20 级,精度依次降低,公差数值依次增大。对同一基本尺寸,公差等级越高,公差值越小。

(2) 形状精度 指构成零件的要素(如线或面)的实际形状相对于理想形状的准确程度。如图 1-9 中 φ12h6 小圆柱面的素线直线度误差不超过公差值 0.004mm。

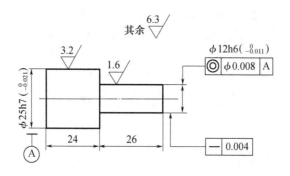

图 1-9 尺寸和形位公差标注

(3) 位置精度 指零件要素的实际位置相对于理想位置的准确程度。如图 1-9 中 φ12h6 圆柱面对 φ25h7 圆柱面同轴度误差不超过公差值 0.008mm。

加工精度的标注方式如图 1-9 所示。阶梯轴中 $\phi 25h7({}_{-0.021}^{0})$ 和 $\phi 12h6({}_{-0.011}^{0})$ 在加工后合格尺寸的范围分别是 24.979mm~25mm 和 11.989mm~12mm,其中尺寸公差分别为 0.021mm 和 0.011mm。

GB/T 1182—1996 对形位公差的特征符号、名称作出了具体规定,如表 1-2 所列。

表 1-2 形状、位置公差项目表

公差		特征项目	符号	基准	公差		特征项目	符号	基准
形状公差	形状	直线度	—	无	位置公差	定向	平行度	∥	有
		平面度	▱				垂直度	⊥	
		圆度	○				倾斜度	∠	
		圆柱度	⌭			定位	位置度	⊕	有/无
形状或位置公差	轮廓	线轮廓度	⌒	有或无			同轴度	◎	有
		面轮廓度	⌒				对称度	⌖	
						跳动	圆跳动	↗	
							全跳动	⌰	

2. 表面质量

表面质量包括表面粗糙度、表层加工硬化程度和深度、以及表层残余应力的性质和大小。对于一般零件,表面质量主要考虑表面粗糙度。

表面粗糙度是指加工表面微观几何形状误差。国家标准GB/T 1031—2009中规定了表面粗糙度的评定参数及其允许数值。最常用的表示方法是轮廓算数平均偏差R_a,单位为μm。R_a数值越大,零件表面越粗糙。表面粗糙度在图样上的标注方法如图1-9所示。

表面粗糙度对零件的耐磨性、配合性质的稳定性、零件的强度和抗腐蚀性能等都有影响。一般零件表面粗糙度值越小,零件的耐磨性和耐腐蚀性越好,疲劳强度越高,寿命越长,但零件的加工过程也越复杂,加工成本越高。因此,确定零件表面粗糙度时,既要满足零件表面的功能要求,又要考虑经济性。

在设计零件图时,表面粗糙度需用相应的符号表达,一般零件表面的获取方法有三种,即任意方法、去除材料的方法和不去除材料的方法。三种方法所用符号及含义如表1-3所列。

表1-3 表面粗糙度符号

符号	意义说明
✓	为基本符号,表示表面可以用任何方法获得
✓	表示表面是用去除材料的方法获得的,如车削、铣削、刨削、磨削、镗削、抛光和电火花加工等
✓	表示表面是用不去除材料的方法获得的,如铸造、锻造、冲压、轧制和粉末冶金等

3. 基准

1)基准的分类

基准就是依据,在零件图样上依据一些点、线、面来确定另一些点、线、面的位置,这些作为依据的点、线、面称为基准,可分为设计基准和工艺基准。设计基准是设计图样上采用的基准;工艺基准是在制造零件和装配机器过程所用的基准。其中工艺基准又分为定位基准、测量基准和装配基准等。定位基准是机械加工过程中用于确定工件在机床或夹具中的正确位置的基准。作为定位基准的点或线,总是以具体表面来体现的,这种表面就称为定位基准面。例如,轴类零件与盘套类零件,当定位基准均为轴线时,定位基准面却分别是中心孔、内孔或外圆表面。

2)定位基准的选择

定位基准分为粗基准和精基准。粗基准是用毛坯的未加工的表面作为定位基准;精基准是用加工过的表面作为定位基准。

(1)粗基准的选择原则 尽量选择不要求加工的表面作为粗基准;若零件的所有表面都需加工,应选择加工余量和公差最小的表面作为粗基准;选择光洁、平整、面积足够大、装夹稳定的表面作粗基准。

粗基准一般只在第一道工序中使用,以后应尽量避免重复使用。

(2)精基准的选择原则 基准重合原则,尽可能选用设计基准作为定位基准,这样可避免因定位基准与设计基准不重合而引起的定位误差,以保证加工面与设计基准间的位置精度;基准统一原则,应使尽可能多的表面加工都用同一个定位基准,这样有利于保证各加工面之间的位置精度;选择面积较大,精度较高、安装稳定可靠的表面作基准,而且所选的精基准应使夹具结构简单,装夹和加工工件方便。

1.2.4 切削加工步骤

零件切削加工步骤(工艺流程)安排是否合理,对零件加工质量、生产效率及加工成本影响很大。零件的材料、批量、形状、尺寸、加工精度及表面质量等要求不同时,加工步骤也不尽相同。单件小批生产中、小型零件的切削加工步骤如下:

1. 阅读零件图

零件图是制造零件的技术依据,切削加工人员只有在完全读懂图样要求的情况下,才有可能加工出合格的零件。

通过阅读零件图,了解被加工工件是什么材料,工件上哪些表面要切削加工,各加工表面的尺寸、形状、位置精度及表面粗糙度要求等,据此进行工艺分析,并确定加工方案。

2. 工件预加工

切削加工前,要对毛坯进行检查,以了解毛坯是否有明显缺陷和足够的加工余量,有些工件还需进行预加工,常用的预加工方法有划线和钻中心孔等。

1) 毛坯划线

用铸造、锻压和焊接等方法生产的毛坯经常存在一定的制造误差,其制造过程中也会因内应力大而产生变形。因此,切削加工前要对毛坯划线,通过划线确定出加工余量、加工位置界线,合理分配各加工面的加工余量。对于加工余量不均匀的毛坯,还可通过划线中的借料使其免于报废。在大批量生产中,由于工件使用专用夹具装夹,则不用划线。

2) 对棒料钻中心孔

加工长轴类零件时,多采用锻压棒料做毛坯,并在车床上加工。由于轴类零件加工过程中需多次变动装夹,为保证各外圆面间同轴度要求,必须建立同一定位基准,即在棒料两端用中心钻钻出中心孔,工件通过机床主轴和尾座的双顶尖装夹加工,使其在车削过程中保持正确定位。

3. 选择加工机床

根据工件被加工部位的形状和尺寸,选择合适机床的类型,对保证零件的加工精度和表面质量,提高生产效率十分必要。

当工件的加工表面为回转面、回转体端面和螺旋面时,多选用车床加工;工件以孔加工为主时,多选用钻床和镗床;工件上加工面为平面和沟槽时,多选用刨床和铣床;对于齿轮的加工,一般先在车床上车削齿轮坯,然后在齿轮机床上加工出齿形;对于要求精度高、表面粗糙度值小的工件表面,一般先在车、刨或铣床上粗加工,然后在磨床上精加工。

加工机床的类型确定后,要将机床各运动部件注入润滑油,用手转动各运动部件,检查有无碰撞或失常现象,然后开车空转 1min～2min,再进行正式加工。

4. 安装工件和刀具

工件在切削加工之前,必须牢固地安装在机床上,并使其相对机床和刀具有一个正确位置。工件安装方法主要有以下两种:

(1) 直接安装　工件直接安装在机床工作台或通用夹具(如三爪自定心卡盘、四爪单动卡盘等)上。这种安装方法简单、方便,但四爪单动卡盘找正较费时,生产效率低,通常用于单件小批生产。

(2) 专用夹具安装　工件安装在为其专门设计和制造的能正确迅速安装工件的装置中。用这种方法安装工件时,无需找正,定位精度高,夹紧迅速可靠,通常用于大批量生产。

为了完成切削加工,还必须选择刃磨好的刀具,并将其牢固地安装在机床安装刀具的装置上,如车床、刨床的刀架,钻床、立式铣床的主轴孔,卧式铣床的刀轴等。

5. 工件的切削加工

一个工件往往有多个表面需要加工,而各表面的质量要求又不相同,即使是同一加工表面,也往往不是一次切削就能达到技术要求。为了高效率、高质量、低成本地完成切削加工,必须合理地安排加工顺序和划分加工阶段。

1) 安排加工顺序

安排加工顺序时,主要考虑以下两点:

(1) 精基准领先原则　因为工件的精基准面是以后各道工序加工其他表面的定位基准,所以应在一开始就加工,然后再以精基准面为基准加工其它表面。

(2) 先主后次原则　主要表面是指零件上的工作表面、装配基面等,其技术要求较高,加工量较大,应先安排加工;次要表面(如非工作面、键槽、螺栓孔、螺纹孔等)因加工量较小,对工件变形影响小,又多与主要表面有相互位置要求,应安排在主要表面加工之后或穿插其间加工。

2) 划分加工阶段

为保证加工质量,并合理地使用设备,需将切削加工过程划分成若干阶段进行。

(1) 粗加工阶段　这是切削加工的第一阶段,一般采用较大的背吃刀量和进给量、较低的切削速度,以便高效地切除工件上大部分加工余量,为精加工打下良好的基础,还能及时发现毛坯的宏观缺陷。

(2) 精加工阶段　该阶段加工余量较小,可采用较小的背吃刀量和进给量、较大的切削速度,目的是要降低切削力并减少切削热的产生,使工件容易达到尺寸精度、形位精度和表面粗糙度的要求。

(3) 光整加工阶段　对于某些要求特别高的零件表面,在精加工后还要通过研磨、珩磨和抛光等方法光整加工,以进一步提高工件的加工精度和改善表面质量。

粗加工通常在功率大、精度低的机床上进行,而精加工则在高精度机床上进行。如果毛坯质量高、加工余量小、加工精度要求不很高时,可不用划分加工阶段,而在一道工序中完成整个切削加工过程。

6. 工件的检测

切削加工后的工件是否合格,要通过用测量工具检测的结果来判断。

工件的检测可分为加工过程中的检测和工件完工后的检测。加工过程中检测的目的是了解正在加工的工件与零件图样上要求还差多少,以便适当调整机床,改变切削用量参数,继续加工;完工后检测的目的是判断工件是否合格。

由于零件形状多种多样,各部位精度和表面粗糙度要求又不相同,所以要根据零件的具体情况,选用合适的测量工具。一般单件、小批生产的工件多用通用量具检测;大批量生产的工件多用量规检测,加工精度和表面质量要求都很高的工件多用精密量仪检测。

1.3　刀具材料

在切削加工过程中,刀具是直接对工件进行切削的工具,其性能和质量的优劣直接影响工件的加工质量和加工效率。

刀具是由切削部分和夹持部分组成的。切削部分直接参加切削工作,夹持部分则用于把刀具装夹在机床上。刀具材料是指刀具切削部分的材料。

1.3.1　刀具材料的性能要求

在切削过程中,刀具受到强烈的挤压、摩擦和冲击,要承受很大的切削力和很高的温度,因此刀具材料必须具备以下性能:

(1) 高硬度　刀具材料的硬度必须高于工件材料的硬度,常温下一般要求刀具材料的硬度大于62HRC。

(2) 高耐磨性　以抵抗切削过程中的剧烈磨损,保持刀刃锋利。一般来说,材料的硬度越高,耐磨性越好。

(3) 高热硬性　指刀具材料在高温下仍能保持较高硬度的能力。热硬性是衡量刀具材料性能的主要指标,它基本上决定了刀具允许的切削速度。

(4) 足够的强度和韧性　以承受很大的切削力、冲击与振动,避免刀具产生崩刃和脆断。

(5) 良好的工艺性　为便于刀具制造,刀具材料应具良好的锻造、轧制、焊接、切削加工、磨削加工和热处理等性能。

(6) 良好的化学稳定性　指在切削加工时,刀具材料应不宜与被加工件、周围介质发生氧化、黏结,造成磨损。

1.3.2　常用的刀具材料

1. 碳素工具钢

这类钢含碳量高、硬度高、价格低廉,但热硬性差,热处理时变形大。当温度达到200℃～250℃时,硬度显著下降。因此,主要适用于制造小型、手动和低速切削工具,如手用锯条和锉刀等。常用的碳素工具钢有T8A、T10A、T11A等。

2. 低合金工具钢

与碳素工具钢相比,低合金工具钢具有较好的淬透性和热硬性(工件温度可达200℃～250℃),热处理变形也小,切削速度能提高20%。常用于制造要求热处理变形小的低速切削刀具,如手用铰刀、板牙、丝锥、刮刀等。常用的低合金工具钢有9SiCr、CrWMn等。

3. 高速钢

又称白钢或锋钢,含碳量为0.75%～1.5%,含有较多Cr、W、V等合金元素。其性能特点是硬度高(≥63HRC),耐磨性和热硬性好(工作温度可达600℃～650℃,允许的切削速度为30m/min～50m/min),强度高,韧性好(比硬质合金高几十倍),抗冲击能力强(是硬质合金的2倍～3倍);工艺性能好,热处理变形小,易刃磨。广泛应用于制造形状复杂的各种刀具,如麻花钻、铣刀、拉刀、车刀、刨刀、成形刀具和齿轮刀具等。

4. 硬质合金

硬质合金是由硬度和熔点都很高的金属碳化物粉末(如WC、TiC、TaC、NbC等)作基体,用钴作黏结剂,采用粉末冶金法制成的合金。其性能特点是硬度很高(可达89HRA～93HRA),耐磨性良好,热硬性好(工作温度可高达800℃～1000℃,允许的切削速度为100m/min～300m/min,比高速钢高出4倍～10倍),刀具寿命高。但其抗弯强度低,冲击韧性低,抗振性差,切削加工困难,不适合制作形状复杂的刀具,但适合制作耐磨性要求高的刀具,如车刀、铣刀等。一般是将硬质合金制成各种形状的刀片,用机械夹持或焊接方法固定在刀体上使用。

常用的硬质合金主要有以下三类:

(1) 钨钴类(K类或YG类)　以碳化钨为基体,钴为黏结剂制成的一类硬质合金,主要用于加工脆性材料,如铸铁、青铜等。常用的牌号有K01(YG3X)、K15(YG6X)、K20(YG6)和K30(YG8)等,数字越大,钴含量越高,韧性越高,耐磨性越低。

(2) 钨钛钴类(P类或YT类)　由碳化钨和碳化钛加入钴为黏结剂制成的硬质合金。由于加入了TiC,合金的硬度和耐磨性比K类高,但抗弯强度、冲击韧性和导热性有所下降,适于加工钢材等塑性材料。常用的牌号有P10(YT15)、P20(YT14)、P30(YT5)等,数字越大,韧性越高,耐磨性越低。

(3) 钨钛钽(铌)钴类(M类或YW类) 在钨钛钴类硬质合金的基础上再加入适量的碳化钽和碳化铌制成的。与前两类硬质合金相比,其强度、热硬性、耐磨性、抗氧化性以及韧性均有所提高,具有良好的综合切削性能,适于加工耐热钢、高锰钢、不锈钢等难加工钢材,也适宜加工一般钢材和铸铁、有色金属等材料,有"通用硬质合金"之称。常用的牌号有 M10(YW1)、M20(YW2)等,数字越大,耐磨性越低,韧性越高。

1.4 常用量具及用法

量具是用来测量工件的尺寸精度、形状精度、位置精度和表面粗糙度等是否符合图纸要求的工具。量具的种类很多,生产中常用的有游标卡尺、千分尺、百分表和万能角度尺等。

1.4.1 游标卡尺

游标卡尺是应用游标读数原理制成的量具,如图 1-10 所示。其结构简单,使用方便,是一种比较精密的量具,可直接测量工件的内径、外径、宽度和深度尺寸等。按照游标读数值,游标卡尺有 0.02mm、0.05mm 和 0.1mm 三种;按测量范围有 0~125mm、0~200mm 和 0~300mm 等规格,最大测量范围可达 4000mm。

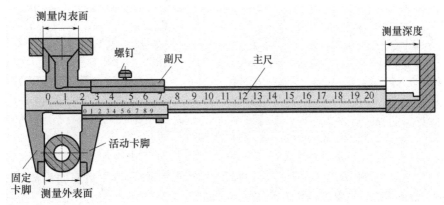

图 1-10 游标卡尺

1. 游标卡尺的读数原理

游标卡尺由尺身(主尺)和游标(副尺)组成。当尺身、游标的测量爪闭合时,尺身和游标的零线对准,如图 1-11(a)所示。尺身的刻线间距为 1mm,游标的刻线间距为 0.98mm,尺身与游标刻线间距之差为 0.02mm,该游标卡尺的读数精度为 0.02mm。

图 1-11 0.02mm 游标卡尺读数原理
(a)读数原理;(b)读数示例。

游标卡尺的读数方法分三个步骤(图 1-11(b)):
(1)读整数 根据游标零线以左的尺身上的最近刻线读出整毫米数。
(2)读小数 根据游标零钱以右与尺身刻线对齐的游标上的刻线条数乘以游标卡尺的读数

值(0.02mm),即为毫米的小数。

(3) 整数加小数　将上面整数和小数两部分读数相加,即为被测工件的总尺寸。

图1-11(b)所示的读数值为

$$23 + 12 \times 0.02 = 23.24(\text{mm})$$

2. 游标卡尺的使用方法

(1) 用前准备　首先应把测量爪和被测工件表面上擦拭干净,以免擦伤游标卡尺测量面和影响测量精度;其次检查卡尺各部件是否正常,如尺框和微动装置移动是否灵活,紧固螺钉是否能起到紧固作用等;使游标卡尺与被测工件温度尽量保持一致,以免产生温度差引起的测量误差。

(2) 检查零位　使游标卡尺两测量爪紧密贴合,检查游标零线与尺身零线是否对齐,游标的尾刻线是否与尺身的相应刻线对齐。若未对齐,可在测量后根据原始误差修正读数或将游标卡尺校正到零位后再使用。

(3) 正确测量　测量时,先张开卡脚,然后使卡脚逐渐与被测工件表面靠近,最后轻微接触,如图1-12所示。有微动装置的游标卡尺应尽量使用微动装置,不要用力压紧,以免测量爪变形和磨损,影响测量精度。在测量过程中,要注意将游标卡尺放正,切忌歪斜,以免测量不准确。

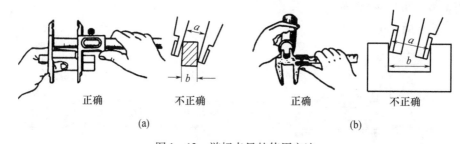

图1-12　游标卡尺的使用方法

(a) 测量外表面尺寸;(b) 测量内表面尺寸。

(4) 测量范围　游标卡尺仅用于测量已加工的光滑表面,不得测量表面粗糙的工件和正在运动的工件,以免卡尺过快磨损或发生事故。

图1-13是用于测量高度和深度的高度游标卡尺和深度游标卡尺。高度游标卡尺也常用于精密划线。

1.4.2　千分尺

千分尺是比游标卡尺更为精确的量具,其测量准确度为0.01mm,属于测微量具。千分尺按用途分为外径千分尺、内径千分尺和深度千分尺等,其中外径千分尺应用最广。外径千分尺的结构如图1-14所示,其常用的测量范围有 0~25mm,25mm~50mm,50mm~75mm,75mm~100mm,100mm~125mm 等规格。

1. 千分尺读数原理

千分尺是利用螺旋副传动原理,借助螺杆与螺纹轴套的精密配合,将回转运动变为直线运动,以固定套筒和微分筒所组成的读数机构读得被测工件的尺寸。

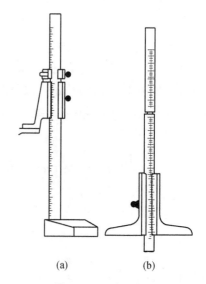

图1-13　游标卡尺

(a) 高度游标卡尺;(b) 深度游标卡尺。

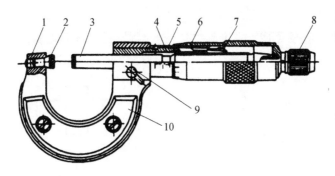

图 1-14 外径千分尺
1—尺架;2—测砧;3—测微螺杆;4—螺纹轴套;5—固定套管;
6—微分筒;7—调节螺母;8—测力装置;9—锁紧装置;10—隔热装置。

在固定套筒上刻有一条中线,作为千分尺读数的基准线,其上、下方各有一排间距为 1mm 的刻线,上下两排刻线相错 0.5mm,这样可读得 0.5mm。在活动套筒的左端圆锥斜面上有 50 个等分刻度线,活动套筒每转一周螺杆轴向移动 0.5mm,即活动套筒每一刻度的读数值为 0.5/50 = 0.01mm。固定套筒上的中线作为不足半毫米的小数部分的读数指示线。当千分尺的螺杆左端与测砧的表面接触时,活动套筒左端的边线与轴向刻度线的零线应重合,同时圆周上的零线应与固定套筒的中线对准。

千分尺的刻线原理和读数示例如图 1-15 所示。测量时,读数方法分三个步骤:

（1）读整数位 根据微分筒左端边线的位置读出固定套筒上的轴向刻度（应为 0.5mm 的整数倍）。

（2）读小数位 直接从活动套筒上读取。

（3）将以上两部分读数相加即为被测工件的总尺寸。

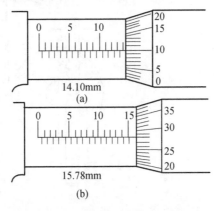

图 1-15 千分尺读数原理和读数示例

图 1-15(a)和(b)的读数分别为 14.10mm 和 15.78mm。

2. 千分尺的使用方法

（1）使用前首先将砧座与螺杆擦干净后接触,观察当活动套筒上的边线与固定套筒上的零刻度线重合时,活动套筒上的零刻度线是否与固定套筒上的中线对齐。如有误差则测量时根据原始误差修正读数。

（2）测量时,当螺杆快要接触工件时,必须拧动端部棘轮测力装置,如图 1-16 所示。当棘轮发出"咔咔"打滑声时,表示螺杆与工件接触压力适当,应停止拧动。严禁拧动微分筒,以免用力过度,使测量不准确。

（3）被测工件表面应擦拭干净,并准确放在千分尺测量面上,不得偏斜,如图1-17所示。

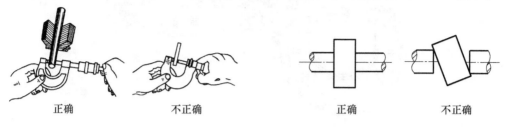

图1-16　使用测力装置测量　　　　　　图1-17　千分尺正确测量示例

1.4.3　百分表

百分表是一种精度较高的比较量具,其结构如图1-18所示。因百分表只有一个活动测量头,所以只能测出工件的相对数值,主要用来测量工件的形状和位置误差(如圆度、平面度、垂直度和跳动等),也常用于工件的精确找正。百分表具有外形尺寸小、质量轻、使用方便等特点,测量精度可达0.01mm。

1. 百分表的测量原理

百分表的测量原理如图1-19所示,它是利用齿轮齿条传动机构将测杆的直线移动转变为指针的转动,由指针指出测杆的移动距离。

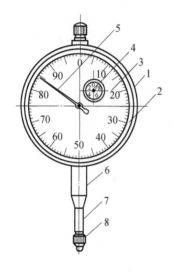
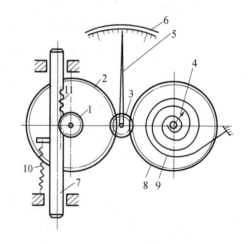

图1-18　百分表
1—表体;2—表圈;3—表盘;4—小指针;
5—主指针;6—装夹套;7—测杆;8—测头。

图1-19　百分表的测量原理
1—轴齿轮;2、8—齿轮;3—中心齿轮;4—小指针;5—主指针;
6—表盘;7—测杆;9—游丝;10—弹簧;11—齿条。

测量时,当测杆向上或向下移动1mm时,通过齿轮齿条副带动大指针转一圈,与此同时小指针转过一格。刻度盘圆周上有100等分的刻度线,每刻度的读数为0.01mm,小指针每刻度读数值为1mm。测量时大小指针读数之和即为被测工件尺寸变化总量,小指针处的刻度范围即为百分表的测量范围。测量前通过转动表盘调整,使大指针指向零位。

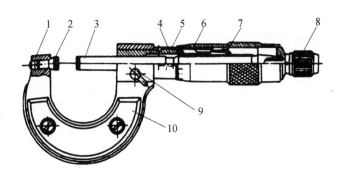

图 1-14 外径千分尺
1—尺架；2—测砧；3—测微螺杆；4—螺纹轴套；5—固定套管；
6—微分筒；7—调节螺母；8—测力装置；9—锁紧装置；10—隔热装置。

在固定套筒上刻有一条中线，作为千分尺读数的基准线，其上、下方各有一排间距为 1mm 的刻线，上下两排刻线相错 0.5mm，这样可读得 0.5mm。在活动套筒的左端圆锥斜面上有 50 个等分刻度线，活动套筒每转一周螺杆轴向移动 0.5mm，即活动套筒每一刻度的读数值为 0.5/50 = 0.01mm。固定套筒上的中线作为不足半毫米的小数部分的读数指示线。当千分尺的螺杆左端与测砧的表面接触时，活动套筒左端的边线与轴向刻度线的零线应重合，同时圆周上的零线应与固定套筒的中线对准。

千分尺的刻线原理和读数示例如图 1-15 所示。测量时，读数方法分三个步骤：

（1）读整数位　根据微分筒左端边线的位置读出固定套筒上的轴向刻度（应为 0.5mm 的整数倍）。

（2）读小数位　直接从活动套筒上读取。

（3）将以上两部分读数相加即为被测工件的总尺寸。

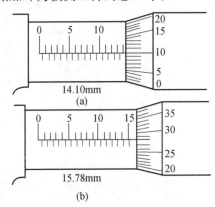

图 1-15 千分尺读数原理和读数示例

图 1-15(a) 和 (b) 的读数分别为 14.10mm 和 15.78mm。

2. 千分尺的使用方法

（1）使用前首先将砧座与螺杆擦干净后接触，观察当活动套筒上的边线与固定套筒上的零刻度线重合时，活动套筒上的零刻度线是否与固定套筒上的中线对齐。如有误差则测量时根据原始误差修正读数。

（2）测量时，当螺杆快要接触工件时，必须拧动端部棘轮测力装置，如图 1-16 所示。当棘轮发出"咔咔"打滑声时，表示螺杆与工件接触压力适当，应停止拧动。严禁拧动微分筒，以免用力过度,使测量不准确。

(3) 被测工件表面应擦拭干净,并准确放在千分尺测量面上,不得偏斜,如图1-17所示。

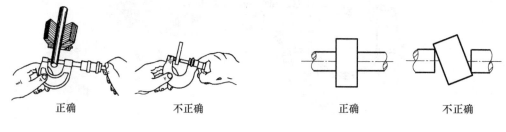

图1-16　使用测力装置测量　　　　　图1-17　千分尺正确测量示例

1.4.3　百分表

百分表是一种精度较高的比较量具,其结构如图1-18所示。因百分表只有一个活动测量头,所以只能测出工件的相对数值,主要用来测量工件的形状和位置误差(如圆度、平面度、垂直度和跳动等),也常用于工件的精确找正。百分表具有外形尺寸小、质量轻、使用方便等特点,测量精度可达0.01mm。

1. 百分表的测量原理

百分表的测量原理如图1-19所示,它是利用齿轮齿条传动机构将测杆的直线移动转变为指针的转动,由指针指出测杆的移动距离。

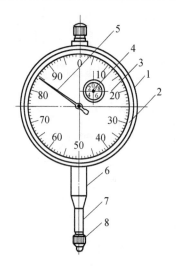 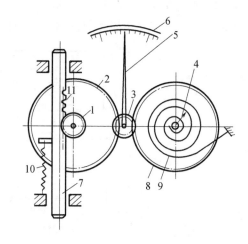

图1-18　百分表　　　　　　　　　　图1-19　百分表的测量原理
1—表体;2—表圈;3—表盘;4—小指针;　　1—轴齿轮;2、8—齿轮;3—中心齿轮;4—小指针;5—主指针;
5—主指针;6—装夹套;7—测杆;8—测头。　　6—表盘;7—测杆;9—游丝;10—弹簧;11—齿条。

测量时,当测杆向上或向下移动1mm时,通过齿轮齿条副带动大指针转一圈,与此同时小指针转过一格。刻度盘圆周上有100等分的刻度线,每刻度的读数为0.01mm,小指针每刻度读数值为1mm。测量时大小指针读数之和即为被测工件尺寸变化总量,小指针处的刻度范围即为百分表的测量范围。测量前通过转动表盘调整,使大指针指向零位。

20

2. 百分表的使用方法

（1）百分表使用时应固定在专用的表架上，如图1-20所示。装百分表时夹紧力不宜过大，以免装夹套筒变形，卡住测杆。

（2）测杆与被测工件表面必须垂直，否则会产生测量误差，如图1-21所示。

（3）测量时，先读整位数（小指针转过的刻度数），再读小位数（大指针转过的刻度数），将这两部分读数加起来即为测量尺寸。

（4）被测工件表面应光滑，测量杆的行程应小于测量范围。

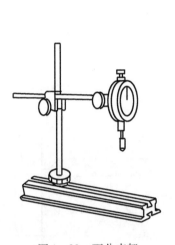

图1-20 百分表架

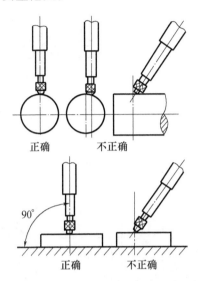

图1-21 百分表测量示例

1.4.4 万能角度尺

万能角度尺是用来测量零件内、外角度的量具，其结构如图1-22所示，由主尺和游标尺组成，它的读数原理与游标卡尺相同。在主尺正面，沿径向均匀地布有刻线，两相邻刻线之间夹角为1°，在扇形游标尺上也均匀地刻有30根径向刻线，其角度等于主尺上29根刻度线的角度，即游标上两相邻刻线间的夹角为$(29/30)°$。主尺与游标尺每一刻线间隔的角度差为$1-(29/30)°=2'$，即万能角度尺的读数精度为$2'$。

万能角度尺其读数方法与游标卡尺完全相同。

1.4.5 量规

量规是用于大批生产零件中的一种不带刻线的专用量具，包括塞规和卡规，如图1-23和图1-24所示。使用量规的目的是为了提高检验效率和减少精密量具的损耗。

1. 塞规

塞规是用来测量孔径和槽宽的专用量具。塞规的两端为工作部分，其中一端圆柱较长，直径尺寸等于工件的最小极限尺寸，称为通端；另一端圆柱较短，直径尺寸等于工件的最大极限尺寸，称为止端。用塞规测量时，若工件的孔径只有通端能进去（通过），而止端进不去（通不过），则说明工件的实际尺寸在公差范围内，是合格品；否则就是不合格品。

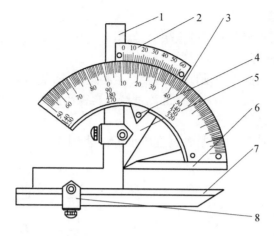

图 1-22 万能角度尺

1—90°角尺；2—游尺；3—主尺；4—制动头；
5—扇形板；6—基尺；7—直尺；8—卡块。

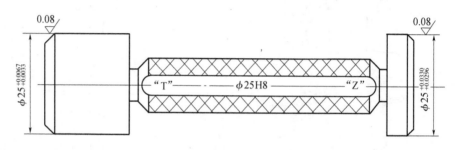

图 1-23 各种量规

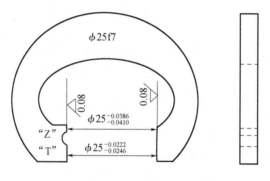

图 1-24 卡规

2. 卡规

卡规是用来测量轴径和厚度的专用量具，也有通端和止端，使用方法与塞规相同。所有的量规都不能测出工件的具体尺寸。

第2章 铸　　造

2.1　铸　造　概　述

　　将液体金属浇注到具有与零件形状相适应的铸型空腔中,待其冷却凝固后,获得一定形状和性能的铸件的成形方法称为铸造。铸造主要用于生产零件的毛坯,经切削加工后成为零件。但也有许多铸件无需切削加工就能满足零件的设计精度和表面粗糙度要求,可直接作为零件使用。

　　铸造是历史最为悠久的成形工艺,是制造毛坯或零件的重要方法之一,在机械制造中占有非常重要的地位。据估计,在机械各行业中铸件重量占整机的比例分别为:汽车约占 20%～30%;一般机床约占 70%～80%;拖拉机、农业机械约占 40%～70%;重型机器、矿山机械中约占 85%以上。

　　与其他成形方法相比,铸造具有以下优点:

　　(1) 适用范围广　铸造能制造具有各种复杂形状的铸件,特别是具有复杂内腔的零件,如设备的箱体、机座、叶片、叶轮等;铸件的质量可以从几克到数百吨,铸件壁厚可以从 0.5mm～1m 左右,铸件长度可以从几毫米到十几米。

　　(2) 原材料来源广泛　各种金属合金,如铸铁、铸钢、铝合金、铜合金、镁合金、钛合金、锌合金和各种特殊合金材料等,都可用铸造方法制成铸件,特别是有些塑性差的材料,只能用铸造方法制造毛坯。

　　(3) 成本低,经济性能好　铸件的形状和尺寸与零件很接近,因而节省了大量的材料和切削加工费用;精密铸件还可省去切削加工工序,直接用于装配;铸造能利用废旧材料和切屑等生产铸件,从而节约了成本和资源。

　　(4) 工艺灵活,生产率高　铸造的缺点是生产过程复杂、影响因素多;铸件质量不稳定、易产生各种缺陷、力学性能较低;劳动条件差,对环境有污染。

　　常见的铸造方法有砂型铸造、特种铸造两类:

　　(1) 砂型铸造　以型砂和芯砂等材料制备铸型的铸造方法。砂型铸造是目前生产中用的最多、最基本的铸造生产方法,用砂型浇注的铸件大约占铸件总量的 80% 以上。

　　(2) 特种铸造　与砂型铸造不同的其他铸造方法,如金属型铸造、熔模铸造、压力铸造和离心铸造等。特种铸造具有铸件尺寸精度高、表面和内部质量好,以及生产率高等优点。

2.2　砂　型　铸　造

2.2.1　砂型铸造的工艺过程

　　砂型铸造的工艺过程如图 2-1 所示。主要工序有制造模样和芯盒、配制型砂和芯砂、造型、造芯、合型、浇注、落砂和清理等。

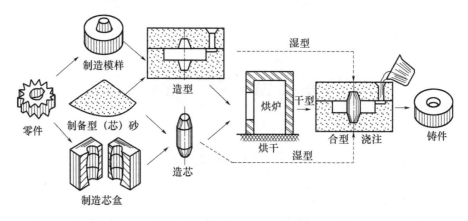

图 2-1 砂型铸造的工艺过程

2.2.2 铸型的组成

铸型是依据零件形状用型砂、金属或其他耐火材料制成的,包括形成铸件的空腔、芯和浇冒口系统的组合整体。用型砂制成的铸型称为砂型。

图 2-2 是砂型的组成示意图。铸型中取出模样后留下的空腔部分称为型腔,上、下砂型的分界面称为分型面。型芯用来形成铸件的内孔和内腔。液态金属通过浇注系统流入并充满型腔,产生的气体从出气孔等处排出砂型。

2.2.3 型(芯)砂

1. 型(芯)砂的性能

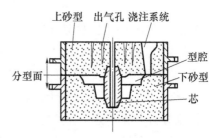

图 2-2 砂型各部分名称

砂型在浇注和凝固过程中要承受熔融金属的冲刷、静压力和高温的作用,并要排出大量气体,型芯则要承受凝固时的收缩压力,因此型(芯)砂应有以下性能要求:

(1)强度 型(芯)砂抵抗外力破坏的能力称为强度。型(芯)砂应具有足够的强度,以承受浇注时熔融金属的冲击和压力,防止铸型表面破坏(如冲砂、塌箱等),避免铸件产生夹砂、结疤、砂眼等缺陷。但强度过高,会使铸型太硬,阻碍铸件的收缩,使铸件产生内应力,甚至开裂,还使透气性变差。型砂的强度主要取决于黏结剂的品种、质量及其加入量,水分也起一定作用。

(2)透气性 型(芯)砂通过气体的能力称为透气性。熔融金属浇入砂型后,在高温的作用下,砂型中会产生大量气体,熔融金属内部也会分离出气体。如果透气性差,部分气体就会留在熔融金属内不能排出,导致铸件产生气孔。反之,透气性过高则型砂太疏松,容易使铸件产生粘砂。透气性与型砂的颗粒度、黏土及水的含量有关。一般砂粒粗大均匀、黏土和水的含量适中,则透气性好。型砂中含有过量水分和粉尘,造型时过度紧实均会导致透气性降低。

(3)耐火度 型(芯)砂在高温熔融金属的作用下不软化、不熔融烧结及不粘附在铸件表面上的性能称为耐火度。耐火度差会造成铸件表面粘砂,使清理和切削困难,严重时使铸件报废。耐火度主要取决于砂中 SiO_2 的含量,SiO_2 的含量越高,型砂的耐火度就越好。生产铸铁件时,砂中 SiO_2 的含量应大于 85%。另外,型砂粒度大,耐火度也好。

(4)可塑性 型(芯)砂在外力作用下可以成形,外力消除后仍能保持其形状的性能称为可塑性。可塑性好,易于成形,能获得型腔清晰的砂型,从而保证铸件具有精确的轮廓尺寸。可塑性与型砂中黏土和水分的含量、砂子的粒度有关。一般砂子颗粒较细,黏土较多,水分适当时,型砂的可塑性好。

(5) 退让性 铸件冷却收缩时,砂型与型芯的体积可以被压缩的性能称为退让性。退让性差时,铸件在凝固收缩时会受到较大阻碍,从而产生较大内应力,甚至产生变形或裂纹等缺陷。对于一些收缩较大的合金或大型铸件,应在型砂中加入一些锯末、焦炭粒等物质以增加退让性。

2. 型(芯)砂的组成

型砂一般由原砂、黏结剂、附加物及水按一定配比混制而成。

(1) 原砂 原砂即新砂,主要成分为石英(SiO_2),具有很高的耐火性能。生产中被铸材料熔点高低不同,所用型砂中 SiO_2 的含量也不同,一般为 85%～97%,砂的颗粒以圆形、大小均匀为好。

(2) 黏结剂 黏结剂指能使砂粒相互黏结的物质。在砂型铸造中,常用的黏结剂为黏土,分为普通黏土和膨润土两种。一般,湿型(造型后砂型不烘干)采用黏结性好的膨润土,而干型(造型后砂型需烘干)多用普通黏土。除黏土外,常用的黏结剂还有水玻璃、桐油、树脂、合脂等。

(3) 附加物 为改善型(芯)砂的某些性能而加入的材料称为附加物,如煤粉、锯木屑等。煤粉能防止铸件粘砂,使其表面光洁。加入木屑则能改善型(芯)砂的退让性和透气性。

(4) 水 在原砂和黏土中加入一定量的水混制后,会在砂粒表面形成黏土膜,使其混成一体,经紧实后使型(芯)砂具有一定的强度和透气性。水分太少,型砂干而脆,造型、起模有困难。水分太多,型砂湿度过大,强度低,造型时易黏模。因此,型(芯)砂中的水分要适当。当黏土与水分质量比为 3∶1 时,型砂强度可达最大值。

(5) 涂料 为防止铸件表面粘砂,提高铸件的表面质量,常在铸型型腔表面覆盖一层耐火材料。如铸铁件的湿型表面用石墨粉扑撒一层到砂型上;干型和型芯用石墨粉加少量黏土的水涂料刷涂在型腔、型芯表面上。

图 2-3 是型砂的结构示意图。

型砂按用途可分为面砂、填充砂、单一砂、型芯砂。浇注时直接与液态金属接触的那一层砂为面砂,它应具有较高的可塑性、强度和耐火度,常用较多的新砂配制;填充在面砂和砂箱之间的型砂称为填充砂,又叫背砂,应具有较好的透气性,一般用旧砂。对于机械化程度较高的大批量生产,不分面砂和背砂,而采用单一砂。型芯是放在铸型内部的,在铸造过程中被熔融金属包围,工作条件恶劣。因此,芯砂应比型砂具有更高的强度、耐火度、透气性和退让性,故要选用杂质少的石英砂和植物油、树脂、水玻璃等黏结剂来配制芯砂。

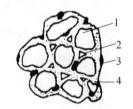

图 2-3 型砂结构示意图
1—砂粒;2—空隙;
3—附加物;4—黏土膜。

3. 型(芯)砂的制备

根据工艺要求对型(芯)砂进行配料和混合的过程称为型(芯)砂的制备。

新砂使用前要经过烘干、筛选等处理,以去除杂物和水分;旧砂是造型使用过的砂子,由于浇注时砂表面受高温金属液的作用,砂粒粉碎变细,煤粉燃烧分解,使型砂中灰分增多,透气性降低,部分黏土会丧失黏结力,使型砂性能变坏。因此,落砂后的旧砂必须经过磁选、破碎等处理,以去除铁块及砂团等。

常用的面砂和背砂配方如下:

面砂(质量分数):旧砂70%~80%;新砂20%~30%;膨润土4%~5%;煤粉3%~5%;水分5%~7%。

背砂(质量分数):100%旧砂加适量水。

型砂混制是在混砂机(图2-4)中进行的,其混制过程是:按配方加入新砂、旧砂、黏结剂和附加物等,先干混2min~3min,再加水湿混10min左右,性能符合要求后即可从砂口卸砂。混好后的型砂堆放4h~5h,使黏土膜中的水分分布更加均匀。型砂在使用前需过筛,以使型砂松散好用。

混砂的目的是将型砂各组成成分混合均匀,使黏结剂均匀分布在砂粒表面。混碾越均匀,型砂的性能就越好。

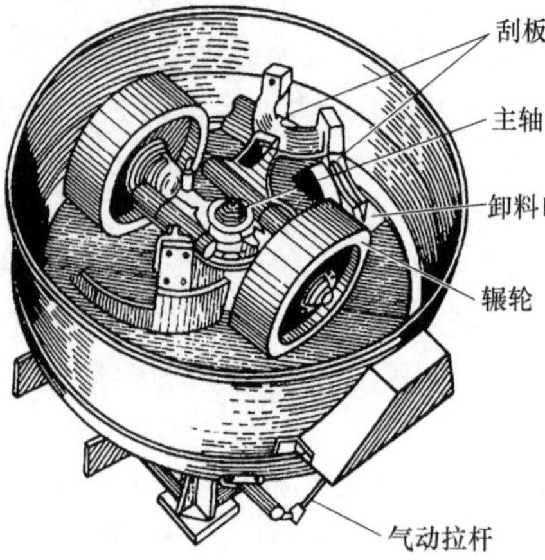

2.2.4 模样和芯盒

图2-4 碾轮式混砂机示意图

模样和芯盒分别是造型和造芯的模具。模样的外形及尺寸与铸件相似,用来形成铸型的型腔;芯盒的内腔与型芯的形状和尺寸相同,用来形成铸件内腔或孔洞。零件、模样、芯盒和铸件的关系如表2-1所列。

表2-1 模样、型腔、铸件和零件之间的关系

特征 \ 名称	模样	型腔	铸件	零件
大小	大	大	小	最小
尺寸	大于铸件一个收缩率	与模样基本相同	比零件多一个加工余量	小于铸件
形状	包括型芯头、活块、外型芯等形状	与铸件凸凹相反	包括零件中小孔洞等不铸出的加工部分	符合零件尺寸和公差要求
凸凹(与零件相比)	凸	凹	凸	凸
空实(与零件相比)	实心	空心	实心	实心

制造模样和芯盒所选用的材料,与铸件大小、生产规模和造型方法有关。一般单件小批量生产、手工造型时常用木材制造;大批量生产、机器造型时常使用铸造铝合金等金属材料或硬塑料制造。

在设计、制造模样和芯盒时要注意以下几点:

(1)分型面的选择 分型面是铸型组元间的接合面,其选择原则是:在满足铸件质量的前提下,应尽量简化造型工艺,以使造型、起模方便。具体做法是:①尽可能选在铸件的最大截面处;②尽可能选在平面上;③尽量减少分型面的数量;④尽量使铸件的全部或大部分放在同一个砂箱中;⑤应便于下芯、合箱和检查。

(2)起模斜度 又称铸造斜度,是指为了便于取模,在平行于起模方向的模样或芯盒壁上留出的斜度,如图2-5中α角。其大小主要取决于垂直壁的高度、造型方法及模型材料,一般为0.5°~3°。

塑性。可塑性好,易于成形,能获得型腔清晰的砂型,从而保证铸件具有精确的轮廓尺寸。可塑性与型砂中黏土和水分的含量、砂子的粒度有关。一般砂子颗粒较细,黏土较多,水分适当时,型砂的可塑性好。

(5) 退让性　铸件冷却收缩时,砂型与型芯的体积可以被压缩的性能称为退让性。退让性差时,铸件在凝固收缩时会受到较大阻碍,从而产生较大内应力,甚至产生变形或裂纹等缺陷。对于一些收缩较大的合金或大型铸件,应在型砂中加入一些锯末、焦炭粒等物质以增加退让性。

2. 型(芯)砂的组成

型砂一般由原砂、黏结剂、附加物及水按一定配比混制而成。

(1) 原砂　原砂即新砂,主要成分为石英(SiO_2),具有很高的耐火性能。生产中被铸材料熔点高低不同,所用型砂中 SiO_2 的含量也不同,一般为85%～97%,砂的颗粒以圆形、大小均匀为好。

(2) 黏结剂　黏结剂指能使砂粒相互黏结的物质。在砂型铸造中,常用的黏结剂为黏土,分为普通黏土和膨润土两种。一般,湿型(造型后砂型不烘干)采用黏结性好的膨润土,而干型(造型后砂型需烘干)多用普通黏土。除黏土外,常用的黏结剂还有水玻璃、桐油、树脂、合脂等。

(3) 附加物　为改善型(芯)砂的某些性能而加入的材料称为附加物,如煤粉、锯木屑等。煤粉能防止铸件粘砂,使其表面光洁。加入木屑则能改善型(芯)砂的退让性和透气性。

(4) 水　在原砂和黏土中加入一定量的水混制后,会在砂粒表面形成黏土膜,使其混成一体,经紧实后使型(芯)砂具有一定的强度和透气性。水分太少,型砂干而脆,造型、起模有困难。水分太多,型砂湿度过大,强度低,造型时易黏模。因此,型(芯)砂中的水分要适当。当黏土与水分质量比为3:1时,型砂强度可达最大值。

(5) 涂料　为防止铸件表面粘砂,提高铸件的表面质量,常在铸型型腔表面覆盖一层耐火材料。如铸铁件的湿型表面用石墨粉扑撒一层到砂型上;干型和型芯用石墨粉加少量黏土的水涂料刷涂在型腔、型芯表面上。

图2-3是型砂的结构示意图。

型砂按用途可分为面砂、填充砂、单一砂、型芯砂。浇注时直接与液态金属接触的那一层砂为面砂,它应具有较高的可塑性、强度和耐火度,常用较多的新砂配制;填充在面砂和砂箱之间的型砂称为填充砂,又叫背砂,应具有较好的透气性,一般用旧砂。对于机械化程度较高的大批量生产,不分面砂和背砂,而采用单一砂。型芯是放在铸型内部的,在铸造过程中被熔融金属包围,工作条件恶劣。因此,芯砂应比型砂具有更高的强度、耐火度、透气性和退让性,故要选用杂质少的石英砂和植物油、树脂、水玻璃等黏结剂来配制芯砂。

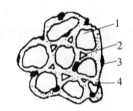

图2-3　型砂结构示意图
1—砂粒;2—空隙;
3—附加物;4—黏土膜。

3. 型(芯)砂的制备

根据工艺要求对型(芯)砂进行配料和混合的过程称为型(芯)砂的制备。

新砂使用前要经过烘干、筛选等处理,以去除杂物和水分;旧砂是造型使用过的砂子,由于浇注时型砂表面受高温金属液的作用,砂粒粉碎变细,煤粉燃烧分解,使型砂中灰分增多,透气性降低,部分黏土会丧失黏结力,使型砂性能变坏。因此,落砂后的旧砂必须经过磁选、破碎等处理,以去除铁块及砂团等。

常用的面砂和背砂配方如下:

面砂(质量分数):旧砂 70%~80%;新砂 20%~30%;膨润土 4%~5%;煤粉 3%~5%;水分 5%~7%。

背砂(质量分数):100% 旧砂加适量水。

型砂混制是在混砂机(图 2-4)中进行的,其混制过程是:按配方加入新砂、旧砂、黏结剂和附加物等,先干混 2min~3min,再加水湿混 10min 左右,性能符合要求后即可从砂口卸砂。混好后的型砂堆放 4h~5h,使黏土膜中的水分分布更加均匀。型砂在使用前需过筛,以使型砂松散好用。

混砂的目的是将型砂各组成成分混合均匀,使黏结剂均匀分布在砂粒表面。混碾越均匀,型砂的性能就越好。

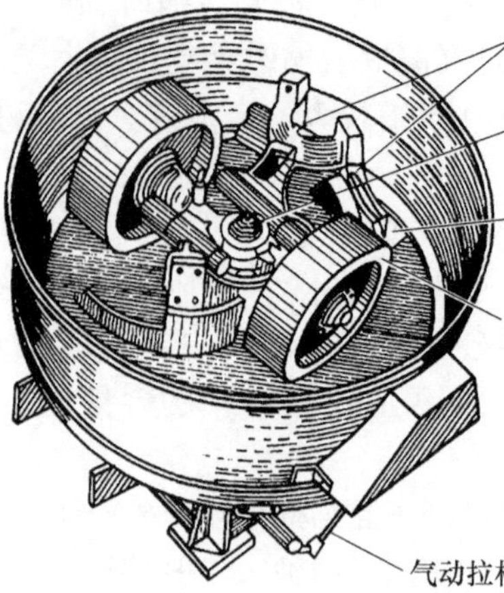

2.2.4 模样和芯盒

图 2-4 碾轮式混砂机示意图

模样和芯盒分别是造型和造芯的模具。模样的外形及尺寸与铸件相似,用来形成铸型的型腔;芯盒的内腔与型芯的形状和尺寸相同,用来形成铸件内腔或孔洞。零件、模样、芯盒和铸件的关系如表 2-1 所列。

表 2-1 模样、型腔、铸件和零件之间的关系

特征\名称	模样	型腔	铸件	零件
大小	大	大	小	最小
尺寸	大于铸件一个收缩率	与模样基本相同	比零件多一个加工余量	小于铸件
形状	包括型芯头、活块、外型芯等形状	与铸件凸凹相反	包括零件中小孔洞等不铸出的加工部分	符合零件尺寸和公差要求
凸凹(与零件相比)	凸	凹	凸	凸
空实(与零件相比)	实心	空心	实心	实心

制造模样和芯盒所选用的材料,与铸件大小、生产规模和造型方法有关。一般单件小批量生产、手工造型时常用木材制造;大批量生产、机器造型时常使用铸造铝合金等金属材料或硬塑料制造。

在设计、制造模样和芯盒时要注意以下几点:

(1) 分型面的选择　分型面是铸型组元间的接合面,其选择原则是:在满足铸件质量的前提下,应尽量简化造型工艺,以使造型、起模方便。具体做法是:①尽可能选在铸件的最大截面处;②尽可能选在平面上;③尽量减少分型面的数量;④尽量使铸件的全部或大部分放在同一个砂箱中;⑤应便于下芯、合箱和检查。

(2) 起模斜度　又称铸造斜度,是指为了便于取模,在平行于起模方向的模样或芯盒壁上留出的斜度,如图 2-5 中 α 角。其大小主要取决于垂直壁的高度、造型方法及模型材料,一般为 0.5°~3°。

(3) 铸造圆角　设计与制造模样时,凡相邻两表面的交角,都应做成圆角(图 2-6)。这样既能方便起模,又能防止浇注时将砂型转角处冲坏而引起铸件粘砂,还可以避免铸件在冷却时产生裂缝或缩孔。一般中小型铸件的圆角半径为 3mm~5mm。

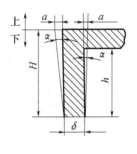
图 2-5　起模斜度

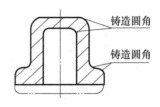
图 2-6　铸造圆角

(4) 收缩余量　为了补偿液态金属在砂型中凝固所造成的铸件收缩,模样的尺寸要比铸件图样尺寸放大一定的数值,称为收缩余量。收缩余量与铸件的线收缩率和模样尺寸有关。不同的铸造金属(或合金)的线收缩率不同,如灰铸铁为 0.8%~1.0%;铸钢为 1.5%~2.0%;铝合金为 1.0%~1.2%。

(5) 加工余量　铸件上有些部位需要进行切削加工。切削加工时从铸件表面切去的金属层厚度称为加工余量,其大小根据铸造合金种类、铸件尺寸和形状、铸件尺寸公差等级等来确定。一般小型灰铸铁件的加工余量为 2mm~4mm。

(6) 芯头和芯座　芯头是型芯本体外被加长或加大的部分,芯座是造型时留出的用于安放型芯芯头的空腔。对于型芯来说,芯头是型芯的外伸部分,不形成铸件轮廓,只是落入芯座内,用以定位和支承型芯。芯座应比芯头稍大一些,以便于安放型芯。图 2-7 是芯头在砂型中的安放形式,可分为垂直式、水平式和特殊式(如悬臂芯、吊芯等),其中前两种定位方便可靠,应用最多。

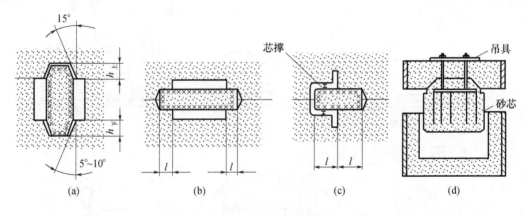
图 2-7　芯头形式
(a) 垂直式;(b) 水平式;(c) 悬臂式;(d) 吊芯。

2.2.5　造型

造型是用型砂和模型制造铸型的过程,是铸造生产中最复杂、最重要的工序,一般分为手工造型和机器造型两类。

1. 手工造型

全部用手工或手动工具完成的造型工序称为手工造型。手工造型方法操作灵活,工艺装备简单,适应性强,但技术水平要求高,劳动强度大,生产率低,主要用于单件小批生产。图2-8是手工造型常用的工具。

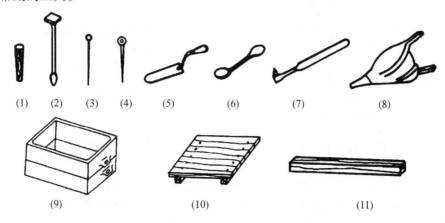

图2-8 手工造型工具
(1) 浇口棒;(2) 砂冲子;(3) 通气针;(4) 起模针;(5) 墁刀;(6) 秋叶;
(7) 砂勾;(8) 皮老虎;(9) 砂箱;(10) 底板;(11) 刮砂板。

根据模样特征的不同,手工造型可分为整模造型、分模造型、挖砂造型、活块造型、三箱造型、假箱造型、刮板造型等。

1) 整模造型

整模造型的操作过程如图2-9所示。其模样是一个整体,造型时模样全部放在一个砂型内(通常为下型),分型面是平面。整模造型操作简便,不会出现错箱缺陷,形状和尺寸精度较好,适用于形状简单、最大截面在端部的铸件,如齿轮坯、轴承座、罩、壳等。

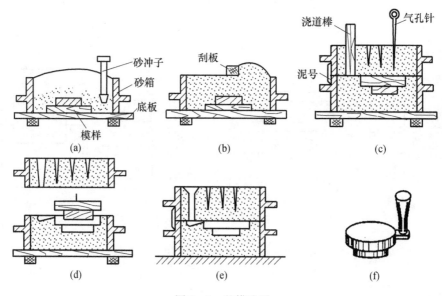

图2-9 整模造型
(a) 造下型;(b) 刮平;(c) 翻转下型,造上型,扎气孔;
(d) 敞箱,起模,开浇道;(e) 合箱;(f) 带浇道的铸件。

2）分模造型

当铸件的最大截面不在铸件的端部时,为便于造型和起模,模样要分成两半或几部分,这种造型称为分模造型。

当铸件的最大截面在中间时,应采用两箱分模造型。将模样沿外形的最大截面处分为两半(不一定对称)并用销钉定位,这种模样称为分模,两半模型的分界面为分模面。造型时模样分别置于上、下砂箱中,分模面与分型面位置相重合。两箱分模造型操作简单,广泛用于形状比较复杂,最大截面不在端部,但分型面为平面的零件,如水管、轴套、管子等。

分模造型的操作基本同于整模造型,如图 2 - 10 所示。

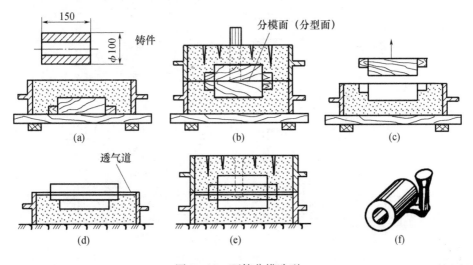

图 2 - 10 两箱分模造型
（a）造下型；（b）造上型；（c）敞上型,起模；（d）开浇口；（e）合箱；（f）带浇口的铸件。

当铸件形状为两端截面大、中间截面小时,如带轮、槽轮、车床四方刀架等,为保证顺利起模,应采用三箱分模造型(三箱造型)。此时分模面应选在模样的最小截面处,而分型面仍选在铸件两端的最大截面处,模样分别从两个分型面取出(图 2 - 11)。

三箱造型的特点是中箱的上、下两面都是分型面,都要求光滑平整;而中箱的高度应与中箱的模样高度相近。由于三箱造型有两个分型面,容易产生错箱,降低了铸件高度方向的尺寸精度,增加了分型面处飞边毛刺的清整工作量,操作较复杂,生产率较低,不适于机器造型。因此,三箱造型仅用于单件小批量、形状复杂、不能用两箱造型的铸件生产。

3）挖砂造型与假箱造型

当铸件的外形轮廓为曲面或阶梯面,其最大截面不在端部,且模样又不便分为两半时,应将模样做成整体,造型时挖掉妨碍取出模样的那部分型砂,这种造型方法称为挖砂造型。挖砂造型的分型面为曲面,造型时为了保证顺利起模,必须把砂挖到模样最大截面处(图 2 - 12),并抹平、修光分型面。由于挖砂造型需每造一次型挖砂一次,故操作麻烦,技术要求高,生产效率低,只适用于单件、小批量生产。

当生产数量较大时,一般采用假箱造型。即先利用模样造一假箱,再在假箱上造下型(图 2 - 13)。用假箱造型时不必挖砂就可以使模样露出最大截面。假箱只用于造型,不参与浇注,它是用高强度型砂舂制而成的,分型面光滑平整、位置正确,能多次使用。当生产数量更大时,可在造型前先预做一个特制的成型底板(图 2 - 14)来代替假箱,将模样放在成型底板上造型。成型底板可用木材或铝合金制造。

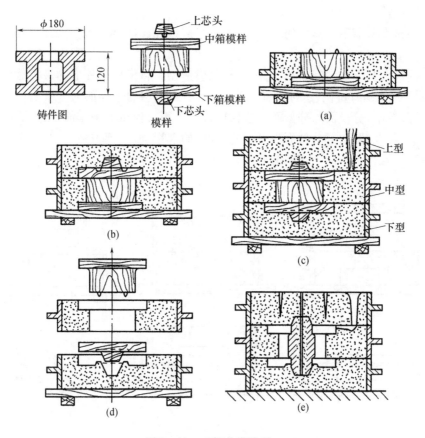

图 2-11 三箱分模造型
(a) 造中型;(b) 造下型;(c) 造上型;(d) 依次敞箱、起模;(e) 下芯、合箱。

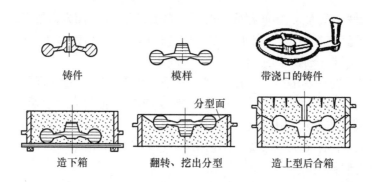

图 2-12 手轮的挖砂造型

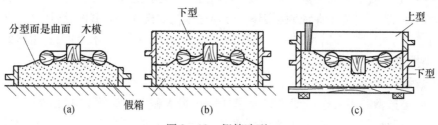

图 2-13 假箱造型
(a) 模样放在假箱上;(b) 造下型;(c) 翻转下型,待造上型。

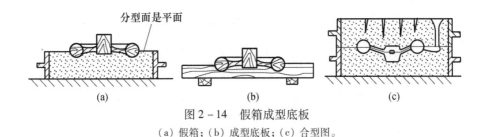

图 2-14 假箱成型底板
（a）假箱；（b）成型底板；（c）合型图。

4）活块造型

活块造型是将模样的外表面上局部有妨碍起模的凸起部分（如凸台、筋条等）做成活块，用销子或燕尾结构使活块与模样主体形成可拆连接。起模时，先取出模样主体，然后从型腔侧壁取出活块。活块造型过程如图 2-15 所示。

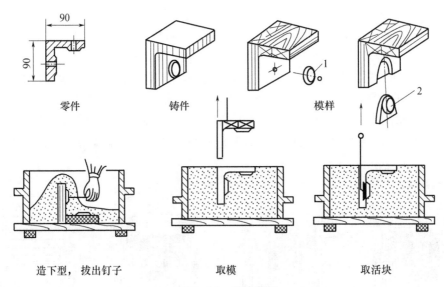

图 2-15 活块造型
1—用钉子连接活块；2—用燕尾连接活块。

活块造型操作难度大，技术要求较高，生产率低，只适用于单件、小批生产。

5）刮板造型

刮板造型是利用和零件截面形状相适应的特制刮板代替模样进行造型的方法。造型时将刮板绕固定的中心轴旋转，在铸型中刮出所需的型腔。刮板造型能节省模样的材料和工时，缩短生产周期，但操作费时，生产率较低，铸件的尺寸精度低，适用于单件小批量生产大型回转体铸件，如大直径的皮带轮、飞轮、大型齿轮等。皮带轮的刮板造型过程如图 2-16 所示。

2. 机器造型

机器造型的实质是把造型过程中的紧砂与起模等工序全部或部分地用机械来完成，是大批量生产砂型的主要方法。与手工造型相比，机器造型生产率高，劳动强度低，对操作者的技术水平要求不高；铸件尺寸精确及表面质量好、加工余量小；但设备及工艺装备费用高，生产周期长，只适用于大批量生产。

机器造型通常采用模板（固定模样和浇冒口的底板）和砂箱在专门的造型机上进行，通过模板与砂箱机械的分离而实现起模。模板上有定位销与专用砂箱的定位孔配合，定位准确，可同时使用两台造型机分别造出上下型。由于造型机无法造出中箱，所以机器造型只能是两箱造型。为了提高生产率，采用机器造型的铸件应尽可能避免使用活块和砂芯。

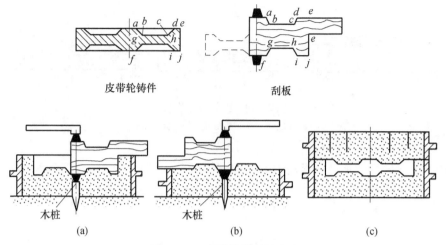

图2-16 皮带轮的刮板造型
(a)刮制下型;(b)刮制上型;(c)合型。

根据紧砂方式的不同,机器造型可分为震实造型、射压造型、高压造型、抛砂造型等。图2-17是震实造型的工作原理及过程。它是先震实(靠机械振动和型砂的惯性紧实型砂)再压实(借助压头或模样所传递的压力紧实型砂)的紧实成型方法,是目前生产中使用较多的一种紧实方法,这种方法生产率高,可节约动力消耗,并能减少机器的磨损,适用于成批生产的大中型铸件。

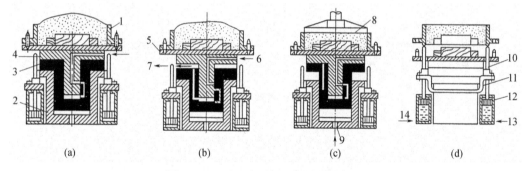

图2-17 震压造型机工作原理示意图
(a)填砂;(b)紧砂;(c)压实顶部型砂;(d)起模。
1—砂箱;2—压实气缸;3—压实活塞;4—震击活塞;5—模底板;6—进气口;7—排气口;8—压板;
9—进气口;10—起模顶杆;11—同步连杆;12—起模液压缸;13、14—压力油。

2.2.6 造芯

1. 型芯的作用和结构

型芯是铸型的重要组成部分,主要用来形成铸件的内腔。有时为了简化某些复杂铸件的起模或造型,也可部分或全部用型芯形成铸件的外形,如图2-18所示。

因型芯的工作条件差,在制芯过程中除使用性能良好的芯砂和特殊的黏结剂外,还需采取下列工艺措施:

(1)开通气孔道 型芯是通过型芯头把浇注时型芯内产生的气体排出,因此必须在型芯内部开出通气道,通气道要与铸型的出气孔连通。形状简单的型芯,用气孔针扎出通气孔;形状复杂、局部截面比较薄的型芯,可在型芯中埋入蜡线;对于大型型芯,通常在其内部填以焦炭或炉渣

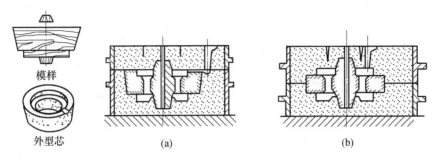

图 2-18 采用外型芯的两箱整模造型和分模造型
(a) 整模造型；(b) 分模造型。

等空心材料,以便排气。

(2) 安放芯骨　为提高型芯的强度和刚度,在型芯中要安置与型芯形状相适应的芯骨,以保证型芯在翻转、吊运、下芯及浇注时不产生弯曲和损坏。小件的芯骨一般用铁丝或铁钉制成,芯骨应深入到芯头中,且与芯头端部保持一定距离,如图 2-19(a)所示;大件及形状复杂的芯骨用铸铁铸成,在芯骨上有的要做出吊环,以便吊运、安放,如图 2-19(b)所示。

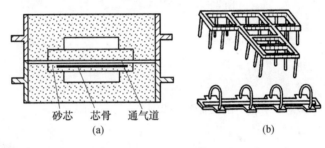

图 2-19　芯骨
(a) 铁丝芯骨；(b) 铸铁芯骨。

(3) 刷涂料　在型芯与金属液接触部位要刷涂料,其作用是防止铸件粘砂,改善铸件内腔表面的粗糙度。通常铸铁件型芯采用石墨涂料,而铸钢件型芯采用石英粉涂料。

(4) 烘干　型芯烘干后,其强度和透气性都能提高,发气量减少,铸件质量容易保证。型芯的烘干温度和时间取决于黏结剂的性质、含水量及型芯大小、厚薄等,一般黏土型芯为 250℃ ~ 350℃,3h ~ 6h。

2. 造芯方法

造芯可分成手工造芯和机器造芯,其中手工造芯可分成芯盒造芯和刮板造芯,芯盒造芯又可根据芯盒的结构分为整体式芯盒造芯、对开式芯盒造芯、可拆式芯盒造芯等。手工造芯主要应用于单件、小批量生产。机器造芯是利用造芯机来完成填砂、紧砂和取芯的,生产效率高,型芯质量好,适用于大批量生产。

1) 整体式芯盒造芯

造芯过程如图 2-20 所示,其芯盒结构简单,精度高,操作方便,适于制造形状简单的中、小型型芯。

2) 对开式芯盒造芯

造芯过程如图 2-21 所示,适用于形状对称、较复杂的型芯。

3) 可拆式芯盒造芯

对于形状复杂的大、中型型芯,当用整体式芯盒无法取芯时,可将芯盒分成几块,分别拆去芯

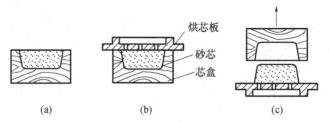

图 2-20 整体式芯盒造芯
(a) 舂砂,刮平;(b) 放烘芯版;(c) 翻转,取芯。

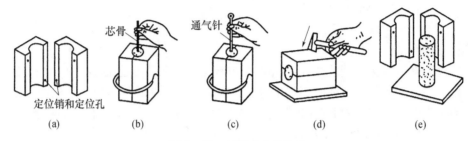

图 2-21 对开式芯盒造芯
(a) 准备芯盒;(b) 夹紧芯盒,依次加入芯砂、芯骨、舂砂;
(c) 刮平、扎通气孔;(d) 松开夹子,轻敲芯盒;(e) 打开芯盒,取出砂芯,上涂料。

盒取出型芯,如图 2-22 所示。

4) 刮板造芯

对于大直径回转体型芯,可采用刮板制造,如图 2-23 所示。

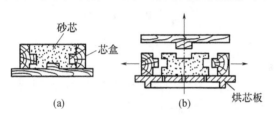

图 2-22 可拆式芯盒造芯
(a) 制芯;(b) 取芯。

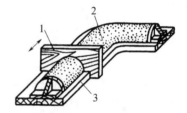

图 2-23 刮板造芯
1—刮板;2—型芯;3—导向基准面。

2.2.7 浇冒口系统

1. 浇注系统

浇注系统是为金属液流入型腔而开设于铸型中的一系列通道。其作用是:保证金属液平稳、迅速地注入型腔;阻止熔渣、砂粒等杂质进入型腔;调节铸件各部分温度和控制凝固次序;补充金属液在冷却和凝固时的体积收缩(补缩)。

浇注系统通常由外浇口、直浇道、横浇道和内浇道组成,如图 2-24 所示。

(1) 外浇口 也叫浇口杯,多为漏斗形或盆形。其作用是接纳从浇包倒出来的金属

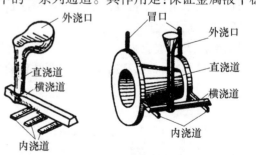

图 2-24 典型的浇注系统

液,减轻金属液对砂型的冲击,使之平稳地流入直浇道,并具有挡渣和防止气体卷入直浇道的作用。

(2) 直浇道　是连接外浇口与横浇道的垂直通道,一般呈上大下小的圆锥形。其主要作用是使液态金属保持一定的流速和压力,以便于金属液充满型腔。直浇道高度越大,金属液充满型腔的能力越强。如果直浇道的高度或直径太小,会使铸件产生浇不足的现象。

(3) 横浇道　是浇注系统中的水平通道部分,一般开设在下箱的分型面上,其断面通常为梯形。横浇道的主要作用是分配金属液进入内浇道,并起挡渣作用,还能减缓金属液流的速度,使金属液平稳流入内浇道。

(4) 内浇道　是浇注系统中引导液态金属进入型腔的通道,一般位于下型分型面处,其断面多为扁梯形或月牙形,也可为三角形。内浇道可控制熔融金属的流动速度和方向,并能调节铸件各部分的冷却速度,其断面形状、尺寸、位置和数量是决定铸件质量的关键因素之一,应根据金属材料的种类、铸件的质量、壁厚大小和铸件的外形而定。对壁厚较均匀的铸件,内浇道应开在薄壁处,使铸件冷却均匀,铸造热应力小;对壁厚不均匀的铸件,内浇道应开在厚壁处,以便于补缩;大平面薄壁铸件,应多开几个内浇道,以便于金属液快速充满型腔。此外,开设内浇道时还应注意:①不要开设在铸件的重要部位(如重要加工面和加工基准面),这是因为内浇道附近的金属冷却慢,组织粗大,力学性能差;②应使金属液顺着砂型的型壁流动,而不能正对着型芯和砂型的薄弱部位开设,以免冲坏型芯和砂型,如图2-25所示;③与铸型结合处应带有缩颈,以防清除浇口时撕裂铸件。

一般情形下,直浇道截面应大于横浇道截面,横浇道截面应大于内浇道截面,以保证熔融金属充满浇道,并使熔渣浮集在横浇道上部,起挡渣作用。

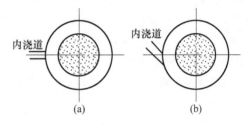

图 2-25　内浇道的设置
(a) 不合理; (b) 合理。

2. 冒口

为防止缩孔和缩松,往往在铸件的最高部位、最厚部位以及最后凝固的部位设置冒口。冒口是在铸型内储存供补缩铸件用金属液的空腔,当液态金属凝固收缩时起到补充液态金属的作用,也有排气和集渣的作用。冒口的形状多为圆柱形、方形或腰圆形,其大小、数量和位置视具体情况而定。冒口是多余部分,清理时要切除掉。

2.2.8　造型的基本操作

1) 造型前准备工作

(1) 准备造型工具,选择平整的底板和大小适合的砂箱。木模与砂箱内壁及顶部之间需留有 30mm～100mm 的距离,此距离称为吃砂量。吃砂量不宜太大,否则不仅消耗过多的型砂,而且浪费舂砂工时;反之,吃砂量过小,则木模周围的型砂舂不紧,浇注时金属液容易从分型面的交界面间流出。

(2) 擦净木模,以免造型时型砂粘在木模上,造成起模时损坏型腔。

(3) 安放木模,应注意木模上的斜度方向,不要放错。

2) 舂砂

(1) 必须将型砂分次适量加入,加砂过多舂不紧,而加砂过少又浪费工时。

(2) 舂砂应均匀地按一定路线进行,以免各部分松紧不一。

(3) 用力大小应适当。用力过大,砂型太紧,浇注时型腔内的气体跑不出来;用力过小,砂型太松易塌箱。同一砂型各部分的松紧是不同的,靠近砂箱内壁应舂紧,以免塌箱;靠近型腔部分应稍紧些,以承受液体金属的压力;远离型腔的砂层应适当松些,以利透气。

3) 撒分型砂

在分型面上均匀地撒一层无黏土的细粒干砂(即分型砂),以防止上、下砂箱粘在一起开不了箱。

4) 扎通气孔

在已舂紧和刮平的型砂上,用通气针扎出通气孔,以便浇注时气体易于逸出。通气孔要垂直而且均匀分布。

5) 开外浇口

外浇口应挖成60°的锥形,与直浇道连接处应修成圆弧过渡,以引导液体金属平稳流入砂型。若外浇口挖得太浅而成碟形,则浇注时液体金属会溅出伤人。

6) 做合箱线

若上、下砂箱没有定位销,则应在上、下砂型打开之前,在砂箱壁上作出合箱线。最简单的方法是在箱壁上涂上粉笔灰,然后用划针画出细线。需进炉烘烤的砂箱,则用砂泥粘敷在砂箱壁上,用抹刀抹平后,再刻出线条,称为打泥号。

7) 起模

(1) 起模前用水笔蘸些水刷在木模周围型砂上,以防止起模时损坏砂型型腔。

(2) 起模针位置要尽量与木模的重心铅锤线重合。起模前,要用小锤轻轻敲打起模针的下部,使木模松动,便于起模。

(3) 起模时,慢慢将木模垂直提起,待木模即将全部起出时,再快速取出,注意不要偏斜和摆动。

8) 修型

起模后,型腔如有损坏,可使用各种墁刀和砂钩进行修补。如果型腔损坏较大,可将木模重新放入型腔进行修补,然后再起出。

9) 开内浇道

一般开设在下砂型的分型面上。

10) 合箱

将上型、下型、型芯、浇口杯等组合成一个完整铸型的操作过程称为合箱,又称合型。合箱前应对砂型和型芯的质量进行检查,若有损坏,需要进行修理。合箱时要保证铸型型腔几何形状和尺寸的准确及型芯的稳固,注意使上砂箱保持水平下降,并应对准合箱线,防止错箱。合箱后,上、下型应夹紧或在铸型上放置压铁,以防浇注时造成抬箱(上型被熔融金属顶起)、射箱(熔融金属流出箱外)或跑火(着火的气体溢出箱外)等事故。

合箱是制造铸型的最后一道工序,直接关系到铸件的质量,即使铸型和型芯的质量很好,若合箱操作不当,也会引起气孔、砂眼、错箱、偏芯、飞边和跑火等缺陷。

2.3 合金的熔化与浇注

2.3.1 合金的铸造性能

合金的铸造性能是指在一定的铸造工艺条件下合金获得优质铸件的能力,即合金在铸造生产中所表现出来的工艺性能,包括充型能力、收缩性、氧化性、吸氧性和偏析倾向等,其中最主要的是充型能力和收缩性。

1. 合金充型能力

合金的充型能力是指液态合金充满铸型型腔,获得形状完整、尺寸正确、轮廓清晰的铸件的能力。它与合金的流动性、铸型性质、浇注条件、铸件结构等因素有关。合金的充型能力强,则容易获得薄壁而复杂的铸件,不易出现轮廓不清、浇不足、冷隔等缺陷,有利于金属液中气体和非金属夹杂物上浮、排除,减少气孔、夹渣等缺陷,能提高合金的补缩能力,减少缩孔、缩松的产生。

1) 合金的流动性

合金的流动性指液态合金本身的流动能力,它属于合金本身固有的性质,主要取决于合金的种类。纯金属和接近共晶成分的合金流动性好,其他成分的合金流动性较差。一般流动性好的合金,充型能力也强。

常用的铸造合金中,灰铸铁、硅黄铜的流动性最好,铝硅合金次之,铸钢最差。

2) 铸型性质

铸型材料的导热性越强,对金属液体的激冷能力就越强,金属保持流动的时间就越短,充型能力就越差。如金属型铸造比砂型铸造更容易产生浇不足、冷隔等缺陷。预热铸型,能减小金属液与铸型之间的温差,从而提高金属液的充型能力。铸型都具有一定的发气能力,能在金属液和铸型间产生气膜,减少流动阻力。但若发气量过大,铸型排气不畅,则会在型腔内产生气体的反压力,阻碍金属液的流动。因此,必须在铸型上开通气孔,以提高型(芯)砂的透气性。

3) 浇注条件

浇注温度对金属的充型能力有决定性的影响。在一定温度范围内,浇注温度提高,合金的黏性下降,流动性增强。对于薄壁铸件或流动性差的合金,常利用提高浇注温度来改善充型能力。浇注时,金属液体在流动方向所受压力越大,则流速越大,充型能力越强。因此,实际生产中经常通过增加直浇道的高度或人工加压的方法来提高液态合金的充型能力,如压力铸造、离心铸造等。

4) 铸件结构

当铸件的壁厚过小、壁厚急剧变化或有较大的水平面等结构时,会使金属液充型困难。因此,设计铸件结构时,铸件的壁厚必须大于最小允许值;有的铸件则需设计流动通道;对大平面的铸件则要设置筋条,这不仅有利于充型,还可防止夹砂的产生。

2. 合金的收缩

合金的收缩是指铸件在凝固、冷却过程中所发生的体积和尺寸减小的现象,通常可以分为三个阶段,即液态收缩、凝固收缩和固态收缩。液态收缩是指从浇注温度至凝固开始温度的收缩,在这一阶段金属的状态和组织都不发生变化,其体积收缩是由温度下降引起的。因此,浇注温度越高,收缩就越大。凝固收缩是指从凝固开始温度至凝固终了温度的收缩,这一阶段合金液相和固相共存,如果凝固温度范围大,则收缩就大。固态收缩是指从凝固终了温度至室温之间的收缩。

合金的液态收缩和凝固收缩表现为体积的减小,如果得不到液态合金的补充,将在铸件中形成孔洞。在铸件上部或最后凝固部位容积较大的空洞称为缩孔,而铸件断面上出现的分散而细小的空洞则称为缩松,如图2-26所示。缩孔和缩松的产生减少了铸件的有效承载面积,容易产生应力集中,降低铸件的力学性

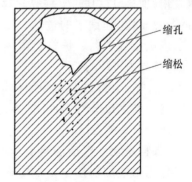

图2-26 缩孔和缩松

能。合金的固态收缩表现为线性尺寸的减小,对铸件的形状和尺寸精度影响很大。当固态收缩受到阻碍和牵制时,就会在铸件内部产生铸造应力,当铸造应力达到一定数值时,将使铸件产生变形甚至裂纹。

另外,铸件在铸型中冷却时会受到其他部位的相互制约,因此铸件的结构复杂、壁厚不均匀以及铸型的型腔和型芯都会对合金的收缩起到阻碍作用。

3. 常用合金的铸造性能

各种常用合金的铸造性能如表2-2所列。

表2-2 常用合金的铸造性能

合金种类		铸 造 性 能
铸铁	灰铸铁	熔点低、流动性好、收缩小、不易产生缩孔和缩松等缺陷,可用于制造形状复杂、薄壁铸件
	球墨铸铁	流动性比灰铸铁稍差,收缩率较大,易形成缩孔和缩松
	可锻铸铁	熔点比灰铸铁高,流动性比灰铁差,收缩大,易产生浇不足、冷隔、缩孔等缺陷
	蠕墨铸铁	流动性好、收缩小,铸造性能比球铁好
铸钢		熔点高、流动性差、收缩大、偏析大,易形成冷隔、缩孔等缺陷,组织性能不均匀
有色金属（铝合金、铜合金）		流动性好,收缩率大,容易产生吸气和氧化、易形成缩孔和缩松

2.3.2 合金的熔炼

合金的熔炼是铸造生产过程中相当重要的生产环节,熔炼的目的是要获得一定温度和所需成分的金属液。若熔炼工艺控制不当,会使铸件因成分和力学性能不合格而报废。在熔炼过程中要尽量减少金属液中的气体和夹杂物,提高熔化率,降低燃料消耗等,以达到最佳的技术经济指标。

1. 铸铁的熔炼

铸铁的熔炼过程应满足以下几个要求:①铁水温度足够高;②铁水成分稳定;③生产率高,成本低。铸铁的熔炼设备有冲天炉、电弧炉和工频炉,其中冲天炉应用最广。

1) 冲天炉的构造

冲天炉的构造如图2-27所示,主要由以下几部分组成。

（1）炉体 是冲天炉的主体,包括炉身、烟囱、火花罩、加料口、炉底、支柱等。其作用是完成炉料的预热、熔化和铁水的过热。外部用钢板制成炉壳,内砌耐火炉衬。炉料的预热和整个熔化过程是在炉身内进行的。

（2）前炉 通过过桥与炉膛相连接,用于储存铁水、均匀铁水成分和温度、排渣,其前部设有出铁口、出渣口和窥视口。

（3）加料系统 包括加料吊车、送料车和加料桶,其作用是使炉料按一定配比和次序分批从料口送进炉内。

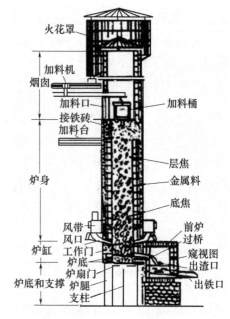

图2-27 冲天炉的构造

(4) 送风系统　包括鼓风机、风管、风带和风口,其作用是把空气送到炉内,使焦炭充分燃烧。

冲天炉的大小是以每小时熔化的铁水质量来表示的,称为熔化率。常用的冲天炉熔化率为 2t/h～10t/h。

2) 冲天炉的炉料

(1) 金属料　包括新生铁、回炉铁、废钢和铁合金。新生铁又称高炉生铁,是炉料的主要组成物;回炉铁包括浇冒口、废旧铸件。按配料的需要加入回炉铁,可减少新生铁的加入量。降低铸件成本;废钢包括废钢料、废钢件和钢屑等,加入废钢可降低铁水的含碳量,提高铸件的力学性能;铁合金包括硅铁、锰铁、铬铁和稀土合金等,用以调整铁水的化学成分或配制合金铸铁。

(2) 燃料　主要是焦炭。对焦炭的要求是发热值高(含碳量高、挥发物少、灰粉和水分低),强度高,含硫量低,大小均匀,块度适中。在熔化过程中,要保持底焦有一定高度。因此,每批炉料加入时,要加入层焦来补充底焦的烧损。每批金属料与层焦质量之比称铁焦比,一般为10:1。

(3) 熔剂　熔剂的作用是造渣、排渣。常用的熔剂有石灰石($CaCO_3$)和萤石(CaF_2),加入量为层焦质量的25%～45%。

3) 冲天炉的熔化过程

在冲天炉熔化过程中,炉料自上而下运动,被上升的热炉气预热,并在熔化带(底焦顶部,温度约1200℃)开始熔化,铁水在下落过程中又被高温炉气和炽热焦炭进一步加热,温度可达1600℃左右,过热的铁水经炉缸、过桥进入前炉,此时温度有所下降,最后出炉铁水温度约为1250℃～1350℃。从风口进入的风和底焦燃烧后形成的高温炉气自下而上流动,最后变成废气从烟囱中排出。冲天炉内铸铁的熔化过程不仅是一个金属料的重熔过程,而且是炉内铁水、焦炭和炉气之间产生的一系列物理、化学变化的过程,即熔炼过程。

4) 冲天炉的基本操作

冲天炉的基本操作过程是:修炉 → 烘干 → 加底焦 → 加炉料 → 鼓风熔化 → 出铁、出渣 → 停风、打炉。

冲天炉结构简单,操作方便,热效率和生产率较高,能连续熔炼铸铁,成本低,故生产中应用广泛。其缺点是铁水质量不稳定,工作环境条件差。

2. 铸钢的熔炼

与铸铁相比,铸钢的铸造性能较差,其熔点高,流动性差,收缩量大,氧化和吸气性也较为严重,易于产生夹渣和气孔,需要采取较为复杂的工艺措施以保证铸件的质量。例如,选择强度和耐火度高、透气性好的型砂;铸造时设置较大的冒口以利于补缩;适当提高浇注温度以提高液体的流动性;铸后进行退火或正火处理以提高铸件的力学性能等。

铸钢常用电弧炉或感应电炉来熔炼,整个熔炼过程包括熔化、氧化、还原等几个阶段。电弧炉是利用电极与金属炉料间发生电弧放电所产生的热量而使炉料熔化的,熔炼的钢质量较高,适于浇注各种类型的铸钢件,容量为1t～15t。感应电炉是根据电磁感应和电流热效应原理,利用炉料内感应电流的热能熔化金属的。常用的感应电炉是工频炉($50H_Z$)和中频炉(500Hz～2500Hz),其中工频炉可直接使用工业电流,不需变频设备,故投资较少。

3. 铝合金的熔炼

铸铝是应用最广泛的铸造非铁合金。由于铝合金的熔点低,化学性质活泼,熔炼时容易产生氧化、吸气,合金中的低沸点元素也极易挥发,所以铝合金的熔炼应在与燃料隔离的环境下进行。

目前,熔炼铝合金最常用的设备是电加热坩埚炉,其结构如图 2-28 所示。

熔炼铝合金的金属料是铝锭、废铝、回炉铝以及其它合金等,辅料有熔剂、覆盖剂等。

铸造铝合金熔点低,浇注温度不高,因此对型砂的耐火度要求低,可采用较细的型砂造型,以提高铸件的表面质量。由于铸造铝合金流动性好,充型能力强,故可浇注较复杂的薄壁铸件。

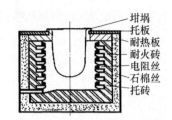

图 2-28 电阻坩锅炉的结构示意图

2.3.3 浇注

将熔融金属从浇包注入铸型的操作过程称为浇注。浇注是铸造生产中的一个重要环节,浇注操作不当,常使铸件产生气孔、浇不足、冷隔、夹渣和缩孔等缺陷。

1. 浇注工具

浇注的主要工具是浇包,它是容纳、输送和浇注熔融金属用的容器。浇包用钢板制成外壳,内衬耐火材料。图 2-29 是几种不同类型的浇包。

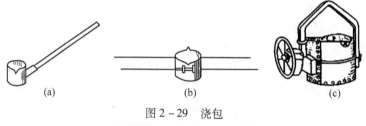

图 2-29 浇包
(a) 手提浇包;(b) 抬包;(c) 吊包。

2. 浇注工艺

1) 浇注温度

金属液浇入铸型时所测量到的温度称为浇注温度,是影响铸件质量的重要因素。浇注温度过低,则金属液的流动性差,容易出现浇不足、冷隔和气孔等缺陷;浇注温度过高,金属液在铸型中的收缩量增大,吸气、氧化现象严重,容易产生缩孔、裂纹、粘砂等缺陷,铸件的结晶组织也会变得粗大。

浇注时应遵循高温出炉,低温浇注的原则。这是因为提高金属液的出炉温度有利于夹杂物的彻底熔化、熔渣上浮,便于清渣和除气,减少铸件的夹渣和气孔缺陷;采用较低的浇注温度,则有利于降低金属液中的气体溶解度、液态收缩量和高温金属液对型腔表面的烘烤,避免产生气孔、粘砂和缩孔等缺陷。

浇注温度应根据合金的种类、铸件的大小形状及壁厚来确定。一般铸铁的浇注温度范围是 1230℃~1450℃;碳钢的浇注温度为 1520℃~1620℃;黄铜的浇注温度为 1060℃左右;青铜的浇注温度为 1200℃左右;铝合金的浇注温度为 680℃~780℃左右。薄壁复杂铸件取上限,厚大铸件取下限。

2) 浇注速度

单位时间内浇入铸型中的金属液质量称为浇注速度,单位为 kg/s。浇注速度过快,会使铸型中的气体来不及排除而产生气孔,同时因金属液的动压力增大而易造成冲砂、抬箱、跑火等缺陷;浇注速度太慢,金属液降温过多,易产生浇不足、冷隔、夹渣等缺陷。浇注速度应根据铸件的形状、大小而定,可通过操纵浇包和布置浇注系统进行控制。

3. 浇注中的注意事项

(1) 浇注前应根据铸件的重量、大小、形状和金属液牌号选择合适的浇包及其他用具,并对浇包和挡渣钩等工具进行烘干,以免降低金属液温度和引起金属液飞溅;检查铸型合型是否妥当,浇、冒口是否安放;清理浇注时行走的通道,不应有杂物挡道,更不能有积水。

(2) 浇注时,需使浇口杯保持充满,不允许浇注中断,以防熔渣和气体进入铸型,并注意防止飞溅和满溢。

(3) 及时引燃型腔中逸出的气体,以防一氧化碳等有害气体污染空气及形成气孔。

2.4 落砂与清理

2.4.1 落砂

将铸件从砂箱内取出的工序称为落砂。铸件在砂型中冷却到一定温度后,才能落砂。落砂过早,铸件温度高、冷却快,会使铸件表面硬而脆,难以切削加工,还会产生铸造应力,使铸件变形甚至开裂;落砂过晚,会增加场地的占用时间,影响生产效率。落砂时间可根据铸件的形状、大小和壁厚来确定,一般中小型铸件在浇注后1h左右开始落砂。

落砂方法分为手工落砂和机械落砂。单件、小批量生产采用手工落砂,大批量生产多采用震动落砂机落砂。

2.4.2 清理

落砂后的铸件必须经过清理工序才能使其表面达到要求。清理工作主要包括以下内容。

(1) 去除浇冒口 铸铁件的浇冒口,一般用手锤或大锤敲掉;大型铸铁件要先在根部锯槽,再用重锤敲掉;铸钢件要用气割割掉;有色金属的浇冒口要用锯锯掉。

(2) 清除型芯和芯骨 单件小批生产时一般采用手工清除;批量生产时,可采用震动出芯机或水力清砂装置清除。

(3) 清理表面粘砂 铸件表面往往粘附一层被烧结的砂子,需要清理干净。轻者可用钢刷刷掉,重者需用錾子、风铲等工具清除;大批量生产时,中小型铸件常采用清理滚筒进行清理,大型铸件可用喷丸方式进行清理。

(4) 铸件的修整 用錾子、风铲、砂轮等工具去掉铸件上的飞边、毛刺和残留的浇冒口痕迹,并进行打磨,尽量使铸件轮廓清晰、表面光洁。

2.5 特种铸造

砂型铸造具有许多优点,应用广泛,但也存在铸件精度低、表面粗糙、力学性能差、砂型不能重复使用、生产效率低、工人劳动条件差等缺点。因此,一些特种铸造方法得到了日益广泛的应用。目前特种铸造方法已经发展到几十种,其中常用的有金属型铸造、熔模铸造、压力铸造和离心铸造。

2.5.1 金属型铸造

金属型铸造是将液态金属在重力作用下浇入金属铸型,以获得铸件的一种铸造方法。金属型常用铸铁、钢或其他金属材料制造,可以反复使用,故又称永久型铸造。型芯可用砂芯或金属芯,砂芯常用于高熔点合金铸件,而金属芯常用于有色金属铸件。

根据铸型结构,金属型铸造可分为整体式、水平分型式、垂直分型式、复合分型式等。图2-30是铸造铝活塞垂直分型式的金属型。

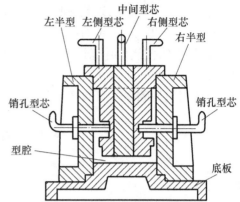

图2-30 铸造铝活塞的金属型

1. 金属型铸造的优点

(1) 使用寿命长。金属型可以多次使用,浇注次数可达几百次甚至数万次,从而节省了大量造型工时和造型材料,提高了生产率,改善了劳动条件。

(2) 铸件尺寸精确高,表面质量好,因而减少了加工余量。金属型铸件的尺寸精度可达IT12～IT14;表面粗糙度 Ra 达 $6.3\mu m$～$12.5\mu m$。

(3) 导热性好,铸件冷却快,因而晶粒细小,组织致密,力学性能好。如采用金属型铸造的铝合金铸件,其强度极限比用砂型铸造平均提高25%左右。

(4) 工艺操作简单,易实现机械化、自动化。

2. 金属型铸造的缺点

(1) 金属型本身制造成本高,生产周期长,不宜于小批量生产。

(2) 金属型导热性好,无退让性,容易造成冷隔、裂纹等缺陷,因而不宜浇注过薄、过于复杂的铸件。

(3) 型腔在高温下易损坏,因而不易铸造高熔点合金。

鉴于以上特点,金属型铸造主要应用于大批量生产中小型有色金属铸件。为了保证铸件质量和延长铸型寿命,金属型铸造应采用以下工艺措施:

(1) 在浇注前预热金属型,以保证液态金属能顺利地充满型腔,并减小铸件的冷却速度。

(2) 型腔表面需喷涂一层耐火涂料,以保护型腔的工作面,并使铸件获得光洁的表面。

(3) 由于金属本身不透气,故必须在分型面上做通气槽或在型腔难以排气部位开排气孔。

(4) 严格控制浇注温度,以保证金属液具有足够的流动性。一般金属型铸造的浇注温度应比砂型铸造高20℃～30℃。

(5) 铸件凝固后应及时开型取出,以防止铸件因金属型退让性差而产生裂纹。

2.5.2 熔模铸造

熔模铸造是指用易熔材料(蜡或塑料)制造模样,在模样外表面包覆若干层耐火涂料,制成型壳,熔出模样后经高温焙烧即可在型壳中浇注铸件的铸造方法。熔模铸造又称失蜡铸造,它是一种精密的铸造方法。熔模铸造的工艺过程如图2-31所示,包括制造蜡模和蜡模组、蜡模组结壳和脱蜡、浇注金属、落砂和清理等。

1. 熔模铸造的优点

(1) 铸件的尺寸精度高,表面质量好,加工余量小,可以实现少切屑或无切屑加工。其尺寸精度可达IT11～IT14;表面质量粗糙度 Ra 可达 $1.6\mu m$～$12.5\mu m$。

(2) 适应性广。铸造合金种类几乎不受限制,尤其适合生产超高强度合金、高熔点合金及难切削加工合金的铸件,如耐热合金、不锈钢、磁钢等,生产批量不受限制。

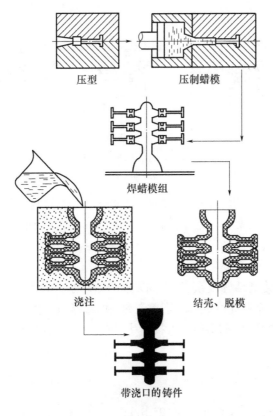

图 2-31 熔模铸造工艺过程

(3) 可不分型起模,有利于生产形状复杂、薄壁铸件。

(4) 应用广泛。主要用于铸造各种形状复杂、精度要求高或难以进行锻压或切削加工的小型零件,如汽轮机和航空发动机的叶片、刀具,汽车、拖拉机、风动工具、机床上的小型零件等。

2. 熔模铸造的缺点

(1) 工艺复杂,生产周期长,成本高。

(2) 因受熔模、型壳强度限制,不易生产过大、过长的铸件。

2.5.3 压力铸造

压力铸造(简称压铸)是指在一定压力作用下,快速将液态或半液态金属压入金属铸型中,并在压力下凝固形成铸件的铸造方法。

压铸是在专门的压铸机上进行的。压铸机种类很多,其中应用较多的是卧式冷压室压铸机。压铸所用铸型称为压铸型,由定型和动型两部分组成。定型固定在压铸机的定模板上,动型固定在压铸机的动模板上并可水平移动。推杆和芯棒由压铸机上的相应机构控制,可自动抽出芯棒和顶出铸件。其压铸过程是:动型向左移,合型,用定量勺向压室注入金属液(图 2-32(a));柱塞快速推进,将液态金属压入铸型(图 2-32(b));向外抽出金属芯棒,打开压型,柱塞退回,推杆将铸件顶出(图 2-32(c))。

1. 压力铸造的优点

(1) 铸件质量好,强度高。压铸件在高压下结晶凝固,表层晶粒细小,组织致密,强度比砂型铸造高 20%~40%,耐磨性和抗蚀性也有显著提高。

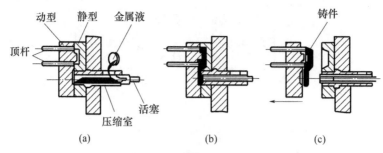

图2-32 压铸的工艺过程
(a) 合型,浇入金属液;(b) 加高压;(c) 开形,顶出铸件。

(2) 金属液在高压高速下保持高的流动性,故可压铸出薄而复杂的精密铸件,可直接铸出各种孔眼、螺纹、齿形、文字和图案等。最小壁厚小于0.5mm,铸孔最小直径0.7mm。

(3) 生产率高,成本低,容易实现自动化生产。

2. 压力铸造的缺点

(1) 压铸机造价高,铸型结构复杂、生产周期长、成本高。

(2) 压铸时液态金属充型速度大、凝固快、补缩困难,容易产生气孔、缩松等铸造缺陷。

(3) 压铸合金的品种受限,主要用于大批量生产的中小型有色金属铸件,如铝合金、镁合金和锌合金等。

2.5.4 离心铸造

离心铸造是将液态金属浇入高速旋转(250r/min～1500r/min)的铸型内,使金属在离心力的作用下充型,凝固后形成铸件的铸造方法。

离心铸造必须在离心铸造机上进行,铸型多采用金属型,但也可用砂型。根据铸型旋转轴空间位置的不同,离心铸造机分为卧式、立式两种。图2-33(a)是绕垂直轴旋转的立式离心铸造机工作示意图,主要用于铸造高度小于直径的圆环类铸件;图2-33(b)是绕水平轴旋转的卧式离心铸造机工作示意图,用于铸造长度大于直径的套类和管类铸件。

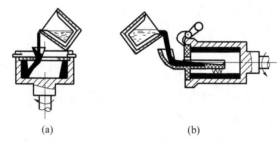

图2-33 离心铸造示意图
(a) 立式离心铸造机;(b) 卧式离心铸造机。

1. 离心铸造的优点

(1) 铸件在离心力作用下由外向内定向结晶凝固,组织致密,极少有缩孔、气孔、夹渣等缺陷,铸件力学性能好。

(2) 通常不需要浇注系统和冒口,大大提高了金属利用率;铸造空心圆筒铸件可以不用型芯,且壁厚均匀;可铸造双金属铸件,如在滑动轴承制造中,钢轴承套镶铜套,节约了铜料,降低了成本。

(3) 合金的充型能力强,便于流动性差的合金及薄壁铸件的生产。

2. 离心铸造的缺点

（1）铸件内孔表面粗糙，质量差，若需切削加工，应增大加工余量。
（2）不适合铸造偏析大的合金，如铝青铜、铝合金、镁合金等。
（3）因需较多设备投资，故不适合单件、小批量生产。

2.6 铸件缺陷分析

实际生产中，常需对铸件缺陷进行分析，目的是找出缺陷产生的原因，以便采取措施加以预防。对于设计人员来说，了解铸件缺陷及其产生原因，有助于正确设计铸件结构，恰当合理地拟定技术要求。

铸造工艺过程繁多，引起缺陷的原因是很复杂的，同一铸件上可能会出现多种不同原因引起的缺陷，而同一原因在生产条件不同时也可能会产生多种缺陷。常见的铸件缺陷名称、特征及产生原因见表2-3。

表2-3 常见的铸件缺陷及产生原因

缺陷名称	缺陷特征	产生的主要原因
气孔	在铸件内部或表面有大小不等的光滑孔洞	① 熔炼工艺不合理，金属液吸收了较多的气体； ② 浇注工具或炉前添加剂未烘干； ③ 型砂过湿，起模和修型时刷水过多； ④ 舂砂过紧或型砂透气性差； ⑤ 型芯未烘干或通气孔阻塞； ⑥ 浇注温度过低或浇注速度太快
缩孔与缩松	缩孔：多分布在铸件厚断面处，空洞大、形状不规则，孔内粗糙； 缩松：分散而细小的缩孔，分布面积要比缩孔大得多	① 铸件结构设计不合理，造成补缩不利，如壁厚不均匀等； ② 浇注系统和冒口的位置不对或冒口太小； ③ 浇注温度太高； ④ 合金化学成分不合格，收缩率过大
砂眼	在铸件内部或表面有型砂充塞的孔眼	① 型砂强度太低或紧实度不够，使型砂被金属液冲入型腔； ② 合箱时砂型局部损坏； ③ 浇注系统不合理，内浇口方向不对，金属液冲坏了砂型；浇注时挡渣不良或浇注速度太快； ④ 合箱时型腔或浇口内散砂未清理干净
粘砂	铸件表面粗糙，粘有一层砂粒	① 型砂或芯砂耐火度低； ② 舂砂过松； ③ 浇注温度太高； ④ 未刷涂料或涂料太薄

(续)

缺陷名称	缺陷特征	产生的主要原因
错型	铸件沿分型面有相对位置错移	① 造型时模样的上半模和下半模未对准; ② 合箱时,上下砂箱错位; ③ 上、下砂箱未夹紧
冷隔	铸件上有未完全融合的缝隙或洼坑,其交接处是圆滑的	① 铸件设计不合理,铸件壁太薄; ② 浇注温度太低,合金流动性差; ③ 浇注速度太慢或浇注中有断流; ④ 浇注系统位置开设不当或内浇道横截面积太小
浇不足	金属未充满铸型,铸件外形不完整	① 浇注时金属量不够或金属液从分型面流出; ② 铸件壁太薄; ③ 直浇道(含浇口杯)高度不够;浇口太小或未开出气孔; ④ 浇注温度太低; ⑤ 浇注速度太慢或浇注中断
裂纹	铸件开裂,开裂处金属表面有氧化膜	① 铸件结构设计不合理,壁厚相差太大,冷却不均匀; ② 砂型和型芯的退让性差,或舂砂过紧; ③ 落砂过早或过猛; ④ 浇口位置不当,致使铸件各部分收缩不均匀

第3章 锻　压

3.1　锻压概述

锻压是在外力作用下使金属材料产生塑性变形,从而获得具有一定形状和尺寸的毛坯或零件的加工方法,是锻造和冲压的总称,主要用于加工金属制件,也可用于加工某些非金属材料以及复合材料等。

塑性变形是锻压成形的基础,用于锻压的材料应具有良好的塑性,以便锻压时产生较大的塑性变形而不致被破坏。常用的金属材料中,大多数钢和有色金属及其合金(如铝、铜及其合金等)都具有一定的塑性,可在热态或冷态下进行锻压加工。铸铁由于塑性很差,不能进行锻压。

与其他加工方法相比,锻压加工具有以下优点:

(1)力学性能好。经过锻造加工后的金属材料,其内部原有的铸造缺陷(如微裂纹、缩孔、气孔等)在锻造力的作用下可被压合,提高了材料的致密度;锻造使铸锭中的柱状晶被打碎,晶粒得到细化,并能控制金属纤维方向,使其沿零件轮廓更合理分布,从而使锻件的力学性能(尤其是强度极限和冲击韧性)比同类材料的铸件大大提高。在各种机械中,凡承受重载和冲击载荷等要求比较高的零件都是通过锻造成形的,如重要的传动轴,发动机、内燃机的曲轴、连杆、齿轮,起重机吊钩等。

(2)生产率高。除自由锻造外,其他锻压方法(如模锻、冲压等)均比切削加工的生产率高出几倍甚至几十倍以上。

(3)可节约大量的金属材料和切削加工工时。锻压主要是靠金属体积的重新分配来成形的,材料利用率高;锻压零件因其尺寸精度和表面粗糙度接近成品要求,可实现少切屑或无切屑加工,减少了加工损耗,节约了材料。

(4)适用范围比较广。锻压既可以加工形状简单的锻件,也可以加工形状较复杂的锻件;锻件的质量可以小到不足1克,大到几百吨;锻件既可以单件小批生产,也可以大批量生产。

锻压的缺点是:设备费用较高,工件精度较低,特别是难以生产内腔复杂的零件。

3.2　锻　造

锻造是将金属坯料加热到高温状态后,放在上、下砧铁或模具间,利用锻锤或压力机使之产生塑性变形,以获得毛坯或零件的工艺过程。按照成形方式的不同,锻造可分为自由锻造和模型锻造两大类。

锻造用的原材料是铸锭、轧材、挤材和锻坯,而轧材、挤材和锻坯分别是铸锭经轧制、挤压及锻造加工后形成的半成品。

锻造生产的主要工艺过程是:下料—加热—锻造—热处理—检验。

3.2.1 锻造坯料的加热与锻件冷却

1. 坯料的加热

1）加热目的及锻造温度

加热的目的是提高坯料的塑性并降低其变形抗力,以改善其锻造性能。除少数具有良好塑性的金属可在常温下锻造成形外,大多数金属在常温下的可锻性较低,造成锻造困难或不能锻造。但将这些金属加热到一定温度后,就可以大大提高可锻性,只需施加较小的锻打力,便可使其发生较大的塑性变形,这就是热锻。

合理地制订加热温度及选用合适的加热设备,对保证锻件质量、缩短加热时间、减少金属与燃料消耗至关重要。

各种金属材料开始锻造时的温度称为始锻温度,亦即允许加热的最高温度。当加热温度超过始锻温度时,会造成坯料氧化、脱碳、过热和过烧等缺陷。为了获得更好的锻造性能和较长的锻造时间,始锻温度应在保证坯料不产生过热、过烧等缺陷的前提下尽量高些。

停止锻造时的温度称为终锻温度,亦即允许进行锻造的最低温度。终锻温度应在保证坯料不产生冷变形强化的前提下尽量低些。终锻温度过高,会使停锻后锻件的晶粒在较高温度下继续长大,导致锻件力学性能下降;终锻温度过低,则会造成锻件塑性下降,加工困难,甚至产生裂纹。

从始锻温度到终锻温度的温度区间称为锻造温度范围。锻造温度范围大,可以减少加热次数,提高生产率,降低成本。几种常用金属材料的锻造温度范围见表3-1。

表3-1 常用金属材料的锻造温度范围

材料种类		始锻温度/℃	终锻温度/℃
钢	低碳钢	1200~1250	800
	中碳钢	1150~1200	800
	合金结构钢	1100~1180	850
	碳素工具钢	1050~1100	800
	合金工具钢	1050~1100	800~850
	高速钢	1100~1150	900
铝合金		450~500	350~380
铜合金		800~900	650~700

加热过程中金属坯料的温度可用以下两种方法来测量:

(1) 温度计法 通过加热炉上的热电偶温度计显示炉内温度,也可以使用光学高温计观测锻件温度。

(2) 目测法 根据坯料的颜色和明亮度判别温度,即火色鉴别法。碳钢的火色与温度的关系见表3-2。

表3-2 碳钢温度与火色的关系

火色	黄白	淡黄	黄	淡红	樱红	暗红	赤褐
温度/℃	1300	1200	1100	900	800	700	600

2）加热设备

锻造时加热金属的装置称为加热设备。加热设备的种类很多,根据加热时采用的热源不同,可分为火焰加热炉和电阻加热炉两类。

（1）手锻炉　手锻炉是常用的火焰加热炉，也称明火炉，以煤为燃料，其结构如图3-1所示。

手锻炉点燃步骤：先关闭风门，然后合闸开动鼓风机，将炉膛内的碎木或油棉纱点燃；逐渐打开风门，向火苗四周加干煤；待烟煤点燃后覆以湿煤并加大风量，待煤烧旺后，即可放入坯料进行加热。

手锻炉结构简单、操作容易，但加热质量不高、燃料消耗大、生产率低，主要用于小件生产和维修工作。

（2）反射炉　是以煤为燃料的火焰加热炉，其结构如图3-2所示。燃烧室中产生的高温炉气越过火墙进入加热室（炉膛）加热坯料，废气经烟道排出，坯料从炉门装取。

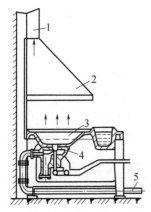

图3-1　手锻炉结构示意图
1—烟筒；2—炉罩；3—炉膛；4—风门；5—风管。

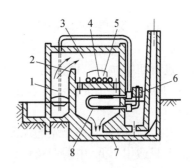

图3-2　反射炉结构示意图
1—燃烧室；2—火墙；3—加热室；4—坯料；
5—炉门；6—鼓风机；7—烟道；8—预热器。

反射炉的点燃步骤如下：先小开风门，依次引燃木材、煤焦和新煤，再加大风门。

与手锻炉相比，反射炉结构较为复杂、燃料消耗少、加热适应性强、炉膛温度均匀，但劳动条件差、加热速度慢、加热质量不易控制。因此，反射炉仅适用于中小批量的锻件。

（3）电阻炉　利用电流通过布置在炉膛围壁上的电热元件产生的电阻热为热源，通过辐射和对流将坯料加热，其结构如图3-3所示。电阻炉通常作成箱形，分为中温箱式电阻炉和高温箱式电阻炉，最高使用温度分别为1100℃和1600℃。

电阻炉操作简便、温度易控制，且可通入保护性气体来防止或减少工件加热时的氧化，主要适用于精密锻造及高合金钢、有色金属的加热。

3）加热缺陷及预防措施

金属在加热过程中可能产生的缺陷有氧化、脱碳、过热、过烧和加热裂纹等。

（1）氧化与脱碳　在高温下，坯料的表面不可避免

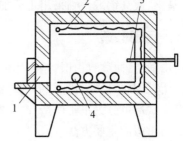

图3-3　箱式电阻炉示意图
1—炉门；2—电阻体；3—热电偶；4—工件。

地与炉气中的氧气、二氧化碳及水蒸气等接触，发生剧烈的化学反应，从而产生氧化皮，造成金属的烧损，这种现象称为氧化。钢表层中的碳原子在高温时也会因氧化而烧损，使表层含碳量下降，称为脱碳。工件表层脱碳会使其硬度、强度和耐磨性下降。因此，在切削加工时必须将脱碳

层全部切除。

减少氧化脱碳的措施是在保证加热质量的前提下,尽量采取快速加热并避免金属在高温下停留时间过长;控制炉气中氧化性气体的含量,严格控制送风量或采用中性、还原性气体加热。

(2) 过热与过烧　加热坯料时,如果在接近始锻温度下保温时间过久,坯料内部的晶粒会变得粗大,这种现象称为过热。过热的锻件力学性能较差,应在随后的锻造过程中增加锻打次数将粗大的晶粒打碎,也可在锻造以后进行热处理将晶粒细化。如果坯料加热到更高的温度或将过热的钢料长时间在高温下停留,则会导致晶粒边界发生严重氧化甚至局部熔化的现象,称为过烧。过烧的坯料塑性接近零而脆性很大,锻打时必然开裂。过烧是无法挽回的锻造缺陷。

为防止过热和过烧,要严格控制坯料的加热温度和保温时间。

(3) 加热裂纹　对于导热性比较差或大尺寸坯料,如果加热速度过快或装炉温度过高,则可能造成加热过程中坯料的内外温差大,从而产生内应力,严重时会产生裂纹。

为防止加热裂纹的产生,应严格控制坯料的装炉温度、加热速度和保温时间。

2. 锻件的冷却

锻件的冷却是保证锻件质量的又一重要环节。冷却速度过快会导致锻件内、外温度不一致,从而产生内应力,当内应力达到一定值时就会产生变形甚至出现裂纹;冷却过快还会使锻件表层过硬,难以进行切削加工。锻件的冷却速度和冷却方法应根据其成分、尺寸和形状来确定。通常,锻件中的碳及合金元素含量越多、锻件体积越大、形状越复杂,冷却速度越要缓慢。常用冷却方法有三种:

(1) 空冷　将锻件放在干燥的地面上,在无风的空气中冷却。此方法冷速快,晶粒可细化,成本最低,但只适用于低、中碳钢及合金结构钢的小型锻件,锻后不直接进行切削加工。

(2) 坑冷　将锻件埋入填有干砂、石棉灰或炉渣的坑中冷却,或将锻件堆在一起冷却(又称堆冷)。此方法冷却速度大大低于空冷,适用于中碳钢、低合金钢及截面尺寸较大的锻件,锻后可直接进行切削加工。

(3) 炉冷　将锻件放入500℃~700℃的加热炉中随炉冷却。此方法冷速极慢,适用于高合金钢及大型锻件,锻后可进行切削加工。

3. 锻件的热处理

锻件在切削加工前一般都要进行热处理,其目的是均匀组织、细化晶粒、减少锻造残余应力、调整硬度、改善切削加工性能、为最终热处理做准备。一般的结构钢锻件采用完全退火或正火处理,工具钢、模具钢锻件则采用正火加球化退火处理。

3.2.2　自由锻造

自由锻造,简称自由锻,是利用冲击力或压力使金属坯料在上、下砧铁之间产生塑性变形,从而获得所需形状、尺寸及性能的锻件的一种加工方法。

自由锻造可分为手工锻造和机器锻造。手工锻造只能生产小型锻件,生产率也较低。机器锻造是自由锻的主要方法。

1. 自由锻的特点

(1) 工具简单、通用性强,生产准备周期短。

(2) 锻件的质量范围可由不足1kg到200t~300t。对大型锻件,自由锻是唯一的加工方法,因此自由锻在重型机械制造中有特别重要的意义。

(3) 自由锻造时,除与上、下砧铁接触的部分受到约束外,金属坯料朝其他各个方向均能自由变形流动,锻件的形状与尺寸主要靠人工操作来控制,所以锻件的精度低,加工余量大,劳动强可分为火焰加热炉和电阻加热炉两类。

(1) 手锻炉　手锻炉是常用的火焰加热炉,也称明火炉,以煤为燃料,其结构如图3-1所示。

手锻炉点燃步骤:先关闭风门,然后合闸开动鼓风机,将炉膛内的碎木或油棉纱点燃;逐渐打开风门,向火苗四周加干煤;待烟煤点燃后覆以湿煤并加大风量,待煤烧旺后,即可放入坯料进行加热。

手锻炉结构简单、操作容易,但加热质量不高、燃料消耗大、生产率低,主要用于小件生产和维修工作。

(2) 反射炉　是以煤为燃料的火焰加热炉,其结构如图3-2所示。燃烧室中产生的高温炉气越过火墙进入加热室(炉膛)加热坯料,废气经烟道排出,坯料从炉门装取。

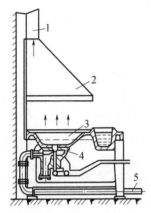
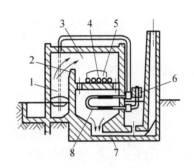

图3-1　手锻炉结构示意图
1—烟筒;2—炉罩;3—炉膛;4—风门;5—风管。

图3-2　反射炉结构示意图
1—燃烧室;2—火墙;3—加热室;4—坯料;
5—炉门;6—鼓风机;7—烟道;8—预热器。

反射炉的点燃步骤如下:先小开风门,依次引燃木材、煤焦和新煤,再加大风门。

与手锻炉相比,反射炉结构较为复杂、燃料消耗少、加热适应性强、炉膛温度均匀,但劳动条件差、加热速度慢、加热质量不易控制。因此,反射炉仅适用于中小批量的锻件。

(3) 电阻炉　利用电流通过布置在炉膛围壁上的电热元件产生的电阻热为热源,通过辐射和对流将坯料加热,其结构如图3-3所示。电阻炉通常作成箱形,分为中温箱式电阻炉和高温箱式电阻炉,最高使用温度分别为1100℃和1600℃。

电阻炉操作简便、温度易控制,且可通入保护性气体来防止或减少工件加热时的氧化,主要适用于精密锻造及高合金钢、有色金属的加热。

3) 加热缺陷及预防措施

金属在加热过程中可能产生的缺陷有氧化、脱碳、过热、过烧和加热裂纹等。

(1) 氧化与脱碳　在高温下,坯料的表面不可避免

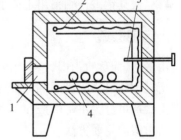

图3-3　箱式电阻炉示意图
1—炉门;2—电阻体;3—热电偶;4—工件。

地与炉气中的氧气、二氧化碳及水蒸气等接触,发生剧烈的化学反应,从而产生氧化皮,造成金属的烧损,这种现象称为氧化。钢表层中的碳原子在高温时也会因氧化而烧损,使表层含碳量下降,称为脱碳。工件表层脱碳会使其硬度、强度和耐磨性下降。因此,在切削加工时必须将脱碳

层全部切除。

减少氧化脱碳的措施是在保证加热质量的前提下,尽量采取快速加热并避免金属在高温下停留时间过长;控制炉气中氧化性气体的含量,严格控制送风量或采用中性、还原性气体加热。

(2) 过热与过烧　加热坯料时,如果在接近始锻温度下保温时间过久,坯料内部的晶粒会变得粗大,这种现象称为过热。过热的锻件力学性能较差,应在随后的锻造过程中增加锻打次数将粗大的晶粒打碎,也可在锻造以后进行热处理将晶粒细化。如果坯料加热到更高的温度或将过热的钢料长时间在高温下停留,则会导致晶粒边界发生严重氧化甚至局部熔化的现象,称为过烧。过烧的坯料塑性接近零而脆性很大,锻打时必然开裂。过烧是无法挽回的锻造缺陷。

为防止过热和过烧,要严格控制坯料的加热温度和保温时间。

(3) 加热裂纹　对于导热性比较差或大尺寸坯料,如果加热速度过快或装炉温度过高,则可能造成加热过程中坯料的内外温差大,从而产生内应力,严重时会产生裂纹。

为防止加热裂纹的产生,应严格控制坯料的装炉温度、加热速度和保温时间。

2. 锻件的冷却

锻件的冷却是保证锻件质量的又一重要环节。冷却速度过快会导致锻件内、外温度不一致,从而产生内应力,当内应力达到一定值时就会产生变形甚至出现裂纹;冷却过快还会使锻件表层过硬,难以进行切削加工。锻件的冷却速度和冷却方法应根据其成分、尺寸和形状来确定。通常,锻件中的碳及合金元素含量越多、锻件体积越大、形状越复杂,冷却速度越要缓慢。常用冷却方法有三种:

(1) 空冷　将锻件放在干燥的地面上,在无风的空气中冷却。此方法冷速快,晶粒可细化,成本最低,但只适用于低、中碳钢及合金结构钢的小型锻件,锻后不直接进行切削加工。

(2) 坑冷　将锻件埋入填有干砂、石棉灰或炉渣的坑中冷却,或将锻件堆在一起冷却(又称堆冷)。此方法冷却速度大大低于空冷,适用于中碳钢、低合金钢及截面尺寸较大的锻件,锻后可直接进行切削加工。

(3) 炉冷　将锻件放入500℃~700℃的加热炉中随炉冷却。此方法冷速极慢,适用于高合金钢及大型锻件,锻后可进行切削加工。

3. 锻件的热处理

锻件在切削加工前一般都要进行热处理,其目的是均匀组织、细化晶粒、减少锻造残余应力、调整硬度、改善切削加工性能、为最终热处理做准备。一般的结构钢锻件采用完全退火或正火处理,工具钢、模具钢锻件则采用正火加球化退火处理。

3.2.2 自由锻造

自由锻造,简称自由锻,是利用冲击力或压力使金属坯料在上、下砧铁之间产生塑性变形,从而获得所需形状、尺寸及性能的锻件的一种加工方法。

自由锻造可分为手工锻造和机器锻造。手工锻造只能生产小型锻件,生产率也较低。机器锻造是自由锻的主要方法。

1. 自由锻的特点

(1) 工具简单、通用性强,生产准备周期短。

(2) 锻件的质量范围可由不足1kg到200t~300t。对大型锻件,自由锻是唯一的加工方法,因此自由锻在重型机械制造中有特别重要的意义。

(3) 自由锻造时,除与上、下砧铁接触的部分受到约束外,金属坯料朝其他各个方向均能自由变形流动,锻件的形状与尺寸主要靠人工操作来控制,所以锻件的精度低,加工余量大,劳动强度大,生产率低,只能用于形状简单的锻件。

因此,自由锻主要用于单件小批量生产,也可用于模锻前的制坯工序。

2. 自由锻的工具与设备

1) 常用自由锻工具

常用的手锻工具和机锻工具如图 3-4 和图 3-5 所示。

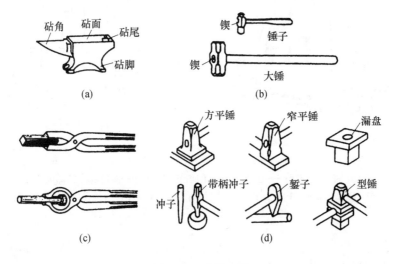

图 3-4 手锻工具
(a) 砧铁;(b) 锻锤;(c) 手钳;(d) 衬垫工具。

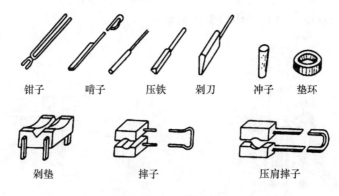

图 3-5 机锻工具

2) 空气锤

空气锤的结构和工作原理如图 3-6 所示,它是由锤身、压缩缸、工作缸、传动机构、操纵机构、落下部分和锤砧等几个部分组成的。空气锤是将电能转化为压缩空气的压力能来产生打击力的。工作时,电动机通过减速机构带动连杆,使活塞在压缩缸内做上、下往复运动,产生压缩空气。活塞上升时,将压缩空气经上旋阀压入工作缸的上部,推动活塞连同锤杆及上砧铁向下运动打击锻件。通过踏杆和手柄操作上、下旋阀,可使锤头完成悬锤、压锤、连续打击、单次打击、空转等动作。空气锤工作时振动大,噪声也大。

空气锤的规格用落下部分的质量来表示。空气锤的落下部分包括工作活塞、锤杆和上砧铁三部分,常用规格为 65kg 到 750kg,而锤锻产生的打击力量一般是落下部分的 1000 倍左右。空气锤使用灵活,操作方便,打击速度快,有利于小件一次击打成形,是生产小型锻件最常用的锻造

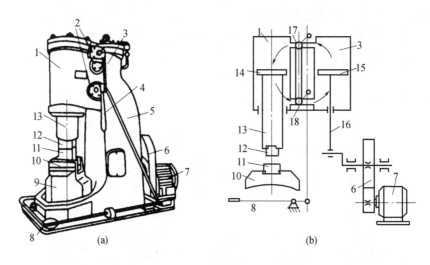

图 3-6 空气锤结构示意图

1—工作缸；2—旋阀；3—压缩缸；4—手柄；5—锤身；6—减速机构；7—电动机；
8—脚踏杆；9—砧座；10—砧垫；11—下砧块；12—上砧块；13—锤杆；14—工作活塞；
15—压缩活塞；16—连杆；17—上旋阀；18—下旋阀。

设备。

3）蒸汽—空气锤

蒸汽—空气锤也是靠锤的冲击力锻打工件，其结构如图 3-7 所示。蒸汽—空气锤自身不带动力装置，需要配动力站（蒸汽锅炉或空气压缩机）供应蒸汽或压缩空气驱动。蒸汽—空气锤的规格一般为 500kg～5000kg，适用于中型锻件的生产。

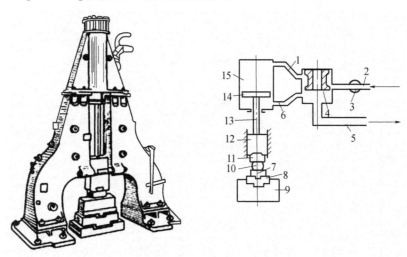

图 3-7 双柱拱式蒸汽—空气锤结构示意图

1—上气道；2—进气道；3—节气阀；4—滑阀；5—排气管；6—下气道；7—下砧；
8—砧垫；9—砧座；10—坯料；11—上砧；12—锤头；13—锤杆；14—活塞；15—工作缸。

4）水压机

水压机是以高压水泵所产生的高压水为动力进行工作的，其结构如图 3-8 所示。工作时，水压机靠静压力使坯料变形，工作平稳，震动小，不需要笨重的砧座；锻件变形速度低，变形均匀，容易将锻件锻透，使整个截面呈细晶粒组织，从而改善和提高了锻件的力学性能；容易获得大的

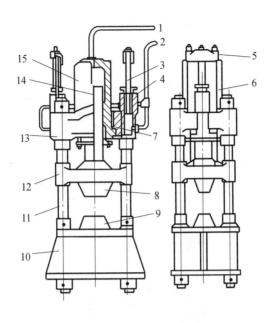

图3-8 水压机结构示意图

1、2—管道；3—回程柱塞；4—回程缸；5—回程横梁；6—拉杆；7—密封圈；8—上砧；9—下砧；10—下横梁；11—立柱；12—活动横梁；13—上横梁；14—工作柱塞；15—工作缸。

工作行程并能在行程的任何位置进行锻压，劳动条件较好。但由于水压机主体庞大，并需配备供水和操纵系统，故造价较高。水压机规格为500t～15000t，能锻造1t～300t的大型、重型坯料。

3. 自由锻的基本工序

根据变形的性质和程度不同，自由锻工序可分为三类：①基本工序，是锻件成形过程中必需的变形工序，包括镦粗、拔长、冲孔、扩孔、切割、弯曲、扭转、错移、锻接等，其中镦粗、拔长和冲孔三个工序应用得最多；②辅助工序，是为了使基本工序操作方便而进行的预变形工序，如切肩、压痕等；③精整工序，在基本工序之后，为了减少锻件的表面缺陷、修整锻件的形状和尺寸而进行的工序，如校正、滚圆、平整等。下面介绍几种常用的基本工序。

1) 镦粗

使坯料的高度减小而截面增大的锻造工序称为镦粗，分为完全镦粗和局部镦粗两种形式，如图3-9所示。镦粗常用来锻造齿轮坯、凸缘、圆盘等零件，也可用来作为锻造环、套筒等空心锻件冲孔前的预备工序。

镦粗操作注意事项：

(1) 镦粗时，坯料不能过长，其高度(H_0)与直径(D_0)之比应小于2.5～3，以免镦弯（图3-10(a)），或出现细腰、夹层等现象。局部镦粗时，镦粗部分坯料的高度与直径之比也应满足此要求。发现工件镦弯后，应将其放平，轻轻锤击矫正（图3-10(b)）。

(2) 镦粗的始锻温度采用坯料允许的最高始锻温度，并应烧透。坯料要加热均匀，否则会使工件变形不均匀，对某些塑性差的材料还可能产生镦裂现象。

(3) 镦粗的两端面要平整且与轴线垂直，否则可能会产生镦歪现象。矫正镦歪的方法是将坯料斜立，轻打镦歪的斜角，然后放正，继续锻打（图3-11）。如果锤头或砧铁的工作面因磨损而变得不平直时，则锻打时要不断将坯料旋转，以便获得均匀的变形而不至镦歪。

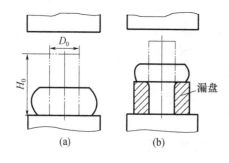 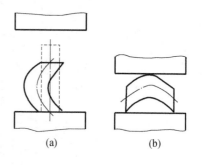

图3-9 镦粗
(a)完全镦粗；(b)局部镦粗。

图3-10 镦弯的产生和矫正
(a)镦弯的产生；(b)镦弯的矫正。

(4) 锻打时的锤击力要重且正，否则就可能产生细腰形(图3-12(a))。若不及时纠正，则可能产生夹层(图3-12(b))，使工件报废。

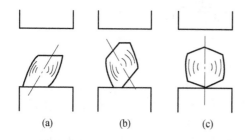 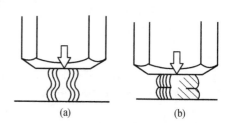

图3-11 镦歪的产生和矫正

图3-12 细腰形及夹层的产生
(a)细腰形；(b)夹层。

2) 拔长

使坯料横截面缩小而长度增加的锻造工序称为拔长，又称延伸或引伸，可分为平砧拔长和芯轴拔长，如图3-13所示。拔长常用于锻制长而截面小的工件，如轴类、杆类和长筒形零件等。

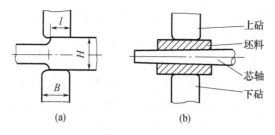

图3-13 拔长
(a)平砧拔长；(b)芯轴拔长。

拔长操作注意事项：

(1) 拔长时，坯料应沿砧铁的宽度方向送进，每次的送进量(L)应为砧铁宽度(B)的0.3~0.7倍(图3-14(a))。送进量太大，金属主要向宽度方向流动，反而降低拔长效率(图3-14(b))；送进量太小，而压下量很大时，又容易产生夹层(图3-14(c))。另外，每次压下量也不要太大，压下量应等于或小于送进量，否则也容易产生夹层。

(2) 拔长过程中要将坯料不断地翻转，并沿轴向操作，以保证压下部分能均匀变形。常用的翻转方法如图3-15所示。用这种方法拔长时，应始终保持工件送进的宽度和厚度之比不要

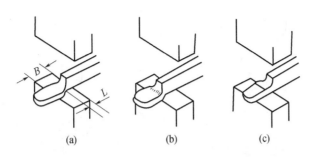

图 3-14 拔长时的送进方向和进给量
(a) 送进量合适;(b) 送进量太大;(c) 送进量太小。

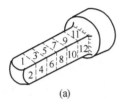 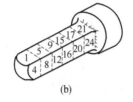 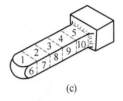

图 3-15 拔长时锻件的翻转方法
(a) 反复翻转拔长;(b) 螺旋式翻转拔长;(c) 单面顺序拔长。

超过 2.5,否则再次翻转继续拔长时容易产生折叠。

(3) 由大直径的圆坯料拔长到小直径的圆锻件时,应把坯料先锻成正方形,在正方形的截面下拔长,到接近锻件的直径时,再倒棱,滚打成圆形,如图 3-16 所示。这样锻造效率高,锻件质量好。拔长圆断面毛坯也可在型砧(或摔子)内进行,利用工具的侧面压力限制金属的横向流动,迫使金属沿轴向伸长。型砧有 V 形砧和圆形砧两类,如图 3-17 所示。与平砧比,型砧内拔长可提高生产效率 20%~40%,也能防止工件内部产生纵向裂纹。

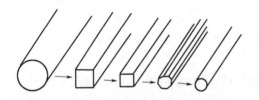

图 3-16 大直径坯料拔长时的变形过程　　图 3-17 型砧拔长圆断面毛坯

(4) 局部拔长时,必须先压肩,即先在截面分界处压出凹槽(图 3-18),再对截面较小的一端进行拔长。

(5) 拔长后需进行修整,以使锻件表面光洁,尺寸准确。修整方形或矩形锻件时,应沿下砧铁的长度方向送进,如图 3-19(a) 所示,以增加工件与砧铁的接触长度。拔长过程中若产生翘曲应及时翻转 180°轻打校平。修整圆形截面锻件用型锤或摔子,如图 3-19(b) 所示。

(6) 套筒类锻件拔长时,坯料需先冲孔,再采用专制的芯轴对孔进行拔长。

3) 冲孔

用冲子在工件上冲出通孔或盲孔的锻造工序称为冲孔,常用于锻造齿轮、套筒和圆环等空心零件。对于直径小于 25mm 的孔一般不锻出,而是采用钻削的方法加工。

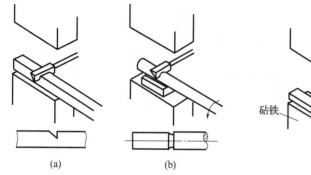
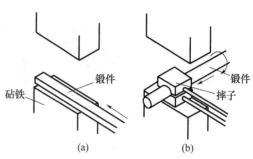

图3-18 压肩　　　　　　　　　图3-19 拔长后的修整
(a) 方料压肩；(b) 圆料压肩。　　(a) 方形、矩形截面的修整；(b) 圆形截面的修整。

根据冲孔所用冲子形状的不同,冲孔分为实心冲子冲孔和空心冲子冲孔。

(1) 实心冲子冲孔　实心冲子冲孔又分单面冲孔和双面冲孔。厚度小的坯料可采用单面冲孔,如图3-20(a)所示。冲孔时,将工件放在漏盘上,冲子大头朝下,漏盘的孔径和冲子的直径应有一定的间隙。坯料较厚的工件,可采用双面冲孔,如图3-20(b)所示。先在坯料的一端冲到孔深的2/3后,拔出冲子,翻转工件,从反面冲通。

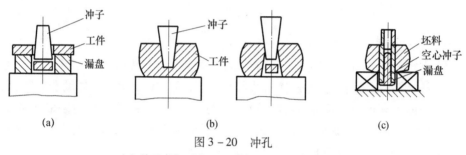

图3-20 冲孔
(a) 单面冲孔；(b) 双面冲孔；(c) 空心冲子冲孔。

(2) 空心冲子冲孔　当冲孔直径超过400mm时,多采用空心冲子冲孔,如图3-20(c)所示。对于重要的锻件,将其有缺陷的中心部分冲掉,有利于改善锻件的力学性能。

冲孔操作注意事项：

(1) 冲孔前一般需先将坯料镦粗,以减少冲孔深度,防止坯料胀裂,并使端面平整。

(2) 由于冲孔锻件的局部变形量很大,为了提高塑性,防止冲裂,冲孔的坯料应加热到允许的最高温度,并且均匀热透。

(3) 为保证孔的位置正确,冲孔时应先试冲,即先用冲子轻冲出孔位的凹痕,并检查孔的位置是否正确,如有偏差,可将冲子放在正确的位置上再试冲一次,加以纠正。

(4) 冲孔过程中应注意保持冲子与砧面垂直,防止冲歪。

(5) 冲孔过程中,冲子要经常蘸水冷却,防止受热变软。

4) 扩孔

扩孔是空心坯料壁厚减薄而内径和外径增加的锻造工序,适用于锻造空心圈和空心环锻件。常用的扩孔方法有冲子扩孔和芯轴扩孔两种。

冲子扩孔是用直径较大并带有锥度的冲子胀孔,如图3-21所示。为防止锻件胀裂,每次扩孔变形量不宜过大,扩孔时温度不宜过低。

芯轴扩孔的变形实质是将带孔毛坯沿圆周方向拔长,如图3-22所示。芯轴扩孔时应力状

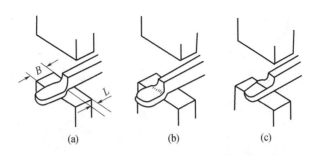

图 3-14 拔长时的送进方向和进给量
(a) 送进量合适；(b) 送进量太大；(c) 送进量太小。

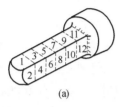 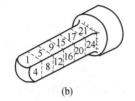 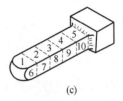

图 3-15 拔长时锻件的翻转方法
(a) 反复翻转拔长；(b) 螺旋式翻转拔长；(c) 单面顺序拔长。

超过 2.5，否则再次翻转继续拔长时容易产生折叠。

(3) 由大直径的圆坯料拔长到小直径的圆锻件时，应把坯料先锻成正方形，在正方形的截面下拔长，到接近锻件的直径时，再倒棱，滚打成圆形，如图 3-16 所示。这样锻造效率高，锻件质量好。拔长圆断面毛坯也可在型砧（或摔子）内进行，利用工具的侧面压力限制金属的横向流动，迫使金属沿轴向伸长。型砧有 V 形砧和圆形砧两类，如图 3-17 所示。与平砧比，型砧内拔长可提高生产效率 20%~40%，也能防止工件内部产生纵向裂纹。

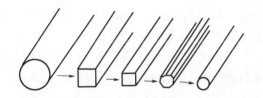

图 3-16 大直径坯料拔长时的变形过程　　图 3-17 型砧拔长圆断面毛坯

(4) 局部拔长时，必须先压肩，即先在截面分界处压出凹槽（图 3-18），再对截面较小的一端进行拔长。

(5) 拔长后需进行修整，以使锻件表面光洁，尺寸准确。修整方形或矩形锻件时，应沿下砧铁的长度方向送进，如图 3-19(a) 所示，以增加工件与砧铁的接触长度。拔长过程中若产生翘曲应及时翻转 180°轻打校平。修整圆形截面锻件用型锤或摔子，如图 3-19(b) 所示。

(6) 套筒类锻件拔长时，坯料需先冲孔，再采用专制的芯轴对孔进行拔长。

3) 冲孔

用冲子在工件上冲出通孔或盲孔的锻造工序称为冲孔，常用于锻造齿轮、套筒和圆环等空心零件。对于直径小于 25mm 的孔一般不锻出，而是采用钻削的方法加工。

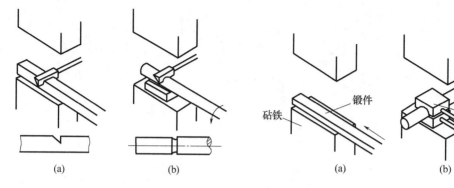

图 3-18 压肩
(a) 方料压肩；(b) 圆料压肩。

图 3-19 拔长后的修整
(a) 方形、矩形截面的修整；(b) 圆形截面的修整。

根据冲孔所用冲子形状的不同，冲孔分为实心冲子冲孔和空心冲子冲孔。

（1）实心冲子冲孔　实心冲子冲孔又分单面冲孔和双面冲孔。厚度小的坯料可采用单面冲孔，如图 3-20(a) 所示。冲孔时，将工件放在漏盘上，冲子大头朝下，漏盘的孔径和冲子的直径应有一定的间隙。坯料较厚的工件，可采用双面冲孔，如图 3-20(b) 所示。先在坯料的一端冲到孔深的 2/3 后，拔出冲子，翻转工件，从反面冲通。

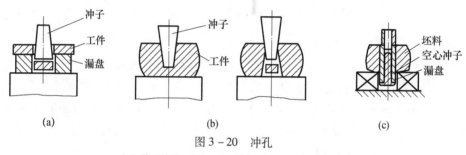

图 3-20 冲孔
(a) 单面冲孔；(b) 双面冲孔；(c) 空心冲子冲孔。

（2）空心冲子冲孔　当冲孔直径超过 400mm 时，多采用空心冲子冲孔，如图 3-20(c) 所示。对于重要的锻件，将其有缺陷的中心部分冲掉，有利于改善锻件的力学性能。

冲孔操作注意事项：

（1）冲孔前一般需先将坯料镦粗，以减少冲孔深度，防止坯料胀裂，并使端面平整。

（2）由于冲孔锻件的局部变形量很大，为了提高塑性，防止冲裂，冲孔的坯料应加热到允许的最高温度，并且均匀热透。

（3）为保证孔的位置正确，冲孔时应先试冲，即先用冲子轻冲出孔位的凹痕，并检查孔的位置是否正确，如有偏差，可将冲子放在正确的位置上再试冲一次，加以纠正。

（4）冲孔过程中应注意保持冲子与砧面垂直，防止冲歪。

（5）冲孔过程中，冲子要经常蘸水冷却，防止受热变软。

4）扩孔

扩孔是空心坯料壁厚减薄而内径和外径增加的锻造工序，适用于锻造空心圈和空心环锻件。常用的扩孔方法有冲子扩孔和芯轴扩孔两种。

冲子扩孔是用直径较大并带有锥度的冲子胀孔，如图 3-21 所示。为防止锻件胀裂，每次扩孔变形量不宜过大，扩孔时温度不宜过低。

芯轴扩孔的变形实质是将带孔毛坯沿圆周方向拔长，如图 3-22 所示。芯轴扩孔时应力状

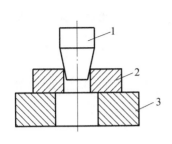 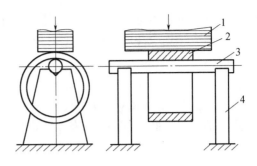

图3-21 冲子扩孔　　　　　　　　　图3-22 芯轴扩孔
1—扩孔冲子；2—坯料；3—垫环。　　1—扩孔砧子；2—锻件；3—芯轴；4—支架。

态较好，不易产生裂纹，适用于锻造扩孔量大的薄壁环形锻件。

5）错移

将毛坯的一部分相对另一部分上、下错开，但仍保持这两部分轴心线相互平行的锻造工序称为错移，常用来锻造曲轴类零件。错移前，毛坯须先进行压肩等辅助工序，如图3-23所示。

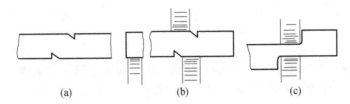

图3-23 错移
(a)压肩；(b)锻打；(c)修整。

6）切割

使坯料分开的锻造工序称为切割，常用于下料或切除料头等。

尺寸小的坯料可用手工切割，切割方法是：把工件放在砧板上，用錾子錾入一定的深度，当快切断时，将切口稍移至砧铁边缘处，轻轻将工件切断。

大截面毛坯是在锻锤或压力机上切断的。方形截面的切割是先将剁刀垂直切入锻件，至快断开时，将工件翻转180°，再用剁刀或克棍把工件截断，如图3-24(a)所示；切割圆形截面锻件时，要将锻件放在带有圆凹槽的剁垫上，边切割，边旋转，如图3-24(b)所示。

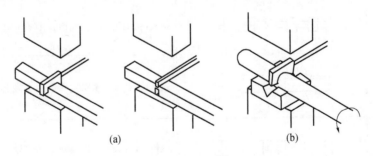

图3-24 切割
(a)方料的切割；(b)圆料的切割。

7）弯曲

使坯料弯成一定角度或形状的锻造工序称为弯曲，如图3-25所示。弯曲主要用于锻造各种弯曲类锻件，如起重吊钩、弯曲轴杆等。弯曲时锻件的加热部分最好只限于被弯曲的一段，加热必须均匀,以保证锻件质量。在空气锤上进行弯曲时,将坯料夹在上、下砧铁之间,使欲弯曲的部分露出,然后由人工用手锤或大锤将坯料打弯,或借助于成形垫铁、成形压铁等辅助工具使其产生成形弯曲。

8) 扭转

扭转是将毛坯的一部分相对于另一部分绕其轴心线旋转一定角度的锻造工序,如图3-26所示,主要用于锻造多拐曲轴、连杆、麻花钻等锻件。

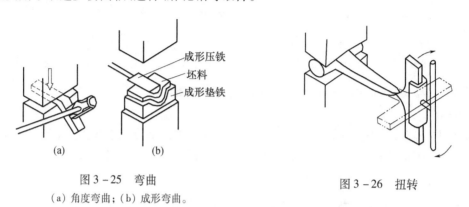

图3-25 弯曲
(a) 角度弯曲;(b) 成形弯曲。

图3-26 扭转

扭转前,应将整个坯料先在一个平面内锻造成形,并使受扭曲部分表面光滑,面与面的交界处需有圆角过渡,以免扭裂;扭转时,需将受扭部分加热到始锻温度,且均匀热透;扭转后,应缓慢冷却或进行热处理。

4. 典型自由锻工艺过程

自由锻造所采用的工序要根据锻件的结构、尺寸大小、坯料形状及工序特点等具体情况来确定。一般锻件的分类及采用的工序见表3-3。表3-4是齿轮坯的自由锻工艺过程。

表3-3 锻件分类及所需锻造工序

锻件类别	图 例	锻造工序
盘类零件	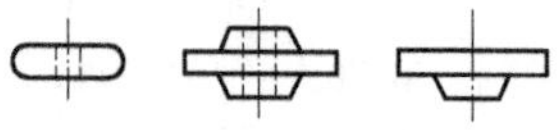	镦粗(或拔长-镦粗),冲孔等
轴类零件	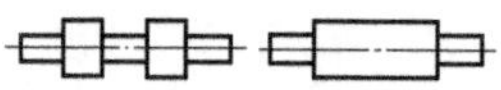	拔长(或镦粗-拔长),切肩,锻台阶等
筒类零件	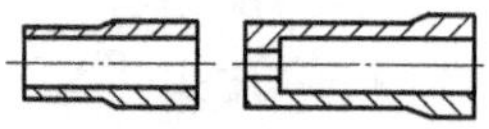	镦粗(或拔长-镦粗),冲孔,在芯轴上拔长等
环类零件		镦粗(或拔长-镦粗),冲孔,在芯轴上扩孔等
弯曲类零件	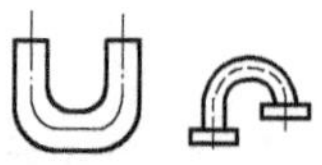	拔长,弯曲等

表 3-4 齿轮坯自由锻工艺过程

锻件名称	齿轮毛坯	工艺类型	自由锻
材料	45钢	设备	65kg空气锤
加热次数	1次	锻造温度范围	850℃~1200℃
锻件图		坯料图	

锻件图尺寸：φ28±1.5，φ58±1，φ92±1，29±1，44±1
坯料图尺寸：φ50，125

序号	工序名称	工序简图	使用工具	操作工艺
1	镦粗	（高度45）	火钳 镦粗漏盘	控制镦粗后的高度为45mm
2	冲孔		火钳 镦粗漏盘 冲子 冲子漏盘	①注意冲子对中； ②采用双面冲孔
3	修正外圆	（φ92±1）	火钳 冲子	边轻打边旋转锻件，使外圆清除鼓形，并达到φ92mm±1mm
4	修整平面	（44±1）	火钳	轻打（如砧面不平还要边打边转动锻件），使锻件厚度达到44mm±1mm

3.2.3 模型锻造

模型锻造是将加热后的金属坯料放入模腔内,施加冲击力或压力,使坯料在模腔所限制的空间内产生塑性变形,从而获得与模腔形状一致的锻件的锻造方法,简称模锻。

与自由锻造相比,模锻的生产效率高,能锻造形状复杂的锻件,并可使金属流线分布更为合理,锻件力学性能好;锻件的形状和尺寸精度高,表面质量较好,加工余量小,可节省金属材料和减少切削加工工时;操作简单,劳动强度低。但模锻的锻模制造成本较高,生产准备周期较长,并且需要用较大吨位的专用设备,故一般只适用于150kg以下的中小型锻件的大批量生产。

模锻按所用设备不同分为:锤上模锻、压力机上模锻、胎模锻等。

1. 锤上模锻

在模锻锤上进行的模锻称为锤上模锻,是目前应用最广泛的模锻工艺。

锤上模锻的主要设备是蒸汽—空气模锻锤,其结构如图3-27所示,工作原理与自由锻用蒸汽—空气锤基本相同。常用的模锻锤规格为1t~10t,能锻制质量为0.5kg~150kg的金属件。

锤上模锻的锻模结构如图3-28所示,由带燕尾的上模和下模两部分组成。上、下模通过燕尾和楔铁分别紧固在锤头和模垫上,上、下模间的分界面称为分模面,上、下模闭合时所形成的空腔为模膛。模膛按其功用的不同,分为制坯模膛、预锻模膛和终锻模膛。当锻件形状比较复杂时,应先将坯料在制坯模膛中制成近似锻件形状的异型坯,再进行预锻和终锻。预锻模膛可使金属坯料进一步变形至接近锻件的几何形状和尺寸,以减少终锻变形量。终锻模膛用来完成锻件的最终成形,其形状和尺寸都是按锻件设计的。终锻模膛四周有飞边槽,用于承纳多余的金属,并增大金属流出模膛的阻力,有助于金属坯料更好地充满模膛。

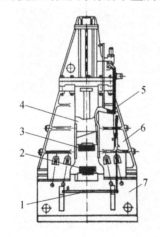

图3-27 蒸汽-空气模锻锤
1—踏板;2—下模;3—上模;4—锤头;
5—操纵机构;6—机架;7—砧座。

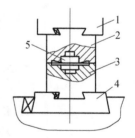

图3-28 锤上锻模
1—锤头;2—上模;3—下模;
4—砧座;5—磨膛。

锤上模锻的工艺特点是:

(1) 金属坯料在模膛中是在一定速度下,经过多次连续锤击而逐步成形的。

(2) 锤头的行程、打击速度均可调节,能实现轻重缓急不同的打击。

(3) 由于金属流动的惯性作用,坯料在上模模膛中具有更好的充型效果,因此应把锻件的复杂部分尽量设置在上模。

(4) 锤上模锻的适应性广,可生产多种类型的锻件,可以单膛模锻,也可以多膛模锻。

由于锤上模锻打击速度较快,对变形速度较敏感的低塑性材料(如镁合金等)进行锤上模锻不如在压力机上模锻的效果好。

2. 压力机上模锻

用于模锻生产的压力机有摩擦压力机、平锻机、水压机、曲柄压力机等,一般工厂常见的为摩擦压力机。

摩擦压力机是借助于摩擦盘与飞轮之间的摩擦作用来传递动力,靠飞轮、螺杆及滑块向下运动时所积蓄的能量使锻件变形。摩擦压力机结构简单、容易制造、维护和使用方便、节省动力、振动和噪声小,特别适合于锻造低塑性合金钢和非铁金属,可锻造复杂的锻件。但摩擦压力机生产效率较低、吨位小,所以,主要用于小型锻件的中、小批量单模膛模锻生产,也可用于精锻、校正等变形工序。

3. 胎模锻

胎模锻是在自由锻设备上使用简单的模具(称为胎模)生产锻件的方法,是自由锻和模锻组合运用的一种锻造方法。胎模不固定在锻造设备上,用时才放上去。一般选用自由锻方法制坯,在胎模中最后成形。

与自由锻造相比,胎模锻造生产效率较高,锻件质量好,能锻造形状较复杂的锻件,加工余量小,能节约金属和切削加工工时;与模锻相比,胎模锻造所用的设备和模具比较简单、工艺灵活多变,通用性大,但生产效率低,精度比模锻差。胎模锻的缺点是胎模寿命短,工人劳动强度大。因此,胎模锻主要适合于中、小批量的小型多品种锻件,特别适合于没有模锻设备的工厂。

胎模的结构比较简单且形式较多,主要有扣模、套筒模和合模三种。

(1)扣模 用于非回转类锻件的扣形或制坯,如图 3 – 29(a)所示。

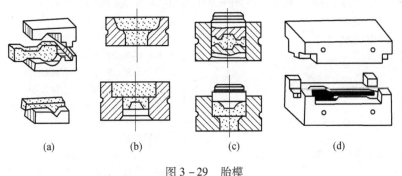

图 3 – 29 胎模
(a)扣模;(b)开式套筒模;(c)闭式套筒模;(d)合模。

(2)套筒模 锻模呈套筒形,有开式和闭式两种,主要用于生产齿轮、法兰盘等回转类零件,如图 3 – 29(b)和图 3 – 29(c)所示。

(3)合模 通常由上、下模及导向装置组成,主要用于生产连杆、拔叉等形状较复杂的非回转体锻件,如图 3 – 29(d)所示。

胎模锻工艺过程包括制定工艺规程、制造胎模、下料、加热、锻制和后续工序等。图 3 – 30 为手锤锻件的胎模锻造过程。锻造时,先把下模放在砧铁上,再把加热的坯料放在模膛内,然后合上上模,用锻锤锻打上模背部。待上、下模接触,便得到带有连皮和飞边的胎模锻件。最后,还需进行冲孔和切边,以去除连皮和毛边。

3.2.4 锻件缺陷分析

锻件的缺陷包括表面缺陷和内部缺陷。有的锻件缺陷会影响后续工序的加工质量,有的则

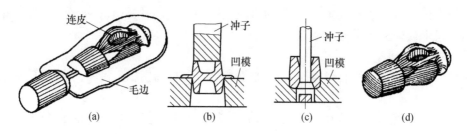

图 3-30 胎模锻的生产过程
(a) 用胎模锻出的锻件；(b) 用切边模切边；(c) 冲掉连皮；(d) 锻件。

严重影响锻件的性能，降低其使用寿命，甚至危及安全。因此，为提高锻件质量，避免锻件缺陷的产生，应采取相应的工艺对策，同时还应加强生产全过程的质量控制。常见的锻造工艺不当所引起的锻件缺陷及其产生原因见表 3-5。

表 3-5 常见的锻件缺陷及产生原因

缺陷名称	主要特征	产生原因
大晶粒	锻件内部晶粒粗大，使锻件的塑性和韧性降低，疲劳性能明显下降	① 始锻温度或终锻温度过高； ② 变形程度不足或变形程度落入临界变形区
晶粒不均匀	锻件某些部位的晶粒特别粗大，某些部位却较小，使锻件的疲劳性能明显下降	① 坯料各处的变形不均匀； ② 局部区域的变形程度落入临界变形区
冷硬现象	热锻后锻件内部仍部分保留冷变形组织，提高了锻件的强度和硬度，但降低了塑性和韧性，甚至引起锻裂	① 变形时温度偏低； ② 变形速度太快； ③ 锻后冷却速度过快
裂纹	锻件产生横向和纵向裂纹、表面和内部裂纹	① 坯料未热透或热加工温度不当； ② 变形速度过快或变形程度过大； ③ 坯料表面和内部有微裂纹或存在组织缺陷； ④ 坯料加热速度或锻件冷却速度过快
龟裂	在锻件表面呈现较浅的龟状裂纹	① 金属过烧； ② 原材料中易熔元素过多； ③ 燃料含硫量过高，有硫渗入钢料表面
折叠	由金属变形过程中已氧化过的表层金属汇合到一起而形成，折纹与其周围金属流线方向一致，两侧有较重的氧化、脱碳现象。折叠使零件的承载面积减少，且易产生应力集中而成为疲劳源	① 拔长时压下量过大，送进量过小； ② 模具圆角半径过小，斜度不合适； ③ 坯料尺寸不合适或安放不当； ④ 打击速度过快或变形不均匀
锻件流线分布不顺	在锻件内发生流线切断、回流、涡流等流线紊乱现象，使各种机械性能降低	① 模具设计不当； ② 锻造方法选择不合理； ③ 坯料尺寸形状设计不合理
局部充填不足	主要发生在筋肋、凸角、转角、圆角部位，锻件上凸起部分的顶端或棱角充填不足，或锻件轮廓不清晰	① 锻造温度低，金属流动性差； ② 设备吨位不够或锤击力不足； ③ 制坯模设计不合理，坯料体积或截面尺寸不合格； ④ 模腔中堆积氧化皮

(续)

缺陷名称	主要特征	产生原因
错移（错模）	锻件沿分模面的上半部相对于下半部产生位移	① 滑块(锤头)与导轨之间的间隙过大； ② 锻模设计不合理,缺少消除错移力的锁口或导柱； ③ 模具安装不良
弯曲	锻件轴线弯曲,与平面的几何位置有误差	① 坯料的长度与直径比大于2.5~3； ② 坯料端面不平,与中心轴线不垂直； ③ 切边时受力不均； ④ 坯料加热或锻件冷却不均匀； ⑤ 清理与热处理不当
欠压（模锻不足）	指垂直于分模面方向的尺寸普遍增大	① 锻造温度低； ② 设备吨位不足,或锤击次数不够； ③ 毛坯尺寸或截面尺寸太大

3.3 板料冲压

利用冲模在压力机上使板料分离或变形,从而获得具有一定尺寸和形状的毛坯或零件的加工方法称为板料冲压,简称冲压。板料冲压的坯料厚度一般小于4mm,通常在常温下冲压,故又称为冷冲压。

板料冲压的原材料是具有较高塑性的板材、带材或其他型材,既可以是金属材料,如低碳钢、奥氏体不锈钢、铜或铝及其合金等,也可以是非金属材料,如木板、皮革、硬橡胶、有机玻璃板、硬纸板等。

与铸造、锻造、切削加工等加工方法相比,板料冲压具有以下特点：

(1) 可以生产形状复杂的零件或毛坯,材料消耗少。

(2) 冲压制品具有较高的精度、较低的表面粗糙度,质量稳定,互换性好,一般不再进行切削加工即可作为零件使用。

(3) 金属薄板经过冲压塑性变形产生冷变形强化,使冲压件具有质量轻、强度高和刚性好的优点。

(4) 操作简单,生产率高,易于实现机械化和自动化。

(5) 冲模结构复杂,精度要求高,生产周期长,制造成本较高,故只适用于大批量生产。

板料冲压被广泛用于制造金属或非金属薄板产品的工业部门,尤其在汽车、拖拉机、航空、电器、仪表等工业部门中占有重要的地位。

3.3.1 冲压设备

冲压所用的主要设备是剪床和冲床。

1. 剪床

剪床又称剪板机,其主要作用是将板料切成一定宽度的条料或块料,为冲压工序备料。剪床的传动机构如图3-31所示,它的主要技术参数是剪切板料的厚度和长度,如Q11-2×1000型剪床,表示能剪厚度为2mm、长度为1000mm的板材。一般剪切宽度大的板材用斜刃剪床,剪切窄而厚的板材用平刃剪床。

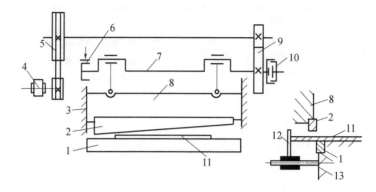

图 3-31 剪床传动结构

1—下刀刃；2—上刀刃；3—导轨；4—电动机；5—带轮；6—制动器；7—曲轴；8—滑块；
9—齿轮；10—离合器；11—板料；12—挡铁；13—工作台。

2. 冲床

冲床是进行冲压加工的基本设备，可完成除剪切外的绝大多数基本工序，有开式冲床和闭式冲床两种。图 3-32 为开式冲床的外形和传动简图。

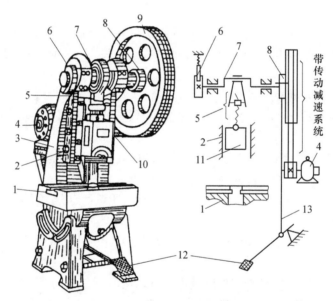

图 3-32 开式冲床传动简图

1—工作台；2—导轨；3—床身；4—电动机；5—连杆；6—制动器；
7—曲轴；8—离合器；9—带轮；10—传动带；11—滑块；12—踏板；13—拉杆。

冲模的上模装在滑块上，随滑块上下运动，下模固定在工作台上，上下模闭合一次即完成一次冲压过程。工作时，电动机通过减速系统使大带轮转动，当踩下踏板后，离合器闭合并带动曲轴旋转，再通过连杆带动滑块沿导轨做上、下往复运动，以进行冲压加工。如果踏板踩下后立即抬起，滑块冲压一次后便在制动器作用下，停止在最高位置上，以便进行下一次冲压。若踏板不抬起，滑块则进行连续冲压。

冲床的主要技术参数是公称压力（kN），即冲床的吨位。我国常用开式冲床的规格为 63kN～2000kN，闭式冲床的规格为 1000kN～5000kN。

3.3.2 冲模结构

冲压模具简称冲模,是板料冲压的主要工具,直接影响冲压件的表面质量、尺寸精度、生产率及经济效益。常用的冲模按工序组合可分为简单冲模、连续冲模和复合冲模三类。

1. 简单冲模

一个冲压行程只完成一道工序的冲模称为简单冲模,其结构如图3-33所示,由以下几部分组成。

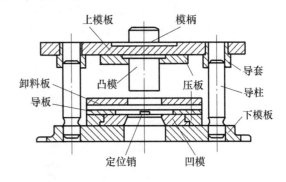

图3-33 简单冲模

(1) 工作零件 包括凸模和凹模,是冲模中使坯料变形或分离的工作部分,它们分别通过压板固定在上、下模板上,是模具关键性的零件。

(2) 定位、送料零件 主要有导料板和定位销,其作用是保证板料在冲模中具有准确的位置。导料板控制坯料进给方向,定位销控制坯料进给量。

(3) 卸料及压料零件 主要有卸料板、顶件器、压边圈、推板、推杆等,作用是防止工件变形,压住模具上的板料及将工件或废料从模具上卸下或推出零件。

(4) 模板零件 有上模板、下模板和模柄等。上模借助上模板通过模柄固定在冲床滑块上,并可随滑块上、下运动;下模借助下模板用压板螺栓固定在工作台上。

(5) 导向零件 包括导套和导柱等,是保证模具运动精度的重要部件,分别固定在上、下模板上,其作用是保证凸模向下运动时能对准凹模孔,并保证间隙均匀。

(6) 固定板零件 指凸模压板和凹模压板,其作用是使凸模、凹模分别固定在上、下模板上。

2. 连续冲模

在一副模具上有多个工位,冲床一次冲压过程中,在不同部位同时完成两个或两个以上冲压工序的冲模称为连续冲模,其结构如图3-34所示。

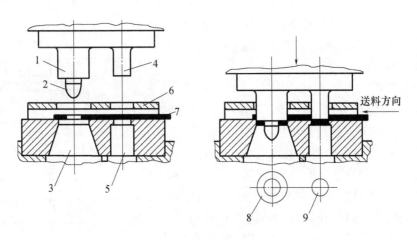

图3-34 连续冲模
1—落料凸模;2—定位销;3—落料凹模;4—冲孔凸模;
5—冲孔凹模;6—卸料板;7—坯料;8—成品;9—废料。

连续冲模生产效率高,易于实现自动化,但定位精度要求高,制造成本较高。

3. 复合冲模

在一副模具上只有一个工位,在一次冲压行程中,在同一位置同时完成多道冲压工序的冲模称为复合冲模。复合冲模最大的特点是模具中有一个凸凹模,凸凹模的外圆是落料凸模刃口,内孔则成为拉伸凹模。图3-35是一落料—拉伸复合模。当滑块带着凸凹模向下运动时,条料首先在落料凹模中落料。落料件被下模中的拉深凸模顶住,滑块继续向下运动时,凸凹模随之向下运动进行拉伸。顶出器在滑块回程时将拉伸件顶出。

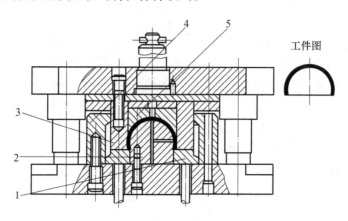

图3-35 复合冲模
1—弹性压边圈;2—拉深凸模;
3—落料、拉深凸凹模;4—落料凹模;5—顶件板。

复合冲模生产率高,零件精度高,但模具制造复杂,成本高,适合生产大批量、中小型冲压零件。

3.3.3 冲压基本工序

按板料在加工中是否分离,冲压工艺可分为分离工序和成形工序两大类。分离工序是使坯料一部分相对于另一部分沿一定的轮廓线产生分离,从而得到工件或者坯料的工序,如冲孔、落料、剪切、修整等;成形工序是使板料在不破坏的条件下产生塑性变形而形成一定形状和尺寸的工件的工序,主要有拉深、弯曲、翻边和胀形等。

1. 冲孔和落料

冲孔和落料统称为冲裁,如图3-36所示。冲孔和落料的工艺过程完全一样,只是用途不同。冲孔是在板料上冲出孔,冲下的部分是废料;落料是从板料上冲出具有一定外形的零件或坯料,冲下的部分是成品。

为保证冲孔与落料的边缘整齐、切口光洁,冲裁模的冲头和凹模都具有锋利的刃口,在冲头和凹模之间有相当于板厚5%~10%的间隙。若间隙过大,则冲裁件断面有拉长的毛刺,且边缘出现较大的圆角;若间隙过小,则模具刃口的磨损加剧,寿命降低。

落料时,应考虑合理排样,使废料最少。冲孔时,应注

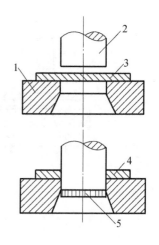

图3-36 冲裁
1—凹模;2—凸模;
3,4—板料;5—冲下部分。

意零件的定位,以保证冲孔的位置精度。

2. 修整

修整是利用修正模沿冲裁件外缘(图3-37(a))或内孔(图3-37(b))刮削一薄层金属,切掉剪裂带和毛刺,以提高冲裁件的尺寸精度和降低其表面粗糙度。

修整所切除的余量很小,一般每边约为 0.02mm ~ 0.05mm,粗糙度可达 $R_a = 0.8\mu m$ ~ $1.6\mu m$,精度可达 IT6 ~ IT7。修整工序的实质属于切削过程,但比切削加工的生产率高。

3. 弯曲

弯曲是将板料、型材或管材在弯矩作用下弯成具有一定曲率和角度零件的冲压工序,如图3-38所示。

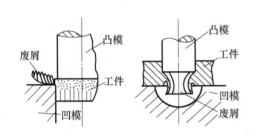

图3-37 修整
(a) 外缘修整;(b) 内孔修整。

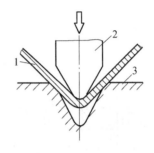

图3-38 弯曲
1—板料;2—弯曲模冲头;3—凹模。

弯曲时,板料的内侧受压缩短,外侧受拉伸长。当外侧拉应力超过坯料的强度极限时,会造成坯料弯裂。坯料的厚度越大,内弯曲半径越小,压缩及拉伸应力就越大。因此,弯曲时必须要控制最小弯曲半径。为减小弯曲破裂的可能性,弯曲时应尽量使弯曲造成的拉应力平行于锻造纤维流线方向,弯曲模上使工件弯曲的工作部分也要有适当的圆角半径。

弯曲结束后,弯曲角会自动略微增大一些,这种现象称为回弹。设计弯曲模时,应将此因素考虑在内,以得到准确的弯曲角。

4. 拉深

拉深是利用拉深模使板料加工成中空形状零件的冲压工序,又称拉延,如图3-39所示。拉深可以制造筒形、阶梯形、盒形、球形、锥形及其他复杂形状的薄壁零件,在汽车、农机、仪器仪表、工程机械及日用品等行业中有广泛的应用。

拉深过程中的主要缺陷是起皱和拉裂,如图3-40所示。起皱是由于较大的切向压应力使板料失稳造成的,生产中常采用加压边圈的方法予以防止。拉裂一般出现在直壁与底部的过渡圆角处,当拉应力超过材料的强度极限时,此处将被拉裂。为避免工件被拉裂,拉深模的凸模和凹模边缘应做成圆角;凸模与凹模之间要有比板料厚度稍大一点的间隙(一般为板厚的1.1倍~1.2倍),以便减少摩擦力;拉伸时,每次的变形程度都要有一定的限制,如果所要求的变形程度较大,不能一次拉深成形时,可采用多次拉深工艺。

5. 翻边、胀形和缩口

除弯曲和拉深外,冲压成形还包括翻边、胀形、缩口等,这些成形工序的共同特点是板料只有局部变形。

翻边是将工件上的孔或边缘翻出竖立或有一定角度的直边,如图3-41(a)所示。

胀形是利用模具使空心制件或管件由内向外扩张的成形方法,如图3-41(b)所示。

缩口是利用模具使空心制件或管件的口部直径缩小的成形工艺,如图3-41(c)所示。

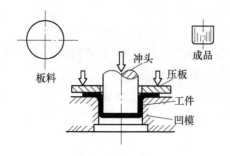

图 3-39 拉深

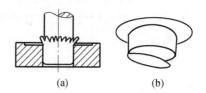

图 3-40 起皱和拉裂
(a) 起皱;(b) 拉裂。

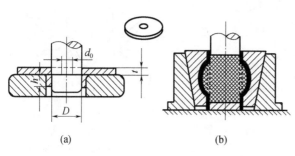

图 3-41 其他成形工序
(a) 翻边;(b) 胀形;(c) 缩口。

第4章 焊 接

4.1 焊接概述

4.1.1 焊接定义及特点

焊接是利用加热、加压或两者并用,使分离的金属构件通过原子间的结合形成永久性连接的方法。被焊金属俗称母材,用焊接方法连接的接头称为焊接接头(简称接头),而焊后焊件接头中的结合部分称为焊缝。

焊接具有以下特点:

(1) 连接性好。可连接不同形状、尺寸甚至异种材料的金属构件,如各种板材、型材或铸锻件,可根据需要进行组合焊接,这对于制造大型结构(如机车、桥梁、轮船、火箭等)有着重要意义。

(2) 焊缝结构强度高,质量好。一般情况下焊接接头能达到母材强度,甚至高于母材,同时又容易保证气密性及水密性,特别适合制造强度高、刚度大的中空结构(如压力容器、管道、锅炉等)。

(3) 焊接方法多,可适应不同要求的生产。此外,焊接易实现自动化(如汽车制造业中广泛使用点焊机械手、弧焊机器人等)。

但焊接过程导致焊接接头组织和性能发生改变,若控制不当会产生焊接缺陷,使结构的承载能力下降,严重影响结构件质量。

焊接作为一种重要的金属加工工艺,广泛应用于机械制造、造船、石油化工、汽车制造、航空航天、建筑等领域。

4.1.2 焊接方法及分类

根据焊接接头形成特点,焊接方法分为熔焊、压焊、钎焊三大类,主要焊接方法如图4-1所示。

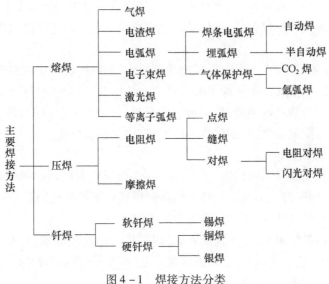

图4-1 焊接方法分类

熔焊是将待焊处的母材熔化以形成焊缝的焊接方法;压焊是在焊接过程中,对焊件施加压力(加热或不加热)以完成焊接的方法;钎焊是采用比母材熔点低的金属材料做钎料,将焊件和钎料加热,使钎料熔化,利用钎料润湿母材,填充接头间隙并与母材相互溶解和扩散而实现连接的方法。

4.2 电弧焊

电弧焊是利用电弧热源加热零件实现熔焊的方法。焊接过程中电弧把电能转化成热能和光能,加热零件,使焊丝或焊条熔化并过渡到焊缝熔池中,熔池冷却后形成一个完整的焊接接头。电弧焊应用广泛,在焊接领域中占有十分重要的地位。根据工艺特点不同,电弧焊分为焊条电弧焊、埋弧焊、气体保护焊等。

4.2.1 焊接电弧

电弧是电弧焊接的热源,电弧燃烧的稳定性对焊接质量有重要影响。

焊接电弧是一种气体放电现象,如图4-2所示。当电源两端分别与焊件和焊枪相连时,在电场的作用下,阴极产生电子,阳极吸收电子,电弧区的中性气体粒子在接受外界能量后电离成正离子和电子,正负带电粒子相向运动,形成两电极之间的气体空间导电过程,借助电弧将电能转换成热能和光能。

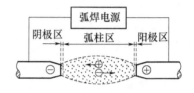

图4-2 焊接电弧示意图

焊接电弧具有温度高,电弧电压低、电流大和弧光强度高的特点。

4.2.2 焊条电弧焊

焊条电弧焊是用手工操纵焊条进行焊接的一种电弧焊,俗称手工电弧焊,是目前生产中应用最多、最普通的一种焊接方法。

焊条电弧焊使用设备简单,适应性强,可用于焊接板厚1.5mm以上的各种焊接结构件,并能灵活应用在空间位置不规则焊缝的焊接,适用于碳钢、低合金钢、不锈钢、有色金属的焊接。由于手工操作,焊条电弧焊也存在缺点,如生产率低,产品质量一定程度上取决于焊工操作技术,焊工劳动强度大等,现在多用于焊接单件、小批量产品和难以实现自动化焊接的焊缝。

1. 焊接过程

焊条电弧焊方法如图4-3所示。焊机电源两输出端通过电缆、焊钳和地线夹头分别与焊条和被焊件相连。焊接过程中,产生在焊条和焊件之间的电弧将焊条和焊件局部熔化,受电弧力作用,焊条端部熔化后的熔滴过渡到母材,和熔化的母材融合在一起形成熔池,熔池内的金属液逐渐冷却结晶,随着电弧向前移动,新的熔池不断形成,以此形成焊缝。

2. 焊接接头组织及性能

焊接接头包括焊缝、熔合区和热影响区。图4-4为低碳钢电弧焊的焊接接头组织示意图。熔合区是焊缝向热影响区过渡的区域。热影响区是焊缝附近受热量的影响而发生金相组织和力学性能变化的区域,包括过热区、正火区和部分相变区。

熔合区和过热区,晶粒粗大,力学性能差,是焊接接头中比较薄弱、容易破坏的区域。因此,焊接时应选择合理的焊接方法,制订合理的焊接工艺,减小熔合区和过热区,提高焊接质量。

焊缝各部分名称,如图4-5所示。

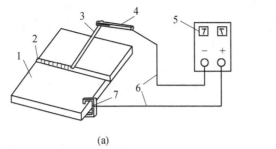
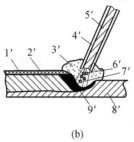

(a) (b)

图4-3 焊条电弧焊焊接过程
(a) 焊接连线；(b) 焊接过程。
1—零件；2—焊缝；3—焊条；4—焊钳；5—焊接电源；6—电缆；7—地线夹头；
1′—熔渣；2′—焊缝；3′—保护气体；4′—药皮；5′—焊芯；6′—熔滴；7′—电弧；8′—母材；9′—熔池。

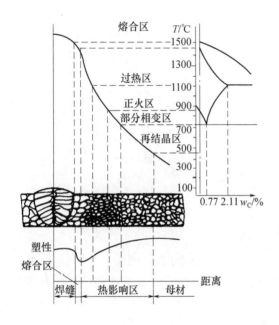

图4-4 低碳钢电弧焊的焊接接头组织示意图

图4-5 焊缝各部分名称

3. 焊接设备

电焊机（俗称弧焊机）是焊条电弧焊的主要设备，常用的有交流弧焊机和直流弧焊机。

1）交流弧焊机

交流弧焊机实质是一部具有符合焊接要求的特殊降压变压器，如图4-6所示。它将220V或380V的工业用电压降到焊机的空载电压60V~80V，以满足引弧的需要；电弧燃烧时的工作电压为30V~40V，同时，提供从几十安到几百安的输出电流，并可根据需要调节电流的大小。

使用交流弧焊机时，电弧的正负极时刻交叉变化，但在焊件和焊条上产生的热量相同，两极温度均可达2500K左右，因此，不考虑正负极接法。

交流弧焊机型号有BX1-160、BX3-500等，其中1和3分别表示动铁心式和动圈式，160和500分别为弧焊机额定电流的安培数。

交流弧焊机结构简单，价格便宜，噪声小，使用可靠，维修方便，应用广；缺点是电弧不够稳定。

2）直流弧焊机

直流弧焊机分为旋转式直流弧焊机、整流式直流弧焊机和逆变式直流弧焊机三种。

旋转式直流弧焊机的结构复杂,噪声大,效率低,价格高,不易维修,已属淘汰产品。

整流式直流弧焊机,又称弧焊整流器,是通过整流元件(如硅整流器或晶闸管桥等)将交流电变直流电,具有结构简单、噪声小、工作可靠、维修方便、效率高等优点,正在逐步取代旋转式直流弧焊机。常见弧焊整流器的型号有 ZX3-160、ZX5-250 等,其中 3 和 5 分别表示动圈式和晶闸管式,160 和 250 分别为额定电流的安培数。

逆变式直流弧焊机是一种新型、高效、节能的直流弧焊机,如图 4-7 所示。它是将交流电整流后,又将直流电变为中频交流电,再二次整流输出所需的电流和电压。其特点是电流波动小,电弧稳定,体积小,质量轻,方便移动,可一机多用,完成多种焊接。逆变式弧焊机型号有 ZX7-315 等,其中 7 为逆变式,315 为额定电流的安培数。

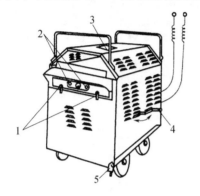
图 4-6　BX1-330 交流弧焊机
1—电源开关;2—线圈抽头(粗调电流);3—电流指示盘;
4—调节手柄(细调电流);5—接地螺钉。

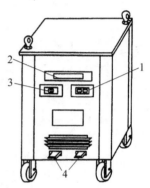
图 4-7　直流弧焊机
1—电源开关;2—电流指示;
3—电流调节;4—输出接头。

用直流弧焊机焊接时,阳极区温度可达 2600K,阴极区达 2400K,电弧中心区可达 5000K~8000K。由于正极和负极上的热量不同(正极热量高,负极热量较低),有正接和反接两种方法,如图 4-8 所示。

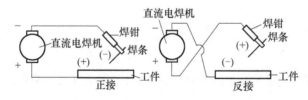
图 4-8　直流电源时正接与反接

生产中,焊接厚板时,为了获得较大的熔深,一般采用直流正接;焊接薄板时,为了防止烧穿,常采用反接;在使用碱性低氢钠型焊条时,均采用直流反接。

除电焊机外,一般还需焊接辅助用具。焊条电弧焊辅助用具主要有电焊钳、电焊软线、面罩、电焊手套等。

4. 焊条

1）焊条组成

焊条主要由焊芯和药皮两部分组成,如图 4-9 所示。

焊芯是具有一定长度及直径的金属丝。焊接时,焊芯的作用一是传导焊接电流,产生电弧;

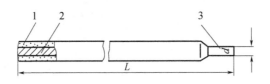

图4-9 焊条结构
1—药皮；2—焊芯；3—焊条夹持部分。

二是焊芯本身熔化作为填充金属与熔化的母材熔合形成焊缝。我国生产的焊条，基本以含碳、硫、磷较低的专用钢丝（如H08A）作焊芯。焊芯的直径即称为焊条直径，最小为1.6mm，最大为8mm，以直径为3.2mm~5mm的焊条应用最广。

焊条药皮又称涂料，在焊接过程中起着极为重要的作用。首先，利用药皮熔化放出的气体和形成的熔渣，隔离空气，防止有害气体侵入熔化金属；其次，通过与熔化金属发生冶金反应，去除有害杂质，添加有益的合金元素，使焊缝达到所要求的力学性能；还可以改善焊接工艺性能，使电弧稳定、飞溅小、焊缝成形好、易脱渣和熔敷效率高等。

焊条药皮的组成主要有稳弧剂、造气剂、造渣剂、脱氧剂、合金剂、黏结剂和增塑剂等，其主要成分有矿物类、铁合金、有机物等。

焊条规格用焊芯直径代表；焊条长度根据焊条种类和规格有多种尺寸，一般为300mm~450mm。

2）焊条分类

焊条按用途分为结构钢焊条、耐热钢焊条、不锈钢焊条、铸铁焊条等十大类。根据其熔渣酸碱性又分为酸性焊条和碱性焊条。酸性焊条电弧稳定，焊缝成形美观，焊条的工艺性能好，可用交流或直流电源施焊，但焊接接头的冲击韧度较低，可用于普通碳钢和低合金钢的焊接；碱性焊条多为低氢型焊条，焊缝冲击韧度高，力学性能好，但电弧稳定性比酸性焊条差，需采用直流电源施焊，多用于重要的结构钢、合金钢的焊接。

3）焊条型号

国际标准GB 5117—1985规定了碳钢焊条型号编制方法，用E×××表示。"E"表示焊条，前两位数字表示熔敷金属强度极限的最小值（单位为MPa），第三位数字表示焊条的焊接位置，第三位和第四位数字组合表示焊接电流种类及药皮类型。如E4303表示焊缝金属的$\sigma_b \geqslant$ 43MPa，适用于全位置焊接，药皮类型是钛钙型，电流种类是交流或直流正、反接均可。

5. 焊接工艺

选择合适的焊接工艺参数是获得优良焊缝的前提，并直接影响劳动生产率。焊条电弧焊工艺参数根据焊接接头形式、零件材料、板材厚度、焊接位置等具体情况制定，包括焊接位置、焊接坡口形式和焊层数、焊条型号、电源种类和极性、焊条直径、焊接电流、电弧长度和焊接速度等内容。

1）焊接位置

焊缝所处的空间位置称为焊接位置。在实际生产中，受焊件结构和焊枪移动的限制，焊接位置主要有平焊、立焊、横焊、仰焊，如图4-10所示。平焊操作方便，焊接液滴不会外流，飞溅较少，焊缝成形条件好，容易获得优质焊缝并具有高的生产率，是最合适的焊接位置；其他三种又称空间位置焊，操作较平焊困难，受熔池液态金属重力的影响，需要对焊接规范控制并采取一定的操作方法才能保证焊缝成形，其中仰焊位置最差，液滴易下滴，操作难度大，不易保证质量，立焊、横焊次之，焊接时液滴有下流倾向，不易操作。

图 4-10 焊接位置

(a) 平焊；(b) 横焊；(c) 立焊；(d) 仰焊。

2) 焊接接头形式、坡口形式及焊接层数

常用的焊接接头形式有对接、搭接、角接和 T 形接，如图 4-11 所示。

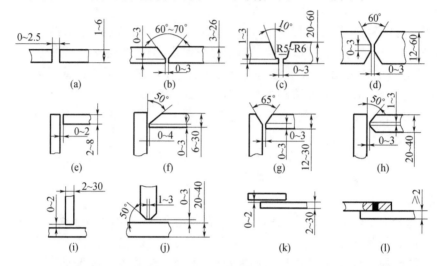

图 4-11 焊条电弧焊接头与坡口形式

(a)、(b)、(c)、(d) 对接接头，依次为 I 形坡口、Y 形坡口、带钝边 U 形坡口、双 Y 形坡口；
(e)、(f)、(g)、(h) 角接接头，依次为 I 形坡口、带钝边单边 V 形坡口、Y 形坡口、带钝边双单边 V 形坡口；
(i)、(j) T 形接头，依次为 I 形坡口、带钝边双单边 V 形坡口；(k)、(l) 搭接接头。

对接接头节省材料，容易保证质量，应力分布均匀，应用最为广泛；搭接接头两焊件不在同一平面上，浪费金属且受力时产生附加应力，适用于薄板焊件；在构成直角连接时采用角接接头，一般只起连接作用而不承受工作载荷；T 形接头是非直线连接中应用最广泛的连接形式。

焊前接头处有时需开坡口，即把两焊件的待焊处加工成所需的几何形状，其目的在于使焊接容易进行，电弧能沿板厚熔敷一定的深度，保证接头根部焊透，减少焊件在焊缝中的比例，并获得良好的焊缝成形。常见焊接坡口形式有 I 形坡口、V 形坡口、U 形坡口、双 V 形坡口等多种，如图 4-11 所示。

对焊件厚度小于 6mm 的焊缝，可以不开坡口或开 I 形坡口；中厚度和大厚度板对接焊，为保证焊透，必须开坡口。V 形坡口便于加工，但零件焊后易发生变形；双 V 形坡口可以避免 V 形坡口的一些缺点，同时可减少填充材料；U 形及双 U 形坡口，其焊缝填充金属量更小，焊后变形也小，但坡口加工困难，一般用于重要焊接结构。

I 形坡口、V 形坡口和 U 形坡口都可根据焊件的厚度进行单面焊或双面焊，而双 Y 形坡口必须双面焊，如图 4-12 所示。

此外，对于中厚板零件的焊接，在开好坡口后，一般还应根据焊缝厚度，考虑焊缝层数，采用多层焊或多层多道焊，如图 4-13 所示，可细化组织，提高焊缝力学性能。

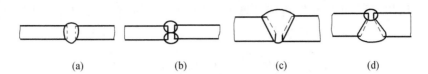

图4-12 单面焊和双面焊

(a) I形坡口单面焊;(b) I形坡口双面焊;(c) Y形坡口单面焊;(d) 双Y形坡口双面焊。

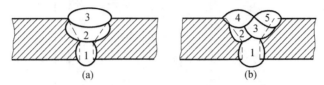

图4-13 焊缝层数

(a) 多层焊;(b) 多层多道焊。

3) 焊条型号、电源种类和极性

焊条型号主要根据零件材质、结构、性能要求,并参考焊接位置情况选定。电源种类和极性由焊条型号而定。

4) 焊条直径与焊接电流

一般焊件的厚度越大,选用的焊条直径 d 应越大,同时选择较大的焊接电流,以提高工作效率。焊件厚度与焊条直径的关系见表4-1。低碳钢平焊时,焊条直径 d 和焊接电流 I 的对应关系有经验公式作参考,即

$$I = kd$$

式中:k 为经验系数,取值为30~50。

表4-1 焊件厚度、焊条直径与焊接电流的关系

焊件厚度/mm	1.5~2	2.5~3	3.5~4.5	5~8	10~12	13
焊条直径/mm	1.6~2	2.5	3.2	3.2~4	4~5	5~6
焊接电流/A	40~70	70~90	100~130	160~200	200~250	250~300

焊接电流值的选择还应综合考虑各种具体因素,如焊接位置、焊条酸碱性等。其中对于空间位置焊,为保证焊缝成形,应选择较细直径的焊条,焊接电流比平焊位置小。在使用碱性焊条时,为减少焊接飞溅,可适当降低焊接电流值。

5) 电弧长度与焊接速度

电弧长度与焊接速度对焊缝成形有重要影响,一般由焊工根据具体情况灵活掌握。

电弧长度由焊接电压决定。电弧过短,容易灭弧;电弧过长,则会使电弧不稳定,熔深减小,飞溅增加,还会使空气中的氧和氮侵入熔池,降低焊缝质量。

起弧以后熔池形成,焊条均匀地沿焊缝向前运动,运动速度(焊接速度)应当均匀而适当,太快和太慢都会降低焊缝的外观质量和内部质量。

图4-14表示焊接电流与焊接速度对焊缝形状的影响。其中图4-14(a)所示焊接电流与焊接速度选择合理,使得焊缝形状规则,表面平整,焊波(焊缝表面波纹)均匀、细密并呈椭圆形,焊缝各部分尺寸符合要求;图4-14(b)所示电流太小,电弧不易引出,燃烧不稳定,弧声变弱,焊波呈圆形,堆高增大,熔深减小;图4-14(c)所示电流太大,焊接时弧声强,飞溅增多,焊条变得红热,焊波变尖,熔宽和熔深都增加,焊薄板时易烧穿;图4-14(d)所示焊接速度太慢,使得焊波变圆,堆高、

熔宽和熔深都增加,焊薄板时烧穿可能性增加;图4-14(e)所示焊接速度太快,焊缝形状不规则,焊波变尖,堆高、熔宽和熔深都减小。

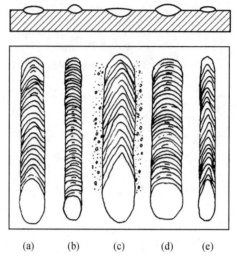

图4-14　焊接电流与焊接速度对焊缝形状的影响
(a)焊接电流与焊接速度选择合理;(b)电流太小;
(c)电流太大;(d)焊接速度太慢;(e)焊接速度太快。

6. 基本操作

1)引弧

焊接电弧的建立称为引弧。焊条电弧焊有两种引弧方法:划擦法和敲击法,如图4-15所示。划擦法是将焊条末端对准焊缝,并保持两者距离在15mm以内,依靠手腕转动,使焊条在焊件表面轻划一下,并立即提起2mm~4mm,引燃电弧。敲击法是先将焊条末端对准焊缝,稍点手腕,焊条轻轻撞击焊件,随即提起2mm~4mm,使电弧引燃。

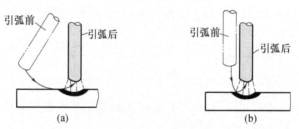

图4-15　引弧方法
(a)划擦法;(b)敲击法。

划擦法动作似划火柴,引弧效率高,易于掌握,但容易损坏焊件表面。敲击法不会损坏焊件表面,但操作不当,焊条容易粘住焊件,此时将焊条左右摆动即可脱离焊件。

2)运条

依靠手工控制焊条运动实现焊接的操作称为运条。运条过程包括控制焊条角度、焊条送进、焊条摆动和焊条前移,如图4-16所示。运条技术的具体运用根据零件材质、接头形式、焊接位置、焊件厚度等因素决定。常见焊条电弧焊运条方法,如图4-17所示。直线形运条方法适用于板厚3mm~5mm的不开坡口对接平焊,由于焊条不作横向摆动,电弧较稳定,能获得熔深较大、宽度较窄的焊缝;锯齿形运条法多用于厚板的焊接,焊条端部要作锯齿形摆动,并在两边稍作停留(需防止咬边)以获得合适的熔宽;月牙形运条法对熔池加热时间长,容易使熔池中的气体和熔渣浮出,有利于得到高质量焊缝;正三角形运条法适于不开坡口的对接接头和T型接头的立焊;圆圈形运条法适于焊接较厚零件的平焊缝。

3) 焊缝收尾

焊缝收尾是指焊缝结束时的操作,有划圈收尾法、反复断弧收尾法和回焊收尾法,如图4-18所示。划圈收尾法是利用手腕动作做圆周运动,直到弧坑填满再拉断电弧的方法,适于厚板焊接的收尾;反复断弧收尾法是指在弧坑处,连续反复地灭弧和引弧,直到填满弧坑为止的方法,适于薄板和大电流焊接的收尾;回焊收尾法是指当焊条移到收尾处即停止移动,但不灭弧,仅适当地改变焊条的角度,待弧坑填满后,再拉断电弧的方法,适于碱性焊条的收尾。

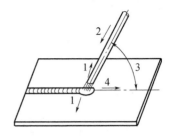

图4-16 运条过程
1—横向摆动;2—送进;
3—控制焊条角度(与零件夹角为70°~80°);
4—焊条前移。

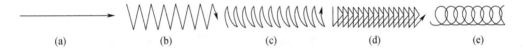

图4-17 常见焊条电弧焊运条方法
(a) 直线形;(b) 锯齿形;(c) 月牙形;(d) 正三角形;(e) 圆圈形。

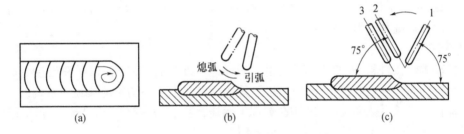

图4-18 焊缝收尾法
(a) 划圈收尾法;(b) 反复断弧收尾法;(c) 回焊收尾法。

7. 操作注意事项

(1) 防止触电 焊前应检查电焊机接地是否良好;使用的面罩、工作鞋和电焊手套必须保持干燥。

(2) 防止弧光伤害和烫伤 焊接时必须穿好工作服,戴好工作帽和电焊手套,工作场地应使用屏风;切勿用手接触高温焊件和焊条,应使用钳子夹持焊件;清理焊渣时,防止焊渣飞入眼内或烫伤皮肤。

(3) 防止有毒气体、火灾和爆炸 在焊接现场周围不得放置易燃易爆物品,并有通风排烟装置;焊接导线切勿放在电弧附近或焊件上以免烧坏;焊钳或电焊机出现故障应切断电源进行检查;焊接工作结束后,应切断电流,焊钳不要放在工作台上。

4.2.3 埋弧焊

埋弧焊电弧产生于堆敷一层焊剂下的焊丝与焊件之间,受到熔化的焊剂、熔渣以及金属蒸汽形成的气泡壁包围。气泡壁是一层液体熔渣薄膜,外层有未熔化的焊剂,电弧得到很好的保护,弧光散发不出去,故被称为埋弧焊,如图4-19所示。

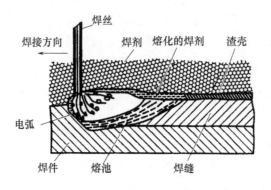

图 4-19 埋弧焊示意图

与焊条电弧焊相比,埋弧焊具有以下优点:
(1) 焊接电流大,生产效率高,是焊条电弧焊的 5 倍~10 倍。
(2) 焊缝含氮、氧等杂质低,成分稳定,质量高。
(3) 自动化水平高,没有弧光辐射,工人劳动条件较好。

但埋弧焊受焊剂敷设限制,不能用于空间位置焊缝的焊接。焊接时,焊缝在焊剂下形成,不能及时发现问题。焊前准备要求高,时间长。

由于埋弧焊焊剂的成分主要是 MnO 和 SiO_2 等金属及非金属氧化物,不适合焊铝、钛等易氧化的金属及其合金,可焊接的材料有碳素结构钢、低合金钢、不锈钢、耐热钢、镍基合金和铜合金等。另外薄板、短及不规则的焊缝一般不采用埋弧焊,但在中、厚板对接、角接有广泛应用,并且仅适用于直的长焊缝和环形焊缝焊接。

1. 焊接过程

埋弧自动焊焊接过程,如图 4-20 所示。做好焊前准备后,导电嘴和焊件连接电源,形成电弧并维持选定的弧长。在焊接小车的带动下,焊剂通过焊剂漏斗均匀地覆盖在被焊的位置,焊丝经送丝机构自动送入电弧燃烧区,电弧在焊剂下燃烧,熔化后的焊件金属与焊丝形成熔池,熔化的焊剂形成熔渣。随着熔池的移动和凝固最终形成焊缝。

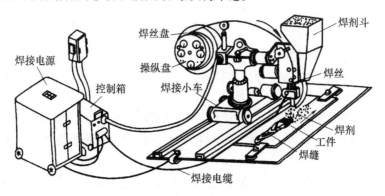

图 4-20 埋弧自动焊示意图

2. 焊接工艺

1) 焊前准备

焊前准备包括焊件的坡口加工、待焊处的表面清理、焊件的装配以及焊丝表面的清理、焊剂的烘干等。

(1) 坡口加工 要求按 GB 986—1988 执行,以保证焊缝根部不出现未焊透或夹渣,并减少填充金属量。坡口的加工可使用刨边机、机械化或半机械化气割机、碳弧气刨等。

(2) 待焊处的清理 焊前应将坡口及坡口两侧各20mm区域内及待焊处的表面铁锈、氧化皮、油污、水分等清理干净,以防止产生气孔。

(3) 焊件的装配 装配焊件时要保证间隙均匀,高低平整,错边量小,定位焊缝长度一般大于30mm,并且定位焊缝质量与主焊缝质量要求一致。必要时采用专用工装、卡具。

对于直缝焊件,在焊缝两端要加装引弧板和引出板,焊后再切割掉,其目的是使焊接接头的始端和末端获得正常尺寸的焊缝截面,还可避免引弧和收尾时出现缺陷。

(4) 焊接材料的清理 埋弧焊所用焊丝和焊剂对焊缝金属的成分、组织和性能影响极大。因此焊前必须清除焊丝表面的氧化皮、铁锈及油污等。焊剂保存时注意防潮,使用前必须按规定温度烘干待用。

2) 工艺参数

埋弧焊的工艺参数主要有焊接电流、电弧电压、焊接速度、焊丝直径和伸出长度及焊丝倾角等。

(1) 焊接电流 当其他参数不变时,焊接电流对焊缝形状和尺寸的影响如图4-21所示。一般焊接条件下,焊缝熔深与焊接电流成正比。随着焊接电流的增加,熔深和堆高都有显著增加,而焊缝的熔宽变化不大。同时,焊丝的熔化量也相应增加。相反,随着焊接电流的减小,熔深和堆高都减小。

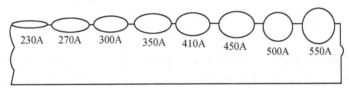

图4-21 焊接电流对焊缝形状和尺寸的影响

(2) 电弧电压 电弧电压增加时,熔宽明显增加,而熔深和堆高则有所下降。但是电弧电压太大时,不仅使熔深变小,产生未焊透,而且会导致焊缝成形差、脱渣困难,甚至产生咬边等缺陷。因此,在增加电弧电压的同时,还应适当增加焊接电流。

(3) 焊接速度 当其他焊接参数不变而焊接速度增加时,焊接热输入量相应减小,使焊缝的熔深也减小。但焊接速度太大会造成未焊透等缺陷。为保证焊缝质量,必须保证一定的焊接热输入量,即为了提高生产率而提高焊接速度的同时,应相应提高焊接电流和电弧电压。

(4) 焊丝直径与伸出长度 当其他焊接参数不变而焊丝直径增加时,弧柱直径随之增加,即电流密度减小,会造成熔宽增加,熔深减小。反之,则熔深增加,熔宽减小。

当其他焊接参数不变而焊丝长度增加时,电阻也随之增大,伸出部分焊丝所受到的预热作用增加,焊丝熔化速度加快,使熔深变小,堆高增加。因此,焊丝伸出长度不宜过长。

(5) 焊丝倾角 焊丝倾斜方向分为前倾和后倾。倾角的方向和大小不同,电弧对熔池的力和热作用也不同,从而影响焊缝成形。当焊丝后倾一定角度时,由于电弧指向焊接方向,使熔池前面的焊件受到预热作用,电弧对熔池的液态金属排出作用减弱,导致熔宽变大而熔深变小。反之,熔宽较小而熔深较大,易使焊缝边缘产生未熔合和咬边,并且焊缝成形变差。

其他焊接条件诸如坡口形状、根部间隙、焊件厚度和焊件散热条件等均影响焊缝的成形。

4.2.4 气体保护焊

气体保护焊是利用外加气体保护电弧和接头的电弧焊方法。最常用的气体保护焊是CO_2

气体保护焊和氩弧焊。

1. CO_2 气体保护焊

利用 CO_2 作为保护气体的一种熔化极气体保护电弧焊称为 CO_2 气体保护焊,简称 CO_2 焊(MIG)。其中,按所用的焊丝直径不同,分为细丝 CO_2 气体保护焊(焊丝直径 1.2mm)及粗丝 CO_2 气体保护焊(焊丝直径 1.6mm);按操作方式不同,分为 CO_2 半自动焊和 CO_2 自动焊。目前细丝半自动 CO_2 焊工艺比较成熟,应用最广。

CO_2 气体保护焊的特点:

(1) 焊接成本低。CO_2 气体来源广、价格低,而且消耗的焊接电能少。

(2) 焊接电流密度大,熔敷速度快,焊后没有焊渣。生产率比焊条电弧焊高 1 倍~4 倍。

(3) 抗锈能力强。对铁锈的敏感性不大,焊缝不易产生气孔,抗裂性能好。

(4) 焊接变形小。电弧热量集中,同时 CO_2 气流具有较强的冷却作用,焊接热影响区和焊件变形小,宜于薄板焊接。

(5) 便于操作。可看清电弧和熔池情况,便于掌握与调整,也有利于实现焊接过程的机械化和自动化。

但 CO_2 气体保护焊在焊接过程中飞溅较大,焊缝成形不够美观,不能焊接容易氧化的有色金属材料,并且很难用交流电源焊接及在有风的地方施焊。

CO_2 气体保护焊主要用于焊接低碳钢及低合金高强钢,也可用于焊接耐热钢和不锈钢。广泛用于汽车、船舶、航空航天、石油化工、机械制造等领域。

1) 焊接过程

CO_2 气体保护焊焊接过程如图 4-22 所示。电源的两输出端分别接在焊枪和焊件上,盘状焊丝由送丝机构带动,经软管和导电嘴不断向电弧区域送给;同时,CO_2 气体以一定的压力和流量送入焊枪,通过喷嘴后,形成一股保护气流,使熔池和电弧不受空气的侵入。随着焊枪的移动,熔池金属冷却凝固而形成焊缝。

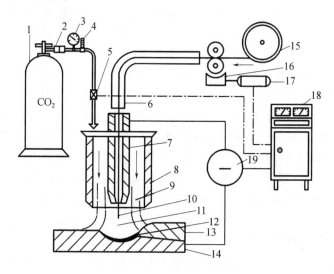

图 4-22 CO_2 气体保护焊焊接过程示意图

1—CO_2 气瓶;2—干燥预热器;3—压力表;4—流量计;5—电磁气阀;6—软管;7—导电嘴;
8—喷嘴;9—CO_2 保护气体;10—焊丝;11—电弧;12—熔池;13—焊缝;14—零件;15—焊丝盘;
16—送丝机构;17—送丝电动机;18—控制箱;19—直流电源。

2) 保护气体及焊接材料

(1) CO_2 保护气体　瓶装液态 CO_2 是 CO_2 焊接的主要保护气源。CO_2 气瓶漆成黑色标有"CO_2"黄色字样。

(2) 焊丝　目前生产中应用最广的焊丝为 H08Mn2SiA。该焊丝有较好的工艺性能、机械性能及抗热裂纹能力,适用于焊接低碳钢、屈服极限小于 500MPa 的低合金钢和经焊后热处理 σ_b 小于 1200MPa 的低合金高强钢。

3) 焊接工艺

CO_2 气体在电弧高温下发生分解,并伴随吸热反应,对电弧产生冷却作用,使其收缩。于是焊丝端头的熔滴在电弧作用下被排斥,产生排斥型大滴过渡。这是一种不稳定的熔滴过渡形式,常常伴随飞溅,难以在生产中应用。

当电弧较短时(电弧电压较低),将发生短路过渡,这时短路与燃弧过程周期性重复,焊接过程稳定,热输入低,所以短路过渡适合薄板和全位置焊缝。

对于一定的直径焊丝,当电流增大到一定数值后同时配以较高的电弧压,焊丝的熔化金属即以小颗粒自由飞落进入熔池,这种过渡形式为细颗粒过渡,是一种比较稳定的过渡过程。细颗粒过渡时电弧穿透力强,焊缝熔深大,飞溅小,适用于中厚板焊接结构。

4) 基本操作

(1) 准备　检查全部连接是否正确,水、电、气连接完毕合上电源,调整焊接规范参数。

(2) 引弧

① 引弧前先将焊丝送出枪嘴,保持伸出长度 10mm～15mm。

② 将焊枪按要求放在引弧处,此时焊丝端部与工件未接触,枪嘴高度由焊接电流决定。

③ 采用碰撞引弧,引弧时不必抬起焊枪,只需保证焊枪与工件距离。按下焊枪上控制开关,焊机自动提前送气,延时接通电源,保持高电压、慢送丝,当焊丝碰撞工件短路后自然引燃电弧。短路时,因焊枪有自动顶起的倾向,引弧时要稍用力下压焊枪,防止因焊枪抬起太高,电弧太长而熄灭。

(3) 焊接　引弧后,通常采用左焊法(即指焊接方向为左的焊接方法),焊接时焊枪保持适当的倾斜和枪嘴高度,并使焊枪匀速移动。当坡口较宽时为保证两侧熔合好,焊枪做横向摆动。焊接时,必须根据焊接实际效果(包括熔池情况、电弧稳定性、飞溅大小及焊缝成形的好坏)判断焊接工艺参数是否合适并修正,直至满意为止。

(4) 收弧　焊接结束前必须收弧。若收弧不当容易产生弧坑并出现裂纹、气孔等缺陷。焊接结束前必须采取以下措施:

① 焊机有收弧坑控制电路:焊枪在收弧处停止前进,接通此电路,焊接电流、电弧电压自动减小,待熔池填满。

② 焊机没有弧坑控制电路或因电流小没有使用弧坑控制电路:在收弧处焊枪停止前进,并在熔池未凝固时反复断弧、引弧几次,直至填满弧坑为止。操作要快,否则熔池已凝固才引弧,则可能产生未熔合或气孔等缺陷。

5) 操作注意事项

(1) 电源、气瓶、送丝机、焊枪等连接方式参阅说明书。

(2) 选择正确的持枪姿势。

① 身体与焊枪处于自然状态,手腕能灵活带动焊枪平移或转动;

② 焊接过程中软管电缆最小曲率半径应大于 300m/m,焊接时可任意拖动焊枪。

2. 氩弧焊

氩弧焊是以惰性气体氩气作保护气体的电弧焊。按所用电极熔化情况不同,分钨极氩弧焊和熔化极氩弧焊。

1) 钨极氩弧焊

钨极氩弧焊是以钨棒作为电极的电弧焊方法,钨棒在电弧焊中不熔化,故又称不熔化极氩弧焊,简称 TIG 焊。其示意图,如图 4-23 所示。

由于被惰性气体隔离,接头处的熔化金属不会受到空气的有害作用,因此,钨极氩弧焊可焊接易氧化的有色金属如铝、镁及其合金,也可用于不锈钢、铜合金以及其他难熔金属的焊接。因其电弧非常稳定,还可以焊薄板及全位置焊缝。钨极氩弧焊在航空航天、原子能、石油化工等行业应用较多。

钨极氩弧焊的缺点是钨棒的电流负载能力有限,焊接电流和电流密度比熔化极氩弧焊低,焊缝熔深小,焊接速度低,厚板焊接需采用多道焊和填充焊丝,生产效率受到影响。

2) 熔化极氩弧焊

熔化极氩弧焊又称 MIG 焊,如图 4-24 所示。用焊丝本身作电极,相比钨极氩弧焊而言,电流及电流密度大大提高,因而焊缝熔深大,焊丝熔敷速度快,生产效率得到提高,特别适用于中厚板铝、铜及其合金、不锈钢以及钛合金焊接。

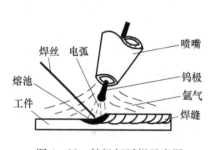

图 4-23 钨极氩弧焊示意图

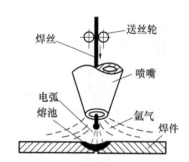

图 4-24 熔化极氩弧焊示意图

4.2.5 其他常用熔焊方法

1. 气焊

气焊是利用气体火焰加热并熔化母材和焊丝的焊接方法。

与电弧焊相比,气焊不需要电源,设备简单;气体火焰温度较低,熔池容易控制,易实现单面焊双面成形。

气焊也存在热量分散,接头变形大,不易自动化,生产效率低,危险性较大,焊缝组织粗大,性能较差等缺点。

气焊常用于低碳钢、低合金钢、不锈钢的对接,在焊接铸铁、有色金属时焊缝质量也比较好。

1) 气焊设备

气焊设备主要由氧气瓶、氧气减压器、乙炔发生器(乙炔瓶)、乙炔减压器、回火防止器、焊炬和橡皮管等组成,如图 4-25 所示。

(1) 氧气瓶 是贮存和运输高压氧气的容器。瓶体漆成天蓝色,并漆有"氧气"黑色字样。氧气瓶容量一般为 40L,额定工作压力为 15MPa。

(2) 减压器 是将氧气瓶中高压气体的压力(150 大气压)减到气焊所需压力(2 个~4 个大气压)的一种调节装置。减压器不但能降低和调节压力,而且能使输出的低压气体的压力保持

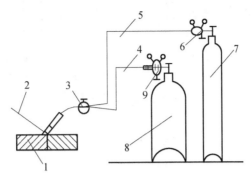

图 4-25 气焊设备的组成
1—焊件；2—焊炬；3—阀门；4—乙炔胶管；5—氧气胶管；
6—氧气减压器；7—氧气瓶；8—乙炔瓶；9—乙炔减压器。

稳定,不会因气源压力降低而降低。气焊用减压器有氧气减压器、乙炔减压器等。

(3) 乙炔发生器(乙炔瓶) 是贮存和运输乙炔的容器。瓶体漆成白色,并漆有"乙炔"红色字样。使用时,必须用乙炔减压器将乙炔压力降到 0.103MPa 以下方可使用。

(4) 回火防止器 是装在燃烧气体系统上以防止向燃气管路或气源回烧的保险装置。当气体供应不足或管路、焊枪阻塞时,火焰会沿乙炔管路向内燃烧,造成回火。气焊时,必须安装回火防止器,否则会引起爆炸。

(5) 焊炬 是用于控制火焰进行焊接的工具,其功用是将可燃气体与氧气按一定比例混合后以一定速度喷出。应用最广的为射吸式焊炬,其结构如图 4-26 所示。常用的射吸式焊炬型号有 H01-6、H01-12、H01-20 等(型号中 H 表示焊炬,0 表示手工,1 表示射吸式,后缀数字表示焊接低碳钢最大厚度,单位为 mm)。每个焊炬都配有不同规格的 5 个焊嘴,每个焊嘴上刻有 1~5 的一位数字,数字小的焊嘴孔径小,数字大的孔径大,焊接时可根据材料、板厚选用所需的焊嘴。

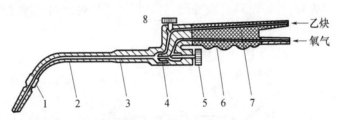

图 4-26 射吸式焊炬结构
1—焊嘴；2—混合管；3—射吸管；4—喷嘴；5—氧气调节阀；
6—氧气管；7—乙炔管；8—乙炔调节阀。

2) 焊接工艺

(1) 接头种类及坡口形式 气焊接头的形式可根据焊件厚度、结构形式、强度要求和施工条件等情况选定。

气焊时主要采用对接接头。当焊件厚度小于 5mm 时,可以不开坡口,只留 0.5mm~1.5mm 的间隙;当焊件厚度大于 5mm 时,必须开坡口。坡口的形式、角度、间隙及钝边等与焊条电弧焊基本相同。

(2) 工艺参数选择 气焊焊接工艺参数包括焊丝牌号和直径、熔剂、火焰性质、焊炬倾角、焊接方向和焊接速度等。

① 焊丝牌号和直径、熔剂的选择 焊丝牌号和直径、熔剂根据焊件材质及厚度选择。

② 火焰性质　气焊火焰是可燃性气体（或可燃性液体蒸气）与氧气混合燃烧而形成的,包括氧乙炔焰、氢氧焰及液化石油气燃烧的火焰。其中氧乙炔焰是目前气焊中采用的主要火焰。

氧乙炔焰由于混合比不同,有三种不同性质的火焰:中性焰、氧化焰和碳化焰。

a. 中性焰。当氧气与乙炔的混合比为 1.1~1.2 时,燃烧充分,热量集中,温度可达 3050℃~3150℃。火焰由焰心、内焰、外焰三部分组成,如图 4-27(a) 所示。焰心呈亮白色的圆锥体,温度较低;内焰呈暗紫色,温度最高,适用于焊接;外焰颜色从淡紫色逐渐向橙黄色变化,温度下降,热量分散。中性焰应用最广,低碳钢、中碳钢、铸铁、低合金钢、不锈钢、紫铜、锡青铜、铝及铝合金、镁合金等气焊时都使用中性焰。

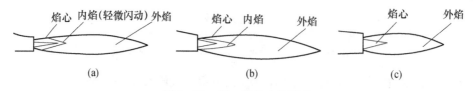

图 4-27　氧-乙炔火焰形态
(a) 中性焰；(b) 碳化焰；(c) 氧化焰。

b. 碳化焰。氧气与乙炔混合比小于 1.1 时,乙炔剩余,焰心较长,呈蓝白色,温度最高达 2700℃~3000℃,如图 4-27(b) 所示。由于过剩乙炔分解出碳粒和氢气,焊缝含氢增加,焊低碳钢时有渗碳现象,适用于气焊高碳钢、铸铁、高速钢、硬质合金、铝青铜等。

c. 氧化焰。氧气与乙炔混合比大于 1.2 时,有过剩的氧气,焰心短而尖,内焰区氧化反应剧烈,火焰挺直发出"嘶嘶"声,温度可达 3100℃~3300℃,并且内焰与外焰分不清,如图 4-27(c) 所示。由于火焰具有氧化性,焊接碳钢易产生气体,并出现熔池沸腾现象,很少用于焊接,轻微氧化的氧化焰适用于气焊黄铜、锰黄铜、镀锌铁皮等。

③ 焊炬倾角　焊炬倾角是指焊炬中心线与焊件平面之间的夹角。焊炬倾角大,热量散失小,焊件得到的热量多,升温快;焊炬倾角小,热量散失多,焊件受热少、升温慢。因此,在焊接厚度大、熔点较高或导热性较好的焊件时,或开始焊接时,为了较快地加热焊件和迅速形成熔池,焊炬的倾角要大些;反之,可以小些。

④ 焊接方向　焊接方向有左向焊和右向焊,如图 4-28 所示。

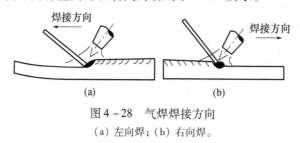

图 4-28　气焊焊接方向
(a) 左向焊；(b) 右向焊。

左向焊焊丝在前,焊炬在后,火焰吹向待焊处的接头表面,有预热作用,焊接速度较快,操作方便,适用于焊接薄板。气焊时,一般多采用左向焊。

右向焊焊炬在前,焊丝在后,火焰指向焊缝,能很好保护金属,防止其受到空气的影响,使焊缝缓慢冷却,组织致密,减少缺陷。并且右向焊的热量集中,坡口小,节省材料,收缩小,可减少变形。因此,右向焊的焊接质量较好,但焊丝挡住视线,操作不便,技术较难掌握,适用于焊接厚度较大的焊件。

⑤ 焊接速度　对于厚度大、熔点高的焊件,焊接速度要慢些,以免发生未熔合的缺陷;而对于厚度小、熔点低的焊件,焊接速度要快些,以免烧穿或使焊件过热,降低焊缝质量。

焊接速度的快慢,应根据焊工操作的熟练程度与焊缝位置等具体情况而定。在保证焊接质量的前提下应尽量加快焊接速度,以提高生产率。

(3)基本操作　气焊的操作过程包括焊前准备、点火、调节火焰、熔化焊丝和坡口金属形成熔池、移动焊炬和焊丝形成焊缝、灭火等。

点火时,先打开氧气阀门,再打开乙炔气阀门,随后点燃,调节成所需要的火焰。焊缝始端加热至熔化并形成熔池时,火焰焰心应距焊件2mm～4mm,再加进焊丝并向前移动焊枪,进行焊接。火焰与焊件表面应有适当的角度,焊件材料薄时倾角要小,焊件厚时倾角要大(一般为30°～60°)。为使焊缝整齐美观,焊接过程中应使熔池的形状和大小保持一致,焊枪和焊丝作均匀协调的摆动,焊丝保持在焰心前端。当焊到焊缝末端时,因焊件温度较高,散热较慢,应减小焊枪与焊件的角度,同时加快焊接速度,并多加焊丝使熔池逐渐缩小,填满熔池,火焰才可缓慢离开熔池。

灭火时,应先关乙炔气阀门,再关氧气阀门,以免引起回火。

2. 气割

气割是利用氧-乙炔火焰的热量,将金属预热到燃点,然后开放高压氧气流使金属氧化燃烧,并利用高压氧气流将氧化物熔渣吹掉,形成切口,将工件分离,如图4-29所示。

1)气割设备

气割时所用设备,除所用的割炬与焊炬不同外,其他设备均与气焊相同。

目前应用较多的割炬是射吸式割炬,其结构如图4-30所示。常用的射吸式割炬型号有G01-30、G01-100、G01-300等(G表示割炬,0表示手工,1表示射吸式,后缀数字表示切割低碳钢最大厚度,单位为mm)。

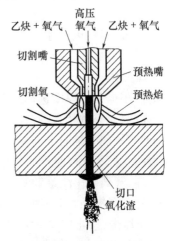

图4-29　气割示意图

气割具有设备简单、方法灵活、基本不受切割厚度与割件形状限制、容易实现机械化自动化等优点,广泛应用于低碳钢、低合金钢板材的下料和铸钢件的浇冒口切割等。

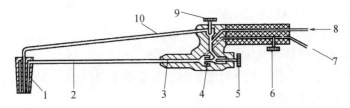

图4-30　射吸式割炬结构

1—割嘴;2—混合气管;3—射吸管;4—喷嘴;5—预热氧气阀;
6—乙炔阀;7—乙炔;8—氧气;9—切割氧气阀;10—切割氧气管。

2)气割条件

金属材料被氧乙炔火焰切割应具备以下条件。

(1)金属材料的燃点必须低于其熔点,否则切割变为熔割,使割口过宽且不整齐。

(2)金属氧化物的熔点应低于金属本身的熔点,以使熔渣的流动性好,便于高压氧气流吹掉。

(3)金属氧化燃烧时能释放大量的热,保证足够高的预热温度,使切割过程不断地进行。

满足上述条件的金属材料有纯铁、低碳钢和低合金钢,而高碳钢、铸铁、高合金钢及铜、铝等有色金属及合金,不具备上述条件,很难采用氧气切割。

3)气割工艺参数

气割工艺参数包括切割氧压力、切割速度、火焰性质、割炬与割件间的倾角以及割炬离割件表面的距离等。

(1)切割氧压力　切割氧的压力与割件厚度、割嘴号码以及氧气纯度等因素有关。随着割件厚度的增加,选择的割嘴号码增大,氧气压力也相应增大。反之,所需氧气压力即可适当降低。

(2)切割速度　割件越厚,切割速度越慢;反之,割件越薄,则切割速度应该越快。切割速度太慢,会使割缝边缘熔化;切割速度过快,则会产生很大的后拖量或割不穿。

(3)火焰性质　气割时,应采用中性焰或轻微的氧化焰而不能采用碳化焰。

(4)割炬与割件间倾角　割炬与割件间的倾角大小,主要根据割件的厚度来定。如果倾角选择不当,不但不能提高切割速度,反而使气割困难,还会增加氧气的消耗量。

(5)割炬离割件距离　火焰焰心离开割件表面的距离应保持为3mm～5mm。

影响气割质量的因素还有钢材质量、钢材表面状况、切口形状、可燃气体种类及供给方式和割炬形式等。

4)基本操作

气割前,根据割件厚度选择割炬和割嘴,清理割件表面铁锈、油污等杂质,割件垫平,在下方留出一定间隙,调整预热火焰,其点燃过程与气焊相同。

气割时将预热火焰对准割件切口起始处预热,待加热至金属燃点时,再以一定压力的氧气流吹入切割层,吹掉氧化燃烧产生的熔渣,不断移动割炬,切割便连续进行下去,直至切断为止。

5)气焊、气割操作注意事项

(1)氧气瓶的保管与使用

① 防止撞击,禁止在地下滚动,直立放置时,必须用链条等将其固定;

② 防止在阳光下曝晒或放置在热源附近,以免造成内压上升,引起爆炸;

③ 严禁接触油脂,尽量远离易燃物品。

(2)乙炔发生器(乙炔瓶)的安全使用

① 乙炔发生器与电石桶附近严禁烟火;

② 乙炔站和气焊工作地点要通风良好;

③ 使用水封式回火防止器时焊接前必须检查其水位;

④ 乙炔瓶应远离火种,距离氧气瓶10m以上距离;

(3)回火处理　回火是气焊、气割时发生的不正常燃烧,有一定危险性,具体原因有:

① 气体压力太低、流速太慢;

② 焊嘴被飞溅物沾污,出口被堵,混合气体流动不畅;

③ 焊接时间长,焊嘴过热;

④ 操作不当,焊嘴埋入熔池。

遇到上述情况时,应迅速关断气源(先关氧气瓶、后关乙炔瓶)然后找出原因,采取相应解决措施,如加大气体压力、焊嘴通畅、冷却等。

3. 电渣焊

电渣焊是利用电流通过液体熔渣所产生的电阻热加热并熔化填充金属和母材,以实现金属连接的一种熔焊方法。如图4-31所示,两被焊件垂直放置,中间留有20mm～40mm间隙,电流流过焊丝与零件之间熔化的焊剂形成渣池,其电阻热加热并熔化焊丝和零件边缘,在渣池下端形成金属熔池。在焊接过程中,焊丝以一定速度熔化,金属熔池和渣池逐渐上升,远离热源的底部液体金属则逐渐冷却形成焊缝。同时,渣池保护金属熔池不被空气污染,水冷成形滑块与零件端面构成空腔,挡住熔池和渣池,保证熔池金属凝固成形。

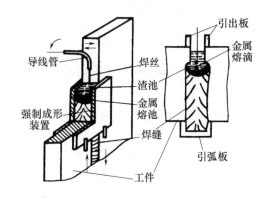

图 4-31 电渣焊过程示意

与其他熔焊方法相比,电渣焊有以下特点:
(1) 适用于垂直或接近垂直位置的焊接,不易产生气孔和夹渣,焊缝成形条件最好。
(2) 厚大焊件能一次焊接完成,生产率高。与开坡口的电弧焊相比,节省焊接材料。
(3) 由于渣池对焊件有预热作用,焊接含碳量高的金属时冷裂倾向小。但焊缝组织晶粒粗大,易造成接头韧度变差,一般焊后应进行正火和回火处理。

电渣焊适用于厚板、大断面、曲面结构的焊接,如火力发电站数百吨的汽轮机转子、锅炉大厚壁高压汽包等。

4. 等离子弧焊与切割

1) 等离子弧的形成

普通电弧焊产生的电弧,其电弧区内的气体尚未完全电离,能量不够集中,这种电弧未受到外界约束,称为自由电弧。而等离子弧是将自由电弧进行强迫"压缩"(分为机械压缩、热压缩和磁压缩)获得,又称为压缩电弧,其优点是能量集中(能量密度可达$10^5 W/cm^2 \sim 10^6 W/cm^2$,而自由态钨极氩弧能量密度在$10^5 W/cm^2$以下),温度高(弧柱中心温度18000K~24000K),焰流速度大(可达300m/s以上),而且电弧导电性好。等离子弧对一些难熔金属或非金属材料的焊接与切割非常有利。

2) 等离子弧焊

按焊缝成形原理,等离子弧焊分为小孔型等离子弧焊、熔透型等离子弧焊和微束等离子弧焊。

等离子弧焊具有如下特点:
(1) 能量密度大,温度梯度大,热影响区小,可焊接热敏感性强的材料或制造双金属件。
(2) 电弧稳定性好,焊接速度高,可用穿透式焊接使焊缝一次双面成型,表面美观,生产率高。
(3) 气流喷速高,机械冲刷力大,可用于焊接大厚度碳钢、不锈钢、有色金属及合金、镍合金和钛合金等。
(4) 电弧电离充分,0.1A电流以下仍能稳定工作,如用微束等离子弧(0.2A~30A)焊接膜盒、热电偶等超薄板(0.01mm~2mm)。

3）等离子弧切割

等离子弧切割是一种常用的金属和非金属材料切割方法。它是依靠高温、高速和高能的等离子弧及其焰流,把切割区的材料熔化和蒸发,并吹离母材,随着割炬的移动而形成割缝。等离子弧柱的温度高,远远超过所有金属以及非金属的熔点。因此,等离子弧切割过程不是依靠氧化反应,而是靠熔化来切割材料,因而比氧切割方法的适用范围广,从原理上来说能切割所有材料。

4.3 其他焊接方法

除熔焊外,压焊中的电阻焊、摩擦焊以及钎焊等焊接方法在焊接领域也有着广泛应用。

4.3.1 电阻焊

电阻焊是压焊的一种,是指将焊件组合后通过电极施加压力,利用电流通过焊件接触面及临近区域产生的电阻热将其加热到熔化或塑性状态,完成金属结合的方法。

与其他焊接方法相比,电阻焊不需要填充金属,冶金过程简单,焊接应力及变形小,焊接低碳钢、普通低合金钢、不锈钢、钛及其合金材料时可获得优良的焊接接头;操作简单,易实现机械化和自动化,生产效率高。

其缺点是接头质量难以用无损探伤检测方法检验,焊接设备较复杂,一次性投资较高。电阻焊目前广泛应用于汽车拖拉机、航空航天、电子技术、家用电器、轻工业等领域。

根据电极形状不同,电阻焊分为点焊、缝焊和对焊,如图4-32所示。

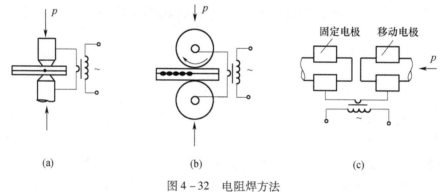

图4-32 电阻焊方法
(a)点焊;(b)缝焊;(c)对焊。

1. 点焊

点焊方法如图4-32(a)所示,将焊件装配成搭接形式,用电极将焊件夹紧并通以电流。在电阻热作用下,电极之间焊件接触处被加热熔化形成焊点。焊件的连接可以由多个焊点实现。点焊大量应用在不要求气密性的小于3mm薄板冲压件、轧制件接头,如汽车车身焊装、电器箱板组焊等。

2. 缝焊

缝焊工作原理与点焊相同,但用滚轮电极代替了点焊的圆柱状电极,滚轮电极施压于焊件并旋转,使焊件相对运动,在连续或断续通电下,形成一个个焊点相连的密封焊缝,如图4-32(b)所示。缝焊一般应用在有密封性要求的接头,适用的材料板厚为0.1mm~2mm,如汽车油箱、暖气片、罐头盒等。

3. 对焊

对焊是以整个接触面焊合的电阻焊,主要用于断面小于 250mm² 的丝材、棒材、板条和厚壁管材的连接,如图 4 - 32(c)所示。将两焊件端部相对放置,加压使端面紧密接触,通电后利用电阻热加热焊件接触面至塑性状态,迅速施加顶锻力完成焊接。对焊焊接面的断面形状应相同,圆棒直径、方棒边长和管壁厚度差要小于 15%。

对焊分电阻对焊和闪光对焊,如图 4 - 33 所示。

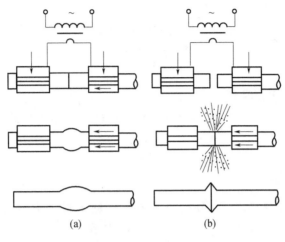

图 4 - 33　对焊方法
(a)电阻对焊;(b)闪光对焊。

电阻对焊操作简单,但内部质量不高,并需严格清理和平整端面,适用于直径小于 20mm 的低碳钢棒料和管子,直径小于 8mm 的非铁金属。

闪光对焊指焊件对接后,接通电源,使其端面逐渐靠近并达到局部接触,利用电阻热加热接触点,产生闪光,使端面金属熔化至一定深度和温度时,迅速施加顶锻力完成焊接的方法。由于焊件端面仅有若干个接触点,闪光现象造成很大的电流密度;并且受到大的电阻热,使金属和周围空气剧烈加热,产生喷发现象,将熔化金属、表面氧化物及其它杂质喷挤出去,使得焊接接头质量提高,但接头表面较毛糙。闪光对焊应用于各种材料的重要焊件,如棒料、管子、板材、型材、钢筋、钢轨、刀具等。

目前闪光对焊较电阻对焊应用广泛。

4.3.2　摩擦焊

摩擦焊是在压力作用下,通过待焊界面的摩擦实现连接的固态焊接方法。目前,摩擦焊已在各种工具、轴瓦、阀门、石油钻杆、电机与电力设备、工程机械、交通运输工具以及航空航天设备制造等方面获得越来越广泛的应用。

1. 摩擦焊的原理

在压力作用下,待焊界面通过相对运动进行摩擦,使机械能转变为热能。对于给定的材料,在足够的摩擦压力和相对运动速度条件下,被焊材料界面及其附近温度不断上升,材料的变形抗力下降、塑性提高,界面的氧化膜破碎。随着摩擦过程的进行,焊件产生一定的塑性变形量,在适当时刻停止焊件间的相对运动,同时施加较大的顶锻力并维持一定的时间,即可实现材料间的固相连接。

2. 摩擦焊特点

摩擦焊接头质量好、生产效率高,适合异种材料的连接。一般来说,凡是可以进行锻造的金属材料都可以进行摩擦焊接,但对非圆形截面焊接较困难。对盘状薄件和薄壁管件,由于不易夹持固定,施焊也很困难。摩擦焊设备复杂,焊机的一次性投资较大,适合大批量生产。

4.3.3 钎焊

钎焊作为常用焊接方法,具有以下特点。

(1) 由于加热温度低,对零件材料的性能影响较小,焊接的应力变形比较小。

(2) 用于焊接碳钢、不锈钢、高合金钢、铝、铜等金属材料,也可用于连接异种金属、金属与非金属。

(3) 生产率高,可一次完成多个焊件的连接。

(4) 钎焊的接头强度一般比较低,耐热能力较差,适于焊接承受载荷不大和常温下工作的接头。

1. 钎焊材料

钎焊材料包括钎料和钎剂。

钎料是钎焊用的填充材料,在钎焊温度下具有良好的湿润性,能充分填充接头间隙,能与焊件材料发生一定的溶解、扩散作用,保证与焊件形成牢固结合。

钎剂主要作用是去除焊件和液态钎料表面的氧化膜,保护母材和钎料在钎焊过程中不进一步氧化,并改善钎料对焊件表面的湿润性。

2. 钎焊分类

根据钎料熔点的不同,钎焊分为硬钎焊和软钎焊。

1) 硬钎焊

钎料熔点在450℃以上的钎焊,称为硬钎焊,其焊接接头强度为300MPa~500MPa,工作温度较高。硬钎焊的钎料熔点高,称为硬钎料,主要有铜基、铝基、银基、镍基钎料等,常用铜基钎料。硬钎焊所用钎剂称为硬钎剂,主要有硼砂、硼酸、氯化物等。硬钎焊的加热方式有氧—乙炔火焰加热、电阻加热、感应加热、炉内加热等,适用于受力较大或工作温度较高的钢铁和铜合金构件的焊接,如自行车架、带锯锯条等焊接。

2) 软钎焊

钎料熔点在450℃以下的钎焊,称为软钎焊,其焊接接头强度低(60MPa~140MPa),工作温度在100℃以下。软钎焊的钎料熔点低,称为软钎料,主要有锡铅钎料、锡银钎料、铅基钎料、镉基钎料等,常用锡铅钎料。软钎焊所用钎剂称为软钎剂,主要有松香、酒精溶液、氯化锌或氯化锌加氯化氨水溶液等。软钎焊的加热方式一般为电烙铁加热,适用于受力不大或工作温度较低的焊件连接,如仪表、导电元件的焊接。

4.4 焊接检验

迅速发展的现代焊接技术,在很大程度上已能保证其产品的质量,但由于焊接接头性能不均匀,应力分布复杂,制造过程中不可避免产生焊接缺陷,更不能排除产品在服役运行中出现新缺陷。因此,为获得可靠的焊接结构必须采用和发展合理而先进的焊接检验技术。

4.4.1 常见焊接缺陷

1. 焊接变形

焊件在焊接以后,一般都会发生变形,并且变形的形式较为复杂。常见的焊接变形可归纳为收缩变形、角变形、扭曲变形、波浪变形和弯曲变形五种基本形式,如图4-34所示。

图4-34 焊接变形示意图
(a) 收缩变形;(b) 角变形;(c) 弯曲变形;(d) 波浪变形;(e) 扭曲变形。

焊接变形产生的主要原因是焊件不均匀地局部加热和冷却,内部产生内应力。当这些应力超过金属的屈服极限时,将产生焊接变形;当超过金属的强度极限时,则会出现裂缝。

2. 焊缝的外部缺陷

焊缝的外部缺陷如图4-35所示,主要有以下几种。

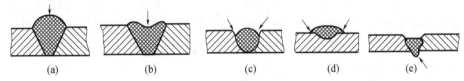

图4-35 焊缝的外部缺陷
(a) 焊缝过凸;(b) 焊缝过凹;(c) 咬边;(d) 焊瘤;(e) 烧穿。

(1) 焊缝过凸 当焊接坡口的角度开得太小或焊接电流过小时,均会出现这种现象。

(2) 焊缝过凹 焊缝过凹使焊缝工作截面减小,造成接头处强度降低。

(3) 咬边 沿焊缝边缘所形成的凹陷叫咬边。它不仅减少接头工作截面,在咬边处还会造成严重的应力集中。

(4) 焊瘤 熔化金属流到熔池边缘未熔化的焊件上,堆积形成,但与焊件没有熔合。焊瘤对静载强度无影响,却会引起应力集中,使动载强度降低。

(5) 烧穿 部分熔化金属从焊缝反面漏出,甚至烧穿成洞,使接头强度下降。

以上缺陷存在于焊缝的外表,肉眼能发现,并可及时补焊,若操作熟练,一般是可以避免的。

3. 焊缝的内部缺陷

焊缝的内部缺陷主要有以下几种,如图4-36所示。

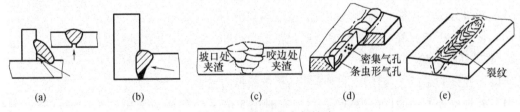

图4-36 焊缝的内部缺陷
(a) 未焊透;(b) 未熔合;(c) 夹渣;(d) 气孔;(e) 裂纹。

(1) 未焊透 指焊接接头根部未完全熔透的现象。未焊透减弱了焊缝工作截面,造成严重的应力集中,大大降低接头强度,往往成为焊缝开裂的根源。

(2) 未熔合　指焊缝与母材之间未完全熔化结合的部分。同未焊透一样,降低接头强度,会成为焊缝开裂的根源。

(3) 夹渣　指焊后残留在焊缝中的熔渣。夹渣减少了焊缝工作截面,造成应力集中,会降低焊缝强度和冲击韧度。

(4) 气孔　焊缝金属在高温时吸收过多的气体(如氢气),或由于熔池内部冶金反应产生的气体(如一氧化碳),在熔池冷却凝固时来不及排出,在焊缝内部或表面形成孔穴,即为气孔。气孔的存在减少了焊缝有效工作截面,降低接头强度。若有穿透性或连续性气孔存在,会严重影响焊件的密封性。

(5) 裂纹　焊接过程中或焊接以后,在焊接接头内所出现的金属局部破裂叫裂纹。按裂纹产生的机理不同,分为热裂纹和冷裂纹。

① 热裂纹。热裂纹是在焊缝金属由液态到固态的结晶过程中产生的,有沿晶界分布的特征,大多产生在焊缝中。其产生原因主要是焊缝中存在低熔点物质(如 FeS,熔点 1193℃),削弱了晶粒间的联系,当受到较大的焊接应力作用时,容易在晶粒之间引起破裂。焊件及焊条内含 S、Cu 等杂质多时,容易产生热裂纹。

② 冷裂纹。冷裂纹是在焊后冷却过程中出现,大多产生在基体金属或基体金属与焊缝交界的熔合线上。其产生的主要原因是热影响区或焊缝内形成了淬火组织,在高应力作用下,引起晶粒内部的破裂。焊接含碳量较高或合金元素较多的易淬火钢材时,最易产生冷裂纹。焊缝中熔入过多的氢,也会引起冷裂纹。

裂纹是最危险的一种缺陷,它除了减少承载截面之外,还会产生严重的应力集中,在使用中裂纹会逐渐扩大,最后导致构件的破坏。因此,焊接结构中一般不允许存在这种缺陷。

4.4.2　焊接质量检验

对焊接接头进行必要的检验是保证焊接质量的重要措施。因此,焊件应根据产品技术要求对焊缝进行相应的检验,凡不符合技术要求的焊件,需及时返修。焊接质量的检验分破坏性试验和非破坏性试验。

1. 破坏性试验

破坏性试验是指从焊件或试件上切取试样(或以整体)做试验的检验方法。

(1) 焊缝金属及焊接接头力学性能试验　包括拉伸试验、弯曲试验、冲击试验、硬度试验、断裂韧度试验和疲劳试验等。

(2) 焊缝金相检验　包括宏观组织检验和显微组织检验。

(3) 断口分析　包括宏观断口分析和微观断口分析。

(4) 化学分析与试验　包括焊缝金属化学成分分析、扩散氢测定和腐蚀试验等。

2. 非破坏性试验

非破坏性试验是指不破坏焊件或试件结构的检验方法。

(1) 外观检查　一般以肉眼观察为主,有时用 5 倍～20 倍的放大镜观察。通过外观检查,可发现焊缝表面缺陷,如咬边、焊瘤、表面裂纹、气孔、夹渣及烧穿等。焊缝的外形尺寸还可采用焊口检测器或样板进行测量。

(2) 无损探伤　对隐藏在焊缝内部的夹渣、气孔、裂纹等缺陷的检验,一般采用无损探伤。目前使用最普遍的是 X 射线检验,还有超声波探伤和磁力探伤。

(3) 压力试验　对于要求密封性的受压容器,需进行水压试验和气压试验,以检查焊缝的密封性和承压能力。其方法是向容器内注入 1.25 倍~1.5 倍工作压力的清水或等于工作压力的气体(多数用空气),停留一定时间,然后观察容器内的压力下降情况,并在外部观察有无渗漏现象,以评定焊缝是否合格。

(4) 致密性试验　主要用于检查不受压或压力很低的容器、管道等的焊缝是否存在穿透性缺陷,常用方法有气密性试验、氨气试验和煤油试验等。

第5章 钢的热处理

5.1 热处理概述

热处理是将固态的金属或合金采取适当的方式进行加热、保温和冷却,以改变其表面或内部组织,从而获得所需性能的一种加工方法。通过热处理能够改善金属材料的工艺性能和使用性能,延长零件的使用寿命,使材料的潜能得到充分发挥,从而达到提高产品质量、节约材料和能源、降低成本的目的。因此,热处理在现代制造业中占有十分重要的地位。

热处理的工艺种类很多,常用的有整体热处理(退火、正火、淬火、回火等)、表面热处理和化学热处理(如渗碳、渗氮)等。热处理的工艺过程可用热处理工艺曲线来表示,如图5-1所示。

热处理之所以能改变材料的性能是由于在加热、保温和冷却过程中发生了组织转变。图5-2是钢的相变临界温度。其中,A_1、A_3、A_{cm}是在极其缓慢的加热或冷却速度下测定的,称为平衡临界温度。在实际生产中,因加热或冷却速度较快,钢的实际相变温度会偏离平衡临界温度而产生过热或过冷现象。通常,用A_{c_1}、A_{c_3}、$A_{c_{cm}}$表示加热时的临界温度,用A_{r_1}、A_{r_3}、$A_{r_{cm}}$表示冷却时的临界温度。

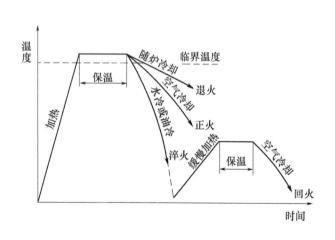

图5-1 热处理工艺曲线

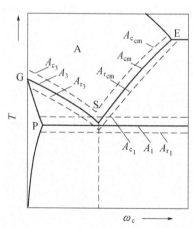

图5-2 钢的相变临界温度

加热是热处理的第一步,其目的是为了使钢获得奥氏体(A),这一过程称为奥氏体化。奥氏体是钢在高温时形成的一种组织,在不同的冷却条件下,会转变为不同的组织,从而使钢获得不同的性能。一般亚共析钢(碳的质量分数为0.02%~0.77%)要加热到A_{c_3}以上进行奥氏体化,而过共析钢(碳的质量分数为0.77%~2.11%)要加热到A_{c_1}或$A_{c_{cm}}$以上。表5-1列出了共析钢(含碳量为0.77%)奥氏体化后在不同温度下等温冷却所得到的组织和性能。

表 5-1 共析钢等温转变的组织形态和性能特点

组织名称	形成温度/℃	组织形态	硬度/HRC	性能特点
粗珠光体 P	$A_1 \sim 650$	粗片层状	170HBW~250HBW	强度硬度较低,塑性韧性好
索氏体 S	650~600	细片层状	20~30	综合力学性能好
屈氏体 T	600~550	极细片层状	30~40	强度硬度较高
上贝氏体 $B_上$	550~350	羽毛状	40~45	强度低,塑性韧性差
下贝氏体 $B_下$	350~230	黑色针片状	45~55	具有良好的综合力学性能
马氏体 M	230~-50	板条状、片状	60~65	强度硬度高

5.2 钢的整体热处理

5.2.1 退火

退火是将钢件加热到适当温度并保温,然后缓慢冷却(一般是随炉冷却),以获得接近平衡状态的珠光体型组织的热处理方法。退火是生产中常用的预备热处理工艺,主要用于铸、锻、焊等毛坯件或半成品件。退火的主要目的包括:

(1) 降低硬度,改善钢件的切削加工性能。
(2) 消除内应力,防止工件变形或开裂。
(3) 细化晶粒,均匀成分和组织,为最终热处理作准备。

常用的退火工艺见表 5-2。

表 5-2 常用的退火工艺

工艺种类	工艺过程	主要目的	适用范围
完全退火	加热到 A_{c_3} 以上30℃~50℃,保温后随炉冷至室温(或炉冷至500℃以下出炉空冷)	细化晶粒,均匀成分和组织;降低硬度,改善切削加工性能;消除内应力	亚共析成分的铸件、锻件、焊接件及热轧型材
球化退火	加热到 A_{c_1} 以上20℃~30℃,保温后随炉冷至室温(或快速冷至 A_{r_1} 以下20℃~30℃保温后出炉空冷)	使钢中渗碳体球化,以降低硬度提高塑性,便于切削加工,并为淬火做组织准备	共析和过共析成分的碳钢及合金钢
去应力退火（低温退火）	加热到 A_{c_1} 以下100℃~200℃,保温后炉冷至200℃~300℃出炉空冷	消除内应力,稳定尺寸,防止工件变形	铸件、焊件、锻轧件,冷冲压件及机加工件

5.2.2 正火

正火是将钢件加热到临界温度以上,保温后空冷以获得索氏体型组织的热处理工艺。亚共析钢的正火加热温度为 A_{c_3} 以上30℃~50℃,过共析钢的正火加热温度为 $A_{c_{cm}}$ 以上30℃~50℃。

正火的目的与退火基本相似,但由于正火的冷却速度比退火快,所得到的组织较细,因而强度和硬度比退火高,综合性能较好。另外,正火比退火操作简单,生产周期短,设备利用率高,成本低。因此,在保证工件质量的前提下应优先选用正火。

正火的主要目的包括:

(1) 提高低碳钢和低碳合金钢的硬度,改善其切削加工性能。

（2）消除过共析成分碳钢和合金钢中的网状碳化物，为球化退火做组织准备。

（3）对于机械性能要求不太高的普通结构件，可用正火作为最终热处理，以达到细化晶粒、提高强度、硬度和韧性的目的。

（4）对于大而复杂或截面有急剧变化的工件，可采用正火代替调质处理，以防止工件因淬火急冷而产生严重变形或开裂。

（5）改善和细化铸钢件的铸态组织。

5.2.3 淬火

把钢件加热到临界温度以上，保温一定时间后快冷，从而获得马氏体或贝氏体的热处理方法称为淬火。淬火是金属强化的重要手段之一。淬火后钢的强度、硬度高，耐磨性好，与适当的回火工艺相配合能获得理想的力学性能。因此，重要的结构件及各类工具、模具等都要进行淬火处理。

影响淬火质量的主要因素是淬火加热温度和淬火介质。

1. 淬火加热温度

淬火加热温度主要取决于钢的化学成分，图5-3是碳钢的淬火加热温度范围。亚共析钢的加热温度是 A_{c_3} 以上30℃~50℃，淬火后可获得均匀细小的马氏体组织。共析钢和过共析钢的加热温度是 A_{c_1} 以上30℃~50℃，这是为了在加热时得到细小的奥氏体并保留一部分未溶的渗碳体颗粒，淬火后获得均匀细小马氏体和粒状渗碳体的混合组织，以提高钢的硬度和耐磨性，减少工件变形和开裂的可能性。

考虑到合金元素的影响，合金钢的淬火温度应比碳钢高（一般为 A_{c_3} 或 A_{c_1} 以上50℃~100℃）。

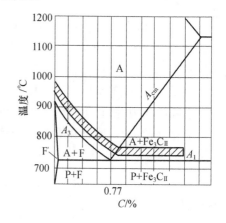

图5-3 钢的淬火加热温度

另外，因合金元素的增加会使钢的导热性下降，对高合金钢应进行一次或二次预热。

2. 淬火介质

淬火介质也称冷却介质，其冷却能力决定了工件淬火时的冷却速度。常用的淬火介质有水、油、盐水或碱水等。水最便宜而且冷却能力强，主要用于尺寸不大、形状简单的碳素钢工件的淬火。油的冷却能力较弱，多用于合金钢工件的淬火。盐水或碱水的冷却能力比水更强，主要用于形状简单、截面尺寸较大的碳素钢工件的淬火。

淬火操作时除注意正确选择淬火介质外，还要注意工件浸入淬火介质时的方式。如果浸入方式不正确，则可能使工件各部分冷却速度不一致，造成极大的内应力，使工件发生变形和裂纹，或产生局部淬不硬等缺陷。工件浸入淬火介质的正确方法如图5-4所示。

（1）对于长轴类工件如钻头、丝锥、锉刀等必须垂直浸入。

（2）厚薄不均匀的工件，厚的部分应先浸入。

（3）薄壁环形工件如圆筒、套圈等，沿其轴线垂直于液面方向浸入。

（4）薄片状工件（如圆盘等），应立放浸入。

（5）截面不均匀的工件，应倾斜着浸入，以使零件各部分的冷却速度接近。

（6）具有凹面的工件，应将凹面朝上浸入。

此外，为了保证淬火质量，提高生产效率，淬火操作时还要根据工件的形状和尺寸大小，设计

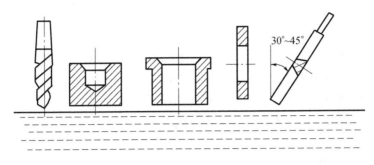

图 5-4　工件浸入淬火介质的正确方法

好合适的夹具,以方便操作。

5.2.4　回火

回火是将淬火后的钢件重新加热到 A_{c1} 以下某一温度,保温一定时间后再冷却到室温的热处理工艺。

一般淬火后的钢件都要进行回火处理,这是因为:

(1) 工件淬火时会产生很大的内应力,如不及时消除,会引起工件变形甚至开裂。

(2) 淬火后钢件的组织处于亚稳定状态,室温下会自发地向稳定组织转变,引起工件形状、尺寸及性能的变化。

(3) 淬火后钢件的强度、硬度很高,但脆性大,无法满足实际使用性能要求。

回火的目的就是要减少或消除因淬火造成的内应力,使淬火组织趋于稳定,降低钢的脆性,防止工件变形和开裂,获得所需要的力学性能。

根据加热温度的不同,回火可分为低温回火、中温回火和高温回火三种类型。

(1) 低温回火(150℃~250℃)　低温回火可降低淬火应力和脆性,并保持钢在淬火后所得到的高硬度和高耐磨性。低温回火后的硬度为58HRC~64HRC,广泛用于要求硬度高、耐磨性好的工件,如各类量具、刃具、冷变形模具、滚动轴承及表面淬火件等。

(2) 中温回火(350℃~500℃)　经中温回火后的工件,淬火应力进一步减少,具有一定韧性的同时,可获得高的弹性和屈服强度。中温回火后的硬度为35HRC~45HRC,适用于各种弹簧、热锻模等工件。

(3) 高温回火(500℃~650℃)　高温回火可消除工件的内应力,使工件获得既有一定的强度硬度,又有较高塑性和韧性的综合性能。生产中通常把淬火加高温回火的复合热处理工艺称为调质处理。调质处理后的硬度为25HRC~35HRC,广泛应用于综合性能要求较高的重要结构件,特别是在交变载荷下工作的零件,如连杆、螺栓、齿轮及轴类等。

5.3　钢的表面热处理

许多机器零件,如齿轮、凸轮、曲轴、机床导轨等,是在交变载荷、冲击载荷及摩擦的条件下工作的,它们往往要求表面具有高的硬度、耐磨性和疲劳强度,而心部具有一定的强度和足够的韧性。对于这类零件仅靠合理选材和整体热处理很难满足使用性能的要求,必须通过表面处理来改变零件表层的组织和性能。

5.3.1 表面淬火

利用快速加热,使工件表面很快达到淬火温度并奥氏体化,然后迅速予以冷却,使表层被淬为马氏体组织,而心部仍为未淬火组织的淬火方法称为表面淬火。其主要目的是为了提高工件表层的硬度、耐磨性和疲劳强度,而心部仍保持足够的塑性和韧性。

按加热方式的不同,表面淬火可分为感应加热表面淬火、火焰加热表面淬火和激光加热表面淬火等。

1. 感应加热表面淬火

感应加热表面淬火的原理如图5-5所示。当感应线圈通以一定频率的交变电流时,就会在线圈内产生与交变电流频率相同的交变磁场,使工件产生感应电流,即涡流。该感应电流在工件截面上的分布是不均匀的,表层密度最大,而心部几乎为零,这种现象称为集肤效应。电流频率越高,则集肤效应越明显。由于电热效应,工件表层被迅速加热到淬火温度,随即喷水快速冷却,就会使钢件表面淬硬。

根据电流频率的不同,感应加热表面淬火可分为三类:

(1) 高频感应加热淬火 电流频率为100kHz~500kHz,淬硬层深度一般为0.2mm~2mm,适用于中小型零件。

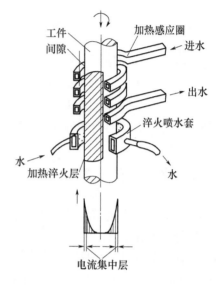

图5-5 感应加热表面淬火原理示意图

(2) 中频感应加热淬火 电流频率范围为0.5kHz~10kHz,淬硬层深度一般为2mm~10mm,适用于承受较大载荷和易磨损的大中型零件。

(3) 工频感应加热淬火 电流频率为50Hz,淬硬层深度可达10mm~15mm,适用于较大直径零件的穿透加热及要求淬硬层深的大直径零件,如轧辊、火车车轮等。

感应加热表面淬火具有淬火质量稳定,淬硬层容易控制,生产效率高等特点,是目前应用最广泛的一种表面淬火方法。

2. 火焰加热表面淬火

火焰加热表面淬火是用乙炔—氧或煤气—氧等火焰直接加热工件表面,使其迅速加热到淬火温度,然后立即喷水冷却,使工件表面淬硬的一种淬火方法,如图5-6所示。通过调节烧嘴的位置和移动速度,可以获得不同厚度的淬硬层,一般火焰加热表面淬火的淬硬层深度为2mm~8mm。

火焰加热表面淬火设备简单、操作方便、成本低,但淬火质量不稳定,适用于多品种、单件、小批量及大型零件的表面淬火。

3. 激光加热表面淬火

激光加热表面淬火是利用激光对零件表面进行照射和扫描,在极短的时间内使工件表面达到淬火温度,当激光束离开工件表面时,工件表面的高温迅速向基体内传导,从而产生自激冷却使工件表面实现淬火。

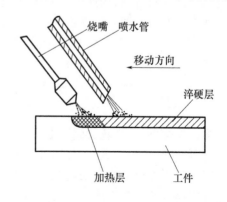

图5-6 火焰加热表面淬火方法

激光加热表面淬火加热和冷却速度快,淬火后组织细小,硬度高而均匀,淬硬层深度能精确控制,工件变形小,不需回火,生产效率高,可对各种导轨、大型齿轮、轴颈、汽缸内壁、模具、减振器、轧辊等零件进行表面强化。

5.3.2 化学热处理

化学热处理是将工件置于活性介质中加热并保温,使介质中的活性原子渗入工件表层,以改变表面的化学成分、组织和性能的热处理工艺。与其它热处理方法不同,化学热处理不仅使工件表层有组织变化而且有成分的变化。

根据渗入元素的不同,化学热处理可分为渗碳、渗氮(氮化)、碳氮共渗(氰化或软氮化)、渗硼、渗硫、渗硅、渗铬、渗铝等。渗入的元素不同,钢的表面性能不同。如渗碳、渗氮、碳氮共渗、渗硼以表面强化为主,主要是为了提高工件表面的硬度和耐磨性;渗硅可提高耐酸性;渗硫可提高材料表面的减摩性;而渗入金属元素除了能提高耐磨性以外,还可获得某些特殊的物理和化学性能,如渗铬可提高耐磨性、耐蚀性及抗氧化性;渗铝可增加高温抗氧化性及耐蚀性。

目前生产中最常用的化学热处理工艺是渗碳和渗氮。

1)渗碳

渗碳是将钢件置于渗碳介质中加热并保温,使活性碳原子渗入钢件表层,以提高工件表层碳的质量分数。图5-7是气体渗碳法示意图。

渗碳应选用低碳钢(碳的质量分数一般为0.1%~0.25%),渗碳后工件表层碳的质量分数可达0.85%~1.05%,而心部仍为低碳。渗碳层的深度一般为0.5mm~2.5mm。渗碳后的工件需进行渗后处理(淬火加低温回火),以使工件表层获得高硬度、高耐磨性和高的疲劳强度,而心部仍保持良好的塑性和韧性。渗碳主要用于表面要求有较高的耐磨性并承受较大冲击载荷的零件,如齿轮、轴、活塞销等。

2)渗氮

渗氮又叫氮化处理,是在一定温度下使活性氮原子渗入工件表面的化学热处理工艺。目前常用的渗氮方法是气体渗氮和离子渗氮。与渗碳相比,渗氮可使零件表面获得更高的硬度、耐磨性和抗疲劳性能,并具有很好的热稳定性。由于氮化层表面是由致密的、连续分布的氮化物所组成的,所以具有很高的抗蚀性能。另外,由于渗氮工艺温度低,渗后不需要任何其他热处理,所以氮化后工件变形很小,精度高,被广泛应用于各种高速传动精密齿轮、高精度机床主轴、在交变载荷作用下疲劳强度要求高的零件以及要求变形小和具有一定抗热、耐蚀能力的耐磨零件。

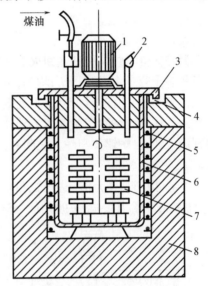

图5-7 气体渗碳法示意图
1—风扇电动机;2—废气火焰;3—炉盖;4—砂封;
5—电阻丝;6—耐热罐;7—工件;8—炉体。

5.4 常用热处理设备

热处理设备包括热处理加热炉、加热装置(如感应加热装置)、冷却装置、工艺参数检测装置和控制装置、辅助装置等。

99

5.4.1 热处理加热炉

热处理加热炉按热能来源可分为电阻炉和燃料炉;按工作温度可分为高温炉(大于1000℃)、中温炉(700℃~1000℃)和低温炉(小于650℃);按使用介质可分为空气炉、盐浴炉等;按炉型构造又可分为箱式炉、井式炉、台车式炉等。

1. 电阻炉

热处理电阻炉因其结构简单、体积小、操作方便、炉温分布均匀以及温度控制准确而得到广泛应用。

1) 箱式电阻炉

箱式电阻炉的炉体结构和加热原理参见图3-3。热处理用箱式电阻炉可分为高温、中温和低温三种,主要用于普通钢件在空气或保护气氛中进行退火、淬火、正火、固体渗碳等热处理工艺。

2) 井式电阻炉

井式电阻炉分为中温井式电阻炉、低温井式电阻炉、气体渗碳炉和碳氮共渗炉等,其炉口向上并安有炉盖,炉膛的断面有方形和圆形两种,工作原理与箱式电阻炉相同,炉子的结构如图5-8所示。井式电阻炉是利用起重设备垂直装卸工件,能降低劳动强度,故应用较广。

中温井式电阻炉的最高工作温度为950℃,主要用于轴类等长形工件的退火、正火、淬火的加热。这类炉子的优点是细长工件在加热过程中可垂直悬挂于炉内,以防弯曲变形;缺点是炉温不易均匀,生产率低。

低温井式电阻炉又称井式回火炉,其炉盖上安装有风扇,以使炉气均匀流动循环。这类炉子的优点是炉子容量大,炉温分布均匀,装卸料方便,生产率高;缺点是由于小工件堆放在一起容易阻碍气体流动,使工件受热不均,靠近电热元件的工件容易过热。

井式气体渗碳炉除用于气体渗碳外,还可用于渗氮、碳氮共渗等化学热处理。其炉盖上安装有渗剂滴入装置,炉罐体与炉盖之间有密封装置,以防止漏气,保证活性介质稳定的成分和压力。

2. 浴炉

浴炉是利用液体作为介质进行加热的一种热处理炉。按其所使用的液体介质不同,可分为盐浴炉、碱浴炉和铅浴炉等,其中盐浴炉应用最为普遍。几种不同结构的盐浴炉如图5-9和图5-10所示。

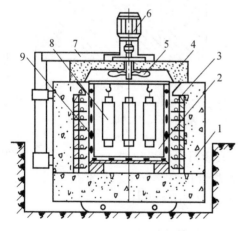

图5-8 井式电阻炉示意图
1—炉体;2—炉膛;3—电热原件;
4—炉盖;5—风扇;6—电动机;
7—炉盖升降机构;8—工件;9—装料筐。

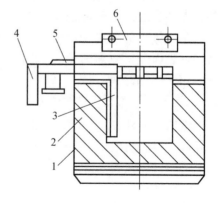

图5-9 插入式电极盐浴炉的一般结构
1—炉壳;2—炉衬;3—电极;
4—连接变压器的铜排;5—风管;6—炉盖。

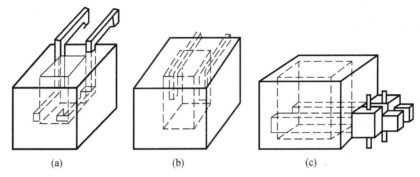

图 5-10 埋入式电极盐浴炉的一般结构
(a) 顶埋式；(b) 侧埋垂直式；(c) 侧埋平置式。

浴炉的工作温度范围较宽(60℃~1350℃)，并具有结构简单、制造方便、费用低、加热速度快、加热温度均匀、工件不易氧化脱碳、变形小等优点，可用于淬火、回火、分级淬火、等温淬火、局部加热、以及化学热处理等多种热处理工艺。其缺点是：操作复杂、劳动强度大、工作条件较差。因此，常用于表面质量要求高的中小型零件。

5.4.2 冷却装置

热处理常用的冷却装置有水槽和油槽，其结构一般为上口敞开的箱形或圆筒形槽体，内盛水或油等淬火介质，主要用于淬火冷却。

5.5 常见热处理缺陷及防止措施

热处理工艺不当会导致工件产生氧化脱碳、过热过烧、变形开裂、硬度不足等多种热处理缺陷。常见的热处理缺陷有以下几种。

1. 过热与过烧

工件在加热时，由于加热温度偏高使工件的组织发生变化，造成力学性能显著下降的现象称为过热。当加热温度接近熔点时，会使钢中部分杂质熔化或严重氧化的现象称为过烧。

过热不严重的工件可通过重新退火和淬火、回火予以消除，而过烧的工件无法挽救，只能报废。因此，必须正确控制加热温度和保温时间，以防止工件过热和过烧。

2. 氧化与脱碳

工件在高温加热时，炉内的氧化性气氛与工件表层的铁原子发生反应形成氧化物的过程称为氧化，气体介质与工件表面的碳原子发生反应形成碳化物的过程称为脱碳。

氧化与脱碳经常发生在淬火工件中。氧化使工件表面硬度不均并造成材料损耗，从而降低零件的承载能力和表面质量；脱碳可降低零件的表面硬度、耐磨性和疲劳强度。所以，重要受力零件和精加工零件的淬火加热应在保护气氛下或盐浴炉内进行。要求更高或小批生产零件时也可采用防氧化表面涂层或在真空炉中加热。

3. 强度和硬度不足

强度和硬度不足是指工件上较大区域内的强度及硬度达不到技术指标。其产生的原因有很多，主要是：

(1) 淬火加热温度过低，保温时间不足。
(2) 表面脱碳引起表面硬度不足。

(3) 工件的原始组织不均匀。

(4) 操作不当。淬火时,在水中停留时间过短,或自水中取出后,在空气中停留时间过长再转入油中,因冷却不足或自回火而导致硬度降低。

(5) 工件淬火温度过高。

(6) 淬火冷却速度不够。

解决硬度不足缺陷必须分清造成缺陷的原因,严格规范热处理工艺操作。

4. 软点

软点是指工件硬度不均匀的现象。软点与硬度不足的区别在于工件表面上硬度有明显的忽高忽低现象。形成软点的主要原因有:

(1) 工件原始组织过于粗大或不均匀。

(2) 工件表面有氧化皮等污物或表面脱碳。

(3) 淬火介质被污染(如水中有油污等)。

(4) 工件在淬火介质中运动不充分或淬入介质的方式不正确。

造成软点后,一般都需要重新淬火得以修复。

5. 变形与裂纹

在淬火冷却过程中,若工件各处冷却不均匀,会在其内部产生较大的内应力,使工件形状、尺寸发生变化,甚至开裂。预防淬火变形、开裂应注意:

(1) 合理设计零件结构,尽量避免工件形状复杂或截面尺寸相差悬殊。

(2) 合理选择冷却介质,正确掌握工件淬入冷却剂的方式。复杂工件可采取多次预热和多次分级等温冷却。

(3) 淬火后及时回火。

5.6 钢的火花鉴别

火花鉴别是生产中常用的快速鉴别钢材成分的有效方法之一,它是用一定的压力将钢材在一定直径和一定转速的砂轮上打磨,根据打磨时所发生的火花形态、色泽变化情况来鉴别钢材成分的方法。

5.6.1 火花的构成

(1) 火花束 钢材在砂轮机上磨削时产生的全部火花叫做火花束,也称火束。整个火束可分为根部火束、中部火束、尾部火束三部分,如图5-11所示。

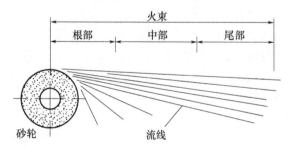

图5-11 火花束各部分名称

(2) 流线　磨削颗粒高速飞行时所产生的光亮轨迹称为流线,根据其形状特征可分为直线流线、断续流线和波纹状流线等,如图 5-12 所示。碳钢火束的流线均为直线流线;铬钢、钨钢、高合金钢和灰铸件的火束流线均呈断续流线;而呈波纹状的流线不常见。

(3) 节点、芒线和花粉　流线在途中爆裂的发生点为节点。节点明亮而稍粗,其温度较流线任何部分温度都高。火花爆裂时所产生的短流线称为芒线,分散在芒线间的小亮点称为花粉,如图 5-13 所示。

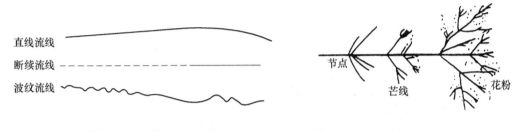

图 5-12　流线的形状　　　　　　　　图 5-13　节点、芒线和花粉

(4) 爆花　流线中途发生的爆裂花形称为爆花,由节点和芒线组成。其形状随含碳量和其他元素的含量、温度、氧化性及钢的组织结构等因素而变化,所以爆花形式在钢的火花鉴别中占有相当重要的地位。爆花可分为一次、二次、三次及多次爆花,如图 5-14 所示。

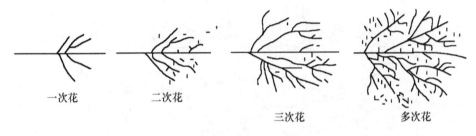

图 5-14　爆花的形式

(5) 尾花　流线末端的火花称为尾花。常见的有狐尾尾花和枪尖尾花,如图 5-15 所示。

(6) 色泽　指整个火束或某部分火束的颜色和明暗程度。

图 5-15　尾花的形式

5.6.2　常用钢的火花特征

1. 碳素钢的火花特征

因为爆花是碳的燃烧、爆裂造成的,所以,对于不含合金成份的碳素钢,火束中爆花的形状和数量完全随含碳量的变化而变化。低碳钢的火花流线粗、长、稀且尾部下垂,有少量节点和爆花,爆花多为一次爆花,参杂着少量的二次爆花,芒线稍粗,火花束呈草黄微红色;高碳钢的火花流线多且细密,火束短而粗,尾部平直,有三次和多次爆花,芒线细而长,花形较小而数量繁多且花粉较多,火花束呈橙红色;中碳钢的火花形状介于上述两者之间,流线多而较细长,尾部挺直,具有二次爆花及三次爆花,芒线较粗,能清楚地看到爆花间有少量花粉,火花束呈较明亮黄色。图 5-16 是几种不同含碳量碳素钢的火花示意图。

2. 几种常见合金钢的火花特征

合金钢的火花与所加入的合金元素的种类和数量有关。钼、钨、硅、镍等元素对爆花的爆裂

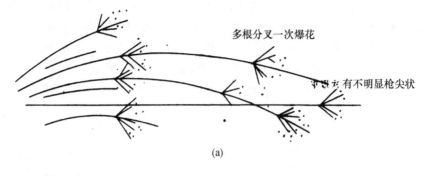

(a)

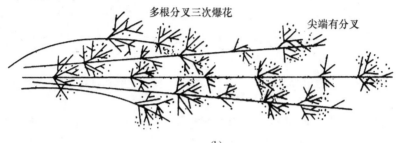

(b)

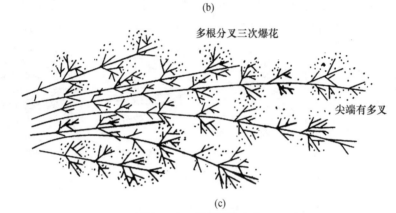

(c)

图 5-16 碳素钢的火花

(a) 20 钢；(b) 45 钢；(c) T10 钢。

有抑制作用,而锰、铬(低铬)等元素则促进爆花发生。下面介绍几种常见的合金钢的火花特征。

(1) 40Cr 钢 火束白亮,流线稍粗量多,二次多根分叉爆花,爆花附近有明亮节点,芒线较长明晰可分,花型较大,如图 5-17 所示。与 45 钢相比,40Cr 钢火束色泽更为明亮;爆花形式更为整齐、规则、爆裂强度更大,节点更为明晰。

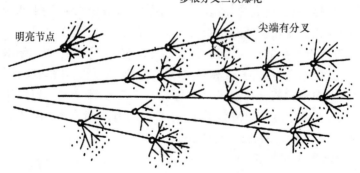

图 5-17 40Cr 钢火花图

（2）9SiCr 钢　火束细长、量多,爆花为三次花分布在尾端附近,尾端流线呈狐尾花,整个火束呈橙黄色。9SiCr 钢火花如图 5-18 所示。

图 5-18　9SiCr 钢火花图

（3）W18Cr4V 钢　流线长而稀,中端和首端有断续状流线,整个火束呈极暗的红色,几乎无火花爆裂,仅在尾端略有三、四根分叉爆花,芒线长而光亮,尾端膨胀而下垂成点状狐尾花,如图 5-19 所示。

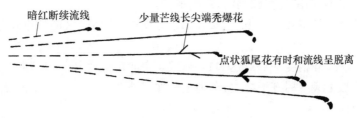

图 5-19　W18Cr4V 钢火花图

第6章 车削加工

6.1 车削概述

车削是在车床上利用工件的旋转运动和刀具的移动来改变毛坯形状和尺寸,将其加工成所需零件的一种切削加工方法。其中工件的旋转为主运动,刀具的移动为进给运动。

与其他切削加工方法相比,车削加工具有以下特点:

(1) 适用性强,应用广泛。主要用于加工不同材质、不同精度的各种回转体类零件,尤其适于不宜磨削的有色金属零件的加工。

(2) 易于保证轴类、套类、盘类等零件各加工表面的位置精度。

(3) 切削力变化小,切削过程较刨削、铣削平稳。

(4) 所用刀具结构简单,制造、刃磨、安装都较方便;可选用较大的切削用量,具有较高的生产率。

(5) 车削加工的尺寸精度一般可达 IT11~IT7。表面粗糙度 R_a 一般为 $0.8\mu m \sim 12.5\mu m$。

作为金属切削加工最常用方法之一,车削主要加工外圆面、端面、圆锥面、螺纹、成形面,还可以加工沟槽、孔以及滚花等。

6.2 车 床

车床的种类很多,主要有普通车床、转塔车床、仿形车床、数控车床等。其中普通车床是最常用的车床,它的适用性强,可加工各种工件。普通车床又分为卧式车床和立式车床,以卧式车床应用最广。

6.2.1 卧式车床型号

卧式车床型号用 C61×××来表示,其中 C 为机床分类号,表示车床类机床;61 为组系代号,表示卧式;其他表示车床的有关参数和改进号。卧式车床 C6132 型号含义如图 6-1 所示。

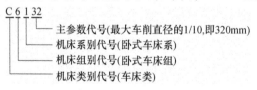

图 6-1 卧式车床 C6132 型号含义

6.2.2 卧式车床的组成

以 C6132 普通卧式车床为例,其外形如图 6-2 所示,各组成部分的名称及用途如下。

1. 主轴箱

主轴箱内装有主轴和变速机构。主轴是空心结构,能通过长棒料,最大棒料直径为 29mm。

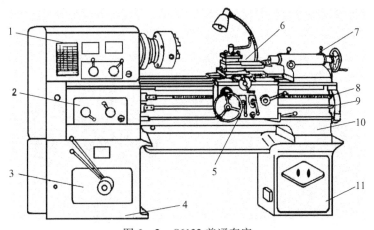

图 6-2 C6132 普通车床
1—主轴箱；2—进给箱；3—变速箱；4—左床脚；5—溜板箱；
6—刀架；7—尾座；8—丝杠；9—光杠；10—床身；11—右床脚。

主轴右端有外螺纹，用以连接卡盘、拨盘等附件。主轴右端的内表面有莫氏 5 号的锥孔，可插入锥套和顶尖。当采用双顶尖安装轴类工件时，其两顶尖之间的最大距离为 750mm。主轴箱的另一重要作用是将运动传给进给箱，并可改变进给方向。

2. 光杠与丝杠

光杠或丝杠将进给箱的运动传至溜板箱。光杠用于一般车削，丝杠用于车削螺纹。

3. 进给箱

进给箱又称走刀箱，固定在床身左面，内装进行传动的变速机构，可使光杠或丝杠获得不同转速，以改变进给量或车削螺纹时的不同螺距。其纵向进给量为 0.06mm/r~0.83mm/r；横向进给量为 0.04mm/r~0.78mm/r；可车削 17 种公制螺纹（螺距为 0.5mm~9mm）和 32 种英制螺纹（每英寸 2 牙~38 牙）。

4. 变速箱

变速箱安装在车床左床脚的内腔中。变速箱内有变速机构，通过转换变速箱外两个长的变速手柄位置，可获得 6 种转速，再通过主轴箱内的变速机构，可使主轴获得 12 种转速。大多数普通车床的主轴箱和变速箱为一体，称为床头箱。

5. 溜板箱

溜板箱又称拖板箱，是进给运动的操纵机构，与刀架相连。它使光杠传递的旋转运动变为纵向或横向的直线运动，也可操纵对开螺母由丝杠直接带动刀架车削螺纹。溜板箱内设有互锁机构，使光杠、丝杠两者不能同时使用。

6. 刀架

刀架用来装夹车刀，使其作纵向、横向及斜向运动。刀架是多层结构，其组成如图 6-3 所示。

（1）大滑板（又称床鞍） 与溜板箱牢固相连，可沿床身导轨做纵向移动。

（2）中滑板 装在床鞍顶面的横向导轨上，可做横向移动。

（3）转盘 固定在中滑板上，松开紧固螺母后，可转动转盘，使其与床身导轨成所需要的角度，再拧紧螺母，用以加工圆锥面等。

（4）小滑板 装在转盘上面的燕尾槽内，可做短距离的进给移动。

（5）方刀架 固定在小滑板上，可同时装夹四把车刀。松开锁紧手柄，即可转动方刀架，把所需要的车刀切换到工作位置上。

7. 尾座

尾座用于安装顶尖,以支持较长工件的加工,或安装钻头、铰刀等刀具进行孔加工,其组成如图 6-4 所示。

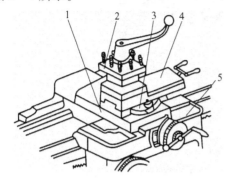

图 6-3 刀架
1—中滑板;2—方刀架;3—转盘;
4—小滑板;5—床鞍。

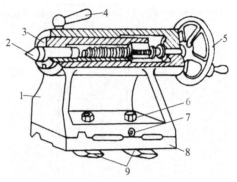

图 6-4 尾座
1—尾座体;2—顶尖;3—套筒;4—套筒锁紧手柄;5—手轮;
6—固定螺钉;7—调节螺钉;8—底座;9—压板。

(1)底座 直接安装于床身导轨上,用以支承尾座体。

(2)尾座体 与底座相连,当松开固定螺钉,拧动螺杆可使尾座体在底板上作微量横向移动,使前后顶尖对准中心或偏移一定距离车削锥面。

(3)套筒 其左端有锥孔,用以安装顶尖或锥柄刀具。套筒在尾座体内的轴向位置可用手轮调节,并可用锁紧手柄固定。将套筒退至极右位置时,即可卸出顶尖或刀具。

8. 床身

床身作为车床的主体结构,固定在床腿上,床腿又用地脚螺钉固定在地基上。床身用来支承和安装各个部件并保证各部件的相对正确位置。床身上带有供溜板箱和尾座移动用的导轨。

6.2.3 卧式车床的基本操作

操控 C6132 车床主要是通过变换各自相应的手柄位置进行的,如图 6-5 所示。

1. 启动、停车

主轴正反转及停止手柄 13,向上扳则主轴正传,向下扳则主轴反转,置于中间位置则主轴停止。开合螺母开合手柄 14,向上扳即打开,向下扳即闭合。

2. 变换主轴转速

变动变速箱和主轴箱外面的变速手柄 1、2 或 6,可得到各种相对应的主轴转速。当手柄拨动不顺利时,可用手稍转动卡盘即可。

3. 变换进给量

按所选进给量查看进给箱上标牌,按标牌上进给变换手柄位置来变换手柄 3 和 4 的位置即可。

4. 纵向和横向手动进给的操作

刀架左右移动的换向手柄 8,根据标牌指示方向扳至所需位置即可。左手握刀架纵向进给手动手轮 17,右手握刀架横向进给手动手柄 7,分别顺时针和逆时针旋转手轮,操纵刀架和溜板箱的移动方向。

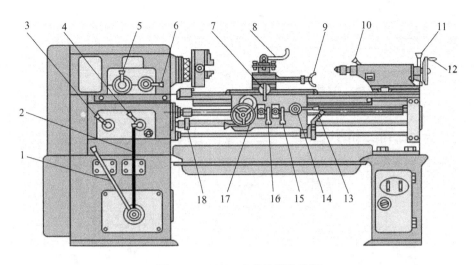

图6-5 C6132车床的调整手柄

1、2、6—主运动变速手柄;3、4—进给运动变速手柄;5—刀架左右移动的换向手柄;7—刀架横向进给手动手柄;8—方刀架锁紧手柄;9—小刀架移动手柄;10—尾座套筒锁紧手柄;11—尾座锁紧手柄;12—尾座套筒移动手轮;13—主轴正反转及停止手柄;14—开合螺母开合手柄;15—刀架横向进给自动手柄;16—刀架纵向进给自动手柄;17—刀架纵向进给手动手轮;18—光杠或丝杠接通手柄。

5. 纵向或横向机动进给的操作

光杠或丝杠接通手柄18位于光杠接通位置上,将纵向进给自动手柄16提起即可纵向进给,若将横向进给自动手柄15向上提起即可横向机动进给。分别向下扳动则可停止纵、横机动进给。

6. 尾座的操作

尾座靠手动移动,靠紧固螺栓螺母固定。转动尾座移动套筒手轮12,可使套筒在尾座内移动,转动尾座锁紧手柄11,可将套筒固定在尾座内。

操作注意事项:

(1)开车前要检查各手柄是否处于正确位置。机床未完全停止时严禁变换主轴转速,否则会发生严重的主轴箱内齿轮打齿现象,甚至发生机床事故。

(2)纵向和横向手柄进退方向不能摇错,尤其是快速进退刀时要千万注意,否则会发生工件报废和安全事故。

6.2.4 卧式车床的传动系统

1. 传动系统

C6132卧式车床传动系统如图6-6所示,主要包括主轴传动系统、进给运动系统。其中主轴传动系统从电机开始,经变速箱及皮带传动,把动力传至主轴箱,最终至主轴,带动工件转动。进给传动系统可传递三种运动:纵向进给运动,从主轴开始,经进给箱、光杠,带动溜板箱和刀架作纵向移动;横向进给运动,从主轴开始,经进给箱、光杠传至溜板箱,使刀架作垂直工件轴线的移动;车螺纹运动,由主轴经进给箱传至丝杠,带动溜板箱和刀架作车削螺纹进给运动。

2. 主轴转速

传动过程中,通过改变传动比以实现主轴的多种转速。传动比i是传动轴之间的转速之比。若主动轴的转速为n_1,被动轴的转速为n_2,则传动比为

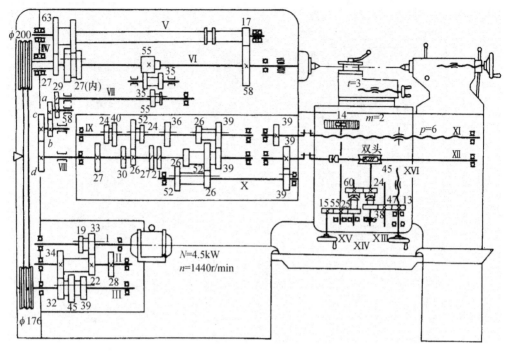

图 6-6 C6132 卧式车床传动系统

$$i = \frac{n_2}{n_1}$$

若主动轴上齿轮齿数为 z_1、被动轴上齿轮齿数为 z_2，则传动比可转换为主动齿轮齿数与被动齿轮齿数之比，即

$$i = \frac{z_1}{z_2}$$

图 6-6 中，由电动机通过联轴器使第一根传动轴（主动轴）同步旋转，则被动轴的转速为

$$n_2 = n_1 \cdot i = n_1 \cdot \frac{z_1}{z_2}$$

主运动传动路线（或称传动系统、传动链）为

$$电动机 - \text{I} - \begin{bmatrix}\frac{33}{22}\\\frac{19}{34}\end{bmatrix} - \text{II} - \begin{bmatrix}\frac{34}{32}\\\frac{28}{39}\\\frac{22}{45}\end{bmatrix} - \text{III} - \frac{\phi176}{\phi200} \cdot \varepsilon - \text{IV} - \begin{bmatrix}\frac{27}{27}\\\frac{27}{63} - \text{V} - \frac{17}{58}\end{bmatrix} - \text{VI 主轴}$$

按上述齿轮啮合的情况，已知电动机转速 $n = 1440 \text{r/min}$，则主轴最高与最低转速为

$$n_{max} = 1440 \times \frac{33}{22} \times \frac{34}{32} \times \frac{176}{200} \times 0.98 = 1980 (\text{r/min})$$

$$n_{min} = 1440 \times \frac{19}{34} \times \frac{22}{45} \times \frac{176}{200} \times 0.98 \times \frac{27}{63} \times \frac{17}{58} = 45 (\text{r/min})$$

式中：0.98 为皮带的滑动系数。

6.3 车 刀

6.3.1 车刀的结构

车刀从结构上分为整体式、焊接式、机夹式和可转位式,如图 6-7 所示。其结构特点及适用场合见表 6-1。

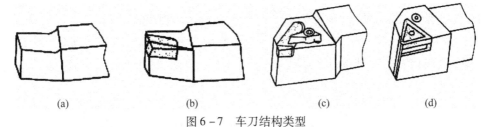

图 6-7 车刀结构类型
(a)整体式车刀;(b)焊接式车刀;(c)机夹式车刀;(d)可转位式车刀。

表 6-1 车刀结构特点及适用场合

结构类型	特 点	适 用 场 合
整体式	用整体高速钢制造,刃口可磨得较锋利	小型车床或加工非铁金属
焊接式	焊接硬质合金或高速钢刀片,结构紧凑,使用灵活	各类车刀,特别是小刀具
机夹式	避免了焊接产生的应力、裂纹等缺陷,刀杆利用率高。刀片可集中刃磨获得所需参数,使用灵活方便	外圆、端面、镗孔、切断、螺纹车刀等
可转位式	避免了焊接式车刀的缺点,刀片可快速转位,生产率高,断屑稳定,可使用涂层刀片	大中型车床加工外圆、端面、镗孔,特别适用于自动线、数控机床

6.3.2 车刀组成及角度

车刀是形状最简单的单刃刀具,其他各种复杂刀具都可以看做是车刀的组合和演变,有关车刀角度的定义,均适用于其他刀具。常用车刀如图 6-8 所示。

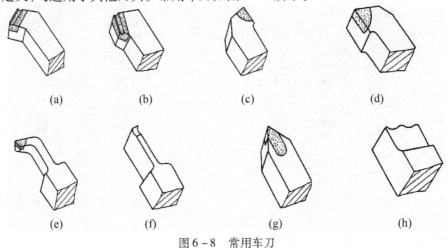

图 6-8 常用车刀
(a) 45°外圆车刀;(b) 75°外圆车刀;(c) 90°左偏刀;(d) 90°右偏刀;
(e) 镗孔刀;(f) 切断刀;(g) 螺纹车刀;(h) 成形车刀。

1. 车刀的组成

车刀由切削部分(刀头)和夹持部分(刀体)组成。车刀的切削部分由三面、二刃、一尖组成,如图6-9所示。

前刀面:切削时,切屑流出所经过的表面。

主后刀面:切削时,与工件加工表面相对的表面。

副后刀面:切削时,与工件已加工表面相对的表面。

主切削刃:前刀面与主后刀面的交线,可以是直线或曲线,担负着主要的切削工作。

副切削刃:前刀面与副后刀面的交线。一般只担负少量的切削工作。

刀尖:主切削刃与副切削刃的相交部分。为了强化刀尖,常磨成圆弧形或成一小段直线,前者称为修圆刀尖,后者称为倒角刀尖,如图6-10所示。

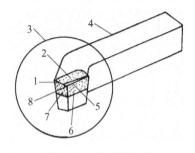

图6-9 车刀的组成

1—副切削刃;2—前刀面;3—刀头;4—刀体;
5—主切削刃;6—主后刀面;7—副后刀面;8—刀尖。

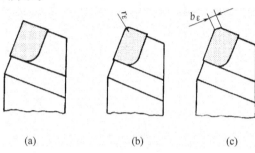

图6-10 刀尖形式

(a)切削刃的实际形式;(b)修圆刀尖;(c)倒角刀尖。

2. 车刀角度

车刀的角度是在切削过程中形成的,它们对加工质量和生产率等起着重要作用。在切削时,与工件加工表面相切的假想平面称为切削平面,与切削平面相垂直的假想平面称为基面,与切削平面、基面相垂直的假想剖面为主剖面。对车刀而言,基面呈水平面,并与车刀底面平行。切削平面、主剖面与基面相互垂直,这三个平面为确定车刀角度的辅助平面,如图6-11所示。

车刀主要角度有前角 γ_o、后角 α_o、主偏角 κ_r、副偏角 κ'_r 和刃倾角 λ_s,如图6-12所示。

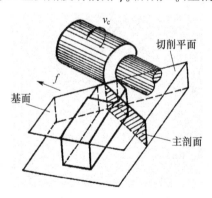

图6-11 确定车刀角度的辅助平面

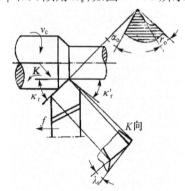

图6-12 车刀的主要角度

1)前角 γ_o。

前角为前刀面与基面之间的夹角,表示前刀面的倾斜程度。前刀面在基面之下,前角为正值。反之为负值,相重合为零。一般车刀的前角多为正前角。

增大前角,可使刀刃锋利、切削力降低、切削温度低、刀具磨损小、表面加工质量高。但过大的前角会使刃口强度降低,容易造成刃口损坏。

用硬质合金车刀加工塑性材料(如钢件等),一般 $\gamma_o = 10° \sim 20°$;加工脆性材料(如灰口铸铁等),一般 $\gamma_o = 5° \sim 15°$。精车时,可取较大的前角,粗车应取较小的前角。工件材料的强度和硬度大时,前角取较小值,有时甚至取负值。

2) 后角 α_o

后角为主后刀面与切削平面之间的夹角,表示主后刀面的倾斜程度。

后角作用是减少主后刀面与工件之间的磨擦,并影响刃口的强度和锋利程度。一般 $\alpha_o = 6° \sim 8°$。

3) 主偏角 κ_r

主偏角为主切削刃与进给运动方向在基面上投影间的夹角。

主偏角影响切削刃的工作长度、切深抗力、刀尖强度和散热条件。主偏角越小,则切削刃工作长度越长,散热条件越好,但切深抗力越大。

车刀常用主偏角有 45°、60°、75°、90°。工件粗大、刚性好时,可取较小值。车细长轴时,为了减少因径向力引起的工件弯曲变形,宜选取较大值。

4) 副偏角 κ'_r

副偏角为副切削刃与进给运动反方向在基面上投影间的夹角。

副偏角影响加工表面的表面粗糙度,减小副偏角可使加工表面光洁。精车时可取 5° ~ 10°,粗车时取 10° ~ 15°。

5) 刃倾角 λ_s

刃倾角为主切削刃与基面间的夹角。

刃倾角主要影响主切削刃的强度和控制切屑流出的方向。以刀杆底面为基准,当刀尖为主切削刃最高点时,λ_s 为正值,切屑流向待加工表面,如图 6-13(a) 所示;当主切削刃与刀杆底面平行时,$\lambda_s = 0°$,切屑沿着垂直于主切削刃的方向流出,如图 6-13(b) 所示;当刀尖为主切削刃最低点时,λ_s 为负值,切屑流向已加工表面,如图 6-13(c) 所示。

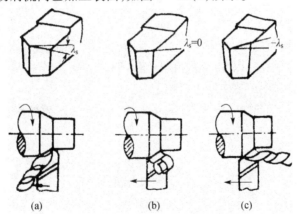

图 6-13 刃倾角对切屑流向的影响
(a) $\lambda_s > 0°$;(b) $\lambda_s = 0°$;(c) $\lambda_s < 0°$。

一般 λ_s 为 0° ~ ±5°。粗加工时,刃倾角常取负值,切屑流向已加工表面无妨,可保证主切削刃的强度好。而精加工则常取正值,使切屑流向待加工表面,防止划伤已加工表面,保证已加工表面质量。

6.3.3 车刀的刃磨

车刀(指整体车刀与焊接车刀)用钝后重新刃磨是在砂轮机上进行的。磨高速钢车刀用氧化铝砂轮(白色),磨硬质合金车刀用碳化硅砂轮(绿色)。

1. 车刀刃磨步骤

车刀刃磨步骤,如图 6-14 所示。

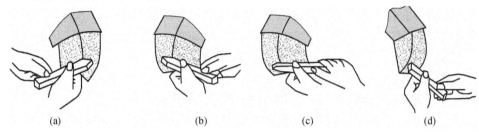

图 6-14 外圆车刀刃磨的步骤
(a) 磨主后刀面,同时磨出主偏角;(b) 磨副后刀面,同时磨出副偏角;
(c) 磨前面,同时磨出前角;(d) 修磨各刀面及刀尖。

2. 车刀刃磨方法

(1) 操作者站立在砂轮机的侧面,以防砂轮碎裂时碎片飞出伤人。

(2) 两手握刀的距离放开,两肘夹紧腰部,以减小磨刀时的抖动。

(3) 磨刀时,车刀要放在砂轮的水平中心,刀尖略向上翘3°~8°,车刀接触砂轮后应作左右方向水平移动;当车刀离开砂轮时,车刀需向上抬起,以防磨好的刀刃被砂轮碰伤。

(4) 磨主后刀面时,刀杆尾部向左偏过一个主偏角的角度;磨副后刀面时,刀杆尾部向右偏过一个副偏角的角度。

(5) 修磨刀尖圆弧时,通常以左手握车刀前端为支点,用右手转动车刀的尾部。

3. 车刀刃磨注意事项

(1) 刃磨刀具前,先检查砂轮有无裂纹,砂轮轴螺母是否拧紧,并经试转后使用,以免砂轮碎裂或飞出伤人。

(2) 刃磨刀具不能用力过大,否则会使手打滑而触及砂轮面,造成事故。

(3) 刃磨时应戴防护眼镜,以免砂砾和碎屑飞入眼中。

(4) 磨小刀头时,必须把小刀头装入刀杆上。

(5) 砂轮支架与砂轮的间隙不得大于3mm,若发现过大,应调整适当。

6.3.4 车刀安装

车刀必须正确牢固地安装在刀架上,其安装过程如图 6-15 所示。

车刀安装注意事项:

(1) 刀头不宜伸出太长,否则切削时容易产生振动,影响工件加工精度和表面粗糙度。一般刀头伸出长度不超过刀杆高度的两倍,能看见刀尖即可。

(2) 刀尖应与车床主轴中心线等高。车刀装得太高,后角减小,则车刀的主后刀面会与工件产生强烈的摩擦;装得太低,前角减少,切削不顺利,会使刀尖崩碎。刀尖的高低,可根据尾座顶尖高低来调整。

(3) 刀杆轴线应与工件轴线垂直,否则会使主偏角和副偏角发生变化。

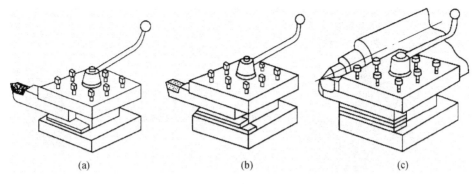

图6-15 车刀的安装过程
(a)安装;(b)调整;(c)对刀。

(4)车刀底面的垫片要平整,尽可能用厚垫片,以减少垫片数量。调整好刀尖高度后,至少要用两个螺钉交替将车刀拧紧。

车刀的安装比较,如图6-16所示。

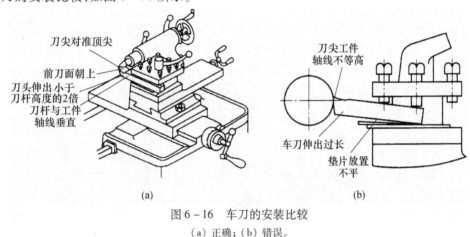

图6-16 车刀的安装比较
(a)正确;(b)错误。

6.4 工件安装及车床附件

工件在机床(或夹具)上的安装一般要经定位、夹紧两个过程。定位是指安装工件时使被加工表面的回转中心与车床主轴的轴线重合,以保证工件在机床(或夹具)上的正确位置。夹紧则为了使工件能够承受切削力、重力等。普通车床由附件(用来支撑、装夹工件的装置,通常称夹具)安装并夹紧工件。按零件形状大小、加工批量不同,安装方法及所用附件也不同。常用附件有三爪自定心卡盘、四爪卡盘、顶尖、跟刀架、心轴和花盘等。

6.4.1 卡盘安装

1. 三爪自定心卡盘安装

三爪自定心卡盘的结构,如图6-17(a)所示。当用卡盘扳手转动小锥齿轮时,大锥齿轮也随之转动,在大锥齿轮背面平面螺纹的作用下,使三个爪同时向心移动或退出,以夹紧或松开工件。其特点是装卡方便、自动定心,定心精度可达到0.05mm~0.15mm,可装夹直径较小的工件,如图6-17(b)所示。当装夹直径较大的外圆工件时可用三个反爪进行,如图6-17(c)所示。

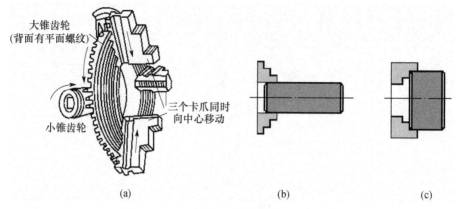

图 6-17 三爪自定心卡盘结构和工件安装
(a) 三爪自定心卡盘结构；(b) 夹持棒料；(c) 反爪夹持大棒料。

但三爪自定心卡盘由于夹紧力不大，一般只适宜于装夹质量较轻的工件。

2. 四爪卡盘安装

四爪卡盘的外形，如图 6-18(a) 所示。它的四个爪通过四个螺杆独立移动。其特点是能装夹形状比较复杂的非回转体如方形、长方形等工件，且夹紧力大，可装夹重量较大的工件。由于其装夹后不能自动定心，装夹效率较低，只适用于单件小批量生产。装夹时必须用划线盘或百分表找正，如图 6-18(b)、(c) 所示，使工件回转中心与车床主轴中心重合。

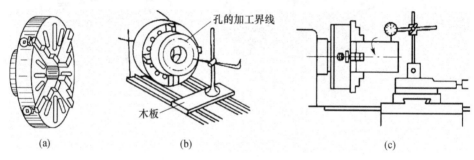

图 6-18 四爪卡盘装夹工件
(a) 四爪卡盘；(b) 用划针盘找正；(c) 用百分表找正。

6.4.2 花盘安装

形状不规则的工件，无法使用三爪或四爪卡盘装夹时，可用花盘装夹。花盘是安装在车床主轴上的一个大圆盘，盘面上的许多长槽用以穿放螺栓，工件用螺栓直接安装在花盘上，其位置需找正。为了防止转动时因重心偏向一边产生振动，在工件的另一边加平衡铁，如图 6-19 所示。也可以把辅助支承角铁(弯板)用螺钉牢固在花盘上，工件则安装在弯板上，如图 6-20 所示。

6.4.3 顶尖安装

1. 一夹一顶安装

对于一般较短的回转体类工件，适于用三爪自定心卡盘装夹，但对于较长的回转体类工件，此法则刚性较差。因此，较长的工件，尤其是较重要的工件，不能直接用三爪自定心卡盘装夹，而要用一端夹住，另一端用后顶尖顶住的装夹方法，如图 6-21 所示。这种装夹方法能承受较大的轴向切削力，且刚性大大提高，同时可提高切削用量。

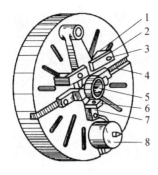 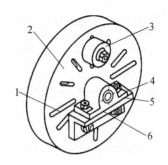

图6-19 在花盘上安装工件
1—垫铁；2—压板；3—螺钉；
4—螺钉槽；5—工件；
6—角铁；7—紧定螺钉；8—平衡铁。

图6-20 在花盘上用弯板安装工件
1—螺钉孔槽；2—花盘；3—平衡铁；
4—工件；5—安装基面；6—弯板。

2. 用双顶尖安装

对同轴度要求比较高且需要调头加工的轴类工件，常用双顶尖装夹工件，如图6-22所示。其前顶尖为普通顶尖，装在主轴孔内，并随主轴一起转动，后顶尖为活顶尖装在尾座套筒内。工件被顶在前后顶尖之间，并通过拨盘和卡箍随主轴一起转动。

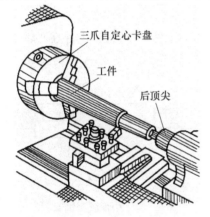 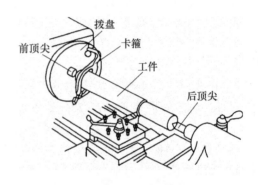

图6-21 使用卡盘和后顶尖安装工件　　　　图6-22 用双顶尖安装工件

用顶尖安装工件应注意：

（1）钻两端中心孔时，要先用车刀把端面车平，再用中心钻钻中心孔。

（2）安装拨盘和工件时，首先要擦净拨盘的内螺纹和主轴端的外螺纹，把拨盘拧在主轴上，再把轴的一端装在卡箍上。最后在双顶尖中间安装工件。

（3）卡箍上的支承螺钉不能支承得太紧，以防工件变形。

（4）由于靠卡箍传递扭矩，车削工件的切削用量要小。

6.4.4 心轴安装

形状复杂或同轴度要求较高的盘套类工件，常用心轴安装，以保证工件外圆与内孔的同轴度及端面与内孔轴线垂直度的要求。心轴用双顶尖安装在车床上，以加工端面和外圆。

根据工件形状大小、精度要求和加工批量，采用不同结构的心轴。安装时，应先对工件的孔进行精加工，然后以孔定位。工件以圆柱孔定位常用圆柱心轴和小锥度心轴；对于带有锥孔、螺纹孔、花键孔的工件定位，常用相应的锥体心轴、螺纹心轴和花键心轴。

1. 圆柱心轴安装

圆柱心轴是以其外圆柱面定心、端面压紧来装夹工件。心轴与工件孔一般用 H7/h6、H7/g6 的间隙配合，工件很方便地套在心轴上，如图 6-23 所示。由于配合间隙较大，一般只能保证同轴度 0.02mm 左右。

工件长度比孔径小时，应采用带有压紧螺母的圆柱形心轴，如图 6-24 所示。它的夹紧力较大，但对中精度较锥度心轴的低。

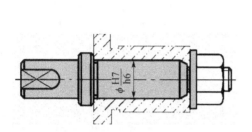

图 6-23 圆柱心轴与工件的间隙配合

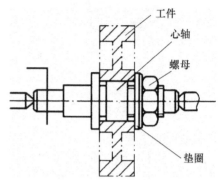

图 6-24 圆柱心轴上安装工件

2. 小锥度心轴安装

为消除间隙，提高定位精度，心轴可做成锥体，但锥体的锥度很小，否则工件在心轴上会产生歪斜，常用锥度为 $C = 1/1000 \sim 1/5000$，如图 6-25 所示。定位时，工件楔紧在心轴上，楔紧后孔会产生弹性变形，从而使工件不致倾斜。

小锥度心轴的优点是靠楔紧产生的摩擦力带动工件，不需其他夹紧装置，定心精度高，可达 0.005mm ~ 0.01mm，装卸方便。工件长度比孔径大时，可采用小锥度心轴。但不能承受过大的力矩，工件的轴向无法定位。

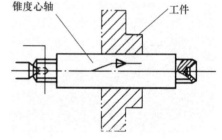

图 6-25 小锥度心轴安装工件

3. 胀力心轴安装

图 6-26 所示为胀力心轴。通过调整锥形螺杆使心轴一端作微量扩张，工件孔得以胀紧，实现快速装拆。胀力心轴适用于安装中小型工件。

4. 螺纹伞形心轴安装

螺纹伞形心轴，如图 6-27 所示，适于安装以毛坯孔为基准车削外圆的带有锥孔或阶梯孔的工件。用螺纹伞形心轴装拆迅速、夹装牢固，并能装夹一定尺寸范围内不同孔径的工件。

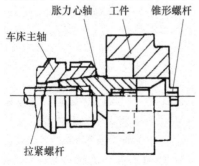

图 6-26 胀力心轴安装工件

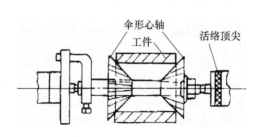

图 6-27 螺纹伞形心轴安装工件

6.4.5 中心架与跟刀架的使用

在车削细长轴($L/d>25$)时,由于工件本身刚性变差,工件受切削力、自重和旋转时离心力的作用,会产生弯曲、振动,使车削很难进行,严重时会使工件在顶尖间卡住,影响其圆柱度和表面粗糙度。此时需要用中心架或跟刀架来支承工件。

1. 中心架支撑

在车削细长轴时,用中心架增加工件刚性。在安装中心架之前,必须在毛坯中部车出一段支撑中心架支撑爪的沟槽。对加工沟槽比较困难或中段不需加工的细长轴,可用过渡套筒。中心架支撑在工件中间,对工件进行分段切削,如图6-28所示。一般多用于阶梯轴及长轴端面、中心孔和内孔的加工。

2. 跟刀架支撑

对不适宜调头车削的细长轴,用跟刀架支承,以增加工件刚性。与中心架不同,跟刀架固定在大滑板上,并与之一起移动。跟刀架有两爪跟刀架和三爪跟刀架,三爪跟刀架如图6-29所示。为调节跟刀架支撑爪的位置和松紧,预先在工件上靠后顶尖一端车出一小段外圆,由三爪和车刀抵住工件,使工件上下、左右都不能移动,车削平稳,不易产生振动。

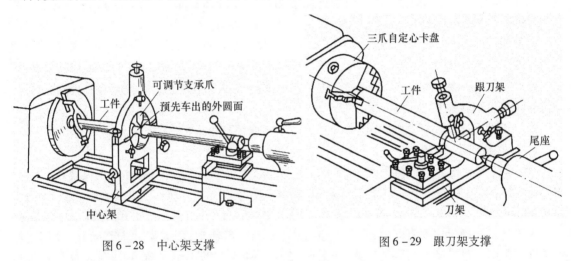

图6-28 中心架支撑　　　　　图6-29 跟刀架支撑

6.5 车削步骤

1. 安装工件和校正工件

按工件形状大小、加工批量不同,选择合理的安装方法及所用附件,并用划针或百分表校正工件。

2. 选择车刀

根据工件形状大小等因素选择合适的车刀。

3. 调整车床

车床的调整包括主轴转速、进给量和背吃刀量。

主轴转速根据切削速度计算选取,而切削速度的选择则与工件材料、刀具材料以及加工精度有关。用高速钢车刀车削时,$V=0.3m/s \sim 1m/s$,用硬质合金刀时,$V=1m/s \sim 3m/s$。车硬度高的材料比硬度低的转速低一些。根据选定的切削速度计算出车床主轴的转速,再对照车床主轴转速铭牌,选取车床上最接近计算值而偏小的一档,然后按表6-2所列的手柄要求,在停车状态下扳动手柄即可。

表6-2 C6132型车床主轴转数铭牌

手柄位置		I			II		
		长手柄			长手柄		
		↖	↑	↗	↖	↑	↗
短手柄	↖	45	66	94	360	530	750
	↗	120	173	248	958	1380	1980

例如用硬质合金车刀加工直径 $D=200\text{mm}$ 的铸铁皮带轮,选取的切削速度 $V=0.9\text{m/s}$,计算主轴的转速为

$$n = \frac{1000 \times 60 \times V}{\pi D} = \frac{1000 \times 60 \times 0.9}{3.14 \times 200} \approx 99 (\text{r/min})$$

从主轴转速铭牌中选取偏小一档的近似值为94r/min,即短手柄扳向左方,长手柄扳向右方,主轴箱手柄放在低速档位置I。

进给量根据工件加工要求确定。粗车时,一般取0.2mm/r~0.3mm/r;精车时,根据需要表面粗糙度来选定。例如表面粗糙度 R_a 为3.2mm时,选用0.1mm/r~0.2mm/r;表面粗糙度 R_a 为1.6mm时,选用0.06mm/r~0.12mm/r。进给量的调整可对照车床进给量表扳动手柄位置,具体方法与调整主轴转速相似。

为了正确迅速地控制背吃刀量,必须熟练使用中拖板和小拖板。

1) 中拖板刻度盘

C6132车床中拖板丝杠螺距为4mm,手柄转一周,刀架就横向移动4mm。刻度盘圆周等分200格,则刻度盘转过一格,刀架就移动0.02mm,即径向背吃刀量为0.02mm,工件直径减少0.04mm。

由于丝杠和螺母之间有间隙,会产生空行程(即刻度盘转动,而刀架并未移动)。使用时必须慢慢地把刻度盘转到所需要的位置,如图6-30(a)所示。若不慎多转过几格,不能简单地退回几格,如图6-30(b)所示,必须向相反方向退回全部空行程,再转到所需位置,如图6-31(c)所示。

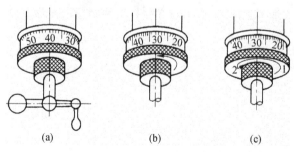

图6-30 手柄摇过头后的纠正方法
(a) 要求手柄转至30,但转过头成40;(b) 错误,直接退至30;
(c) 正确,反转约一周后再转至所需位置30。

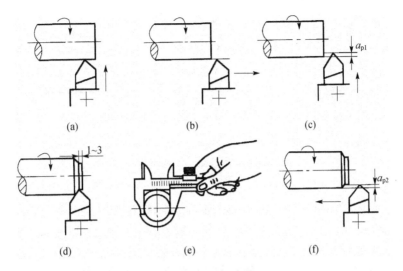

图 6-31 试切步骤

(a) 对刀；(b) 向右退刀；(c) 横向进给 a_{p1}；(d) 试切1mm～3mm，退刀、停车；
(e) 测量；(f) 调整切深至 a_{p2}，自动进给。

2）小拖板刻度盘

小拖板刻度盘主要控制工件长度方向的尺寸，其刻度原理及使用方法与中拖板刻度盘相同。而小拖板刻度盘的刻度值，则直接表示工件长度方向的切除量。

4. 粗车和精车

生产中常把车削分为粗车、精车，其加工顺序是先粗车后精车。

粗车目的是尽快切去多余的金属层，使工件接近于最后的形状和尺寸。在车床动力条件允许的情况下，通常采用进刀深、进给量大、低转速的做法，以合理的时间尽快把工件的余量去掉。粗车对切削表面没有严格的要求，只需留出一定精车余量即可，一般为0.5mm～1mm。

精车是切去余下的少量金属层，以获得零件所要求的精度和表面粗糙度。因此，背吃刀量较小，为0.1mm～0.2mm，切削速度则可用较高或较低速，初学者可用较低速。为了保证加工的尺寸精度，应采用试切法精车。试切法的步骤，如图6-31所示。

6.6 车削工艺

6.6.1 车外圆

车外圆是车削加工中最基本、最常见的加工方法。常见外圆车刀，如图6-32所示。直头车刀（尖刀）的形状简单，可用来加工无台阶的光轴和盘套类的外圆；弯头车刀不仅可车外圆，还可车端面和倒角。90°偏刀可用来加工有台阶的细长轴和外圆；由于直头和弯头车刀的刀头部分强度好，一般用于粗加工和半精加工，而90°偏刀常用于精加工。

车外圆时的质量分析：

（1）尺寸不正确。车削时看错尺寸；刻度盘计算错误或操作失误；测量不准确。

（2）表面粗糙度不符合要求。车刀刃磨角度不对；刀具安装不正确或刀具磨损，以及切削用量选择不当；车床各部分间隙过大。

（3）外径有锥度。吃刀深度过大，刀具磨损；刀具或拖板松动；用小拖板车削时转盘下基准

121

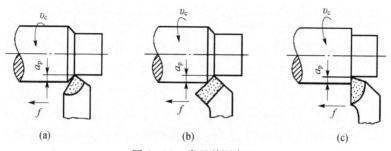

图 6-32 常见外圆车刀
(a) 直头车刀(尖刀);(b) 45°弯头车刀;(c) 90°偏刀。

线未对准"0"线;两顶尖车削时床尾"0"线不在轴心线上;精车时加工余量不足。

6.6.2 车端面

车端面时,刀具的主切削刃要与端面有一定的夹角。工件伸出卡盘外部分应尽可能短些,车削时用中拖板横向走刀,走刀次数根据加工余量而定,可采用自外向中心走刀,也可以采用自圆中心向外走刀的方法。

常用端面车削时的几种情况,如图 6-33 所示。右偏刀由外向中心车端面时(图 6-33(a)),由副切削刃切削。若车到中心处,凸台突然车掉,刀头易损坏;若切削深度大时,易扎刀;左偏刀由外向中心车端面时(图 6-33(b)),由主切削刃切削,切削条件有所改善;弯头车刀由外向中心车端面时(图 6-33(c)),由主切削刃切削,凸台逐渐车掉,切削条件较好,加工质量较高;而右偏刀由中心向外车端面时(图 6-33(d)),也是主切削刃切削,切削条件较好,加工质量较高,适用于精车端面。

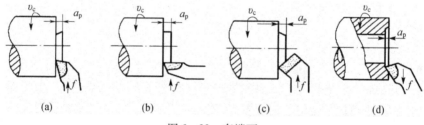

图 6-33 车端面
(a) 右偏刀由外向中心车端面;(b) 左偏刀由外向中心车端面;
(c) 弯头车刀由外向中心车端面;(d) 右偏刀由中心向外车端面。

车端面时应注意:

(1) 车刀的刀尖应对准工件中心,以免车出的端面中心留有凸台。

(2) 偏刀车端面,当背吃刀量较大时,容易扎刀。一般粗车时 $a_p = 0.2mm \sim 1mm$,精车时 $a_p = 0.05mm \sim 0.2mm$。

(3) 在计算切削速度时必须按端面的最大直径计算。

(4) 车直径较大的端面出现凹心或凸肚时,应检查车刀和方刀架,以及大滑板是否锁紧。

车端面时的质量分析:

(1) 端面不平:产生凸凹现象或端面中心留"小头"。原因是车刀刃磨或安装不正确,刀尖没有对准工件中心,吃刀深度过大,车床拖板移动轨迹与主轴轴线不垂直造成。

(2) 表面粗糙:原因是车刀不锋利,手动走刀摇动不均匀或太快,自动走刀切削用量选择不当。

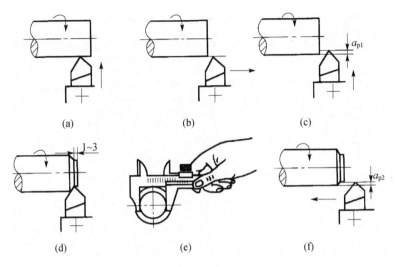

图 6-31 试切步骤

(a) 对刀;(b) 向右退刀;(c) 横向进给 a_{p1};(d) 试切 1mm~3mm, 退刀、停车;
(e) 测量;(f) 调整切深至 a_{p2}, 自动进给。

2) 小拖板刻度盘

小拖板刻度盘主要控制工件长度方向的尺寸,其刻度原理及使用方法与中拖板刻度盘相同。而小拖板刻度盘的刻度值,则直接表示工件长度方向的切除量。

4. 粗车和精车

生产中常把车削分为粗车、精车,其加工顺序是先粗车后精车。

粗车目的是尽快切去多余的金属层,使工件接近于最后的形状和尺寸。在车床动力条件允许的情况下,通常采用进刀深、进给量大、低转速的做法,以合理的时间尽快把工件的余量去掉。粗车对切削表面没有严格的要求,只需留出一定精车余量即可,一般为 0.5mm~1mm。

精车是切去余下的少量金属层,以获得零件所要求的精度和表面粗糙度。因此,背吃刀量较小,为 0.1mm~0.2mm,切削速度则可用较高或较低速,初学者可用较低速。为了保证加工的尺寸精度,应采用试切法精车。试切法的步骤,如图 6-31 所示。

6.6 车削工艺

6.6.1 车外圆

车外圆是车削加工中最基本、最常见的加工方法。常见外圆车刀,如图 6-32 所示。直头车刀(尖刀)的形状简单,可用来加工无台阶的光轴和盘套类的外圆;弯头车刀不仅可车外圆,还可车端面和倒角。90°偏刀可用来加工有台阶的细长轴和外圆;由于直头和弯头车刀的刀头部分强度好,一般用于粗加工和半精加工,而 90°偏刀常用于精加工。

车外圆时的质量分析:

(1) 尺寸不正确。车削时看错尺寸;刻度盘计算错误或操作失误;测量不准确。

(2) 表面粗糙度不符合要求。车刀刃磨角度不对;刀具安装不正确或刀具磨损,以及切削用量选择不当;车床各部分间隙过大。

(3) 外径有锥度。吃刀深度过大,刀具磨损;刀具或拖板松动;用小拖板车削时转盘下基准

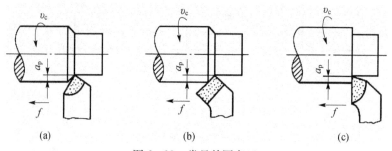

图 6-32 常见外圆车刀

(a) 直头车刀(尖刀); (b) 45°弯头车刀; (c) 90°偏刀。

线未对准"0"线;两顶尖车削时床尾"0"线不在轴心线上;精车时加工余量不足。

6.6.2 车端面

车端面时,刀具的主切削刃要与端面有一定的夹角。工件伸出卡盘外部分应尽可能短些,车削时用中拖板横向走刀,走刀次数根据加工余量而定,可采用自外向中心走刀,也可以采用自圆心向外走刀的方法。

常用端面车削时的几种情况,如图 6-33 所示。右偏刀由外向中心车端面时(图 6-33(a)),由副切削刃切削。若车到中心处,凸台突然车掉,刀头易损坏;若切削深度大时,易扎刀;左偏刀由外向中心车端面时(图 6-33(b)),由主切削刃切削,切削条件有所改善;弯头车刀由外向中心车端面时(图 6-33(c)),由主切削刃切削,凸台逐渐车掉,切削条件较好,加工质量较高;而右偏刀由中心向外车端面时(图 6-33(d)),也是主切削刃切削,切削条件较好,加工质量较高,适用于精车端面。

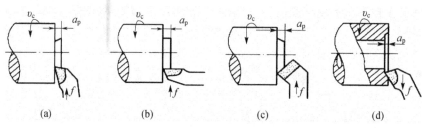

图 6-33 车端面

(a) 右偏刀由外向中心车端面; (b) 左偏刀由外向中心车端面;
(c) 弯头车刀由外向中心车端面; (d) 右偏刀由中心向外车端面。

车端面时应注意:

(1) 车刀的刀尖应对准工件中心,以免车出的端面中心留有凸台。

(2) 偏刀车端面,当背吃刀量较大时,容易扎刀。一般粗车时 $a_p = 0.2\text{mm} \sim 1\text{mm}$,精车时 $a_p = 0.05\text{mm} \sim 0.2\text{mm}$。

(3) 在计算切削速度时必须按端面的最大直径计算。

(4) 车直径较大的端面出现凹心或凸肚时,应检查车刀和方刀架,以及大滑板是否锁紧。

车端面时的质量分析:

(1) 端面不平:产生凸凹现象或端面中心留"小头"。原因是车刀刃磨或安装不正确,刀尖没有对准工件中心,吃刀深度过大,车床拖板移动轨迹与主轴轴线不垂直造成。

(2) 表面粗糙:原因是车刀不锋利,手动走刀摇动不均匀或太快,自动走刀切削用量选择不当。

6.6.3 车台阶

车台阶的方法与车外圆基本相同，但在车削时应兼顾外圆直径和台阶长度两个方向的尺寸要求，还必须保证台阶端平面与工件轴线的垂直度要求。

高度小于5mm的低台阶可用主偏角为90°的偏刀在车外圆时车出；高度大于5mm的高台阶应分层进行切削，如图6-34所示。

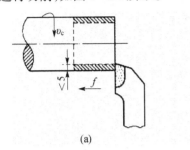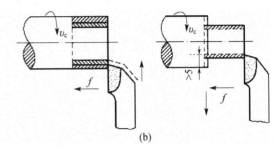

图6-34 车台阶
(a) 车低台阶；(b) 车高台阶。

台阶长度尺寸要求较低时，直接用大拖板刻度盘控制其长度；要求较高且长度较短时，用小滑板刻度盘控制。为使台阶长度符合要求，先用钢板尺或卡钳量取并确定位置（图6-35），用刀尖车出比台阶长度略短的刻痕作为加工界线，准确长度可用游标卡尺或深度游标卡尺测量。

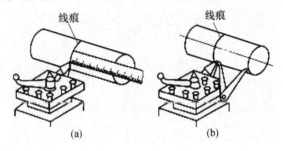

图6-35 台阶长度定位
(a) 用钢板尺定位；(b) 用卡钳定位。

车台阶的质量分析：

(1) 台阶长度不正确，不垂直：原因是操作粗心，测量失误，自动走刀控制不当，刀尖不锋利，车刀刃磨或安装不正确。

(2) 表面粗糙：原因是车刀不锋利，手动走刀不均匀或太快，自动走刀切削用量选择不当。

6.6.4 切槽

槽的形状有外槽、内槽和端面槽，如图6-36所示。

1. 切槽刀的选择

常选用高速钢切槽刀切槽，切槽刀的几何形状和角度如图6-37所示。

2. 切槽方法

车削精度不高、宽度较窄的矩形沟槽，可用刀宽等于槽宽的切槽刀，在横向进刀中一次车出。精度要求较高时，一般分二次车成。

车削较宽的沟槽，按图6-38所示方法切削。

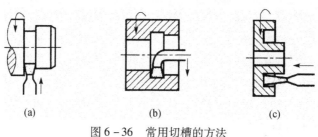

图 6-36 常用切槽的方法
(a) 车外槽；(b) 车内槽；(c) 车端面槽。

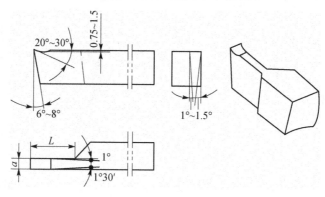

图 6-37 高速钢切槽刀

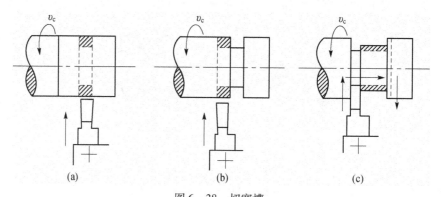

图 6-38 切宽槽
(a) 第一次横向送进；(b) 第二次横向送进；
(c) 末一次横向送进后再以纵向送进精车槽底。

车削较小的圆弧形槽，一般用成形车刀车削；较大的圆弧槽，可用双手联动车削，用样板检查修整。

车削较小的梯形槽，一般用成形车刀完成；较大的梯形槽，通常先车直槽，然后用梯形刀直进法或左右借刀法（方法同切断）完成。

6.6.5 切断

切断要用切断刀。切断刀的形状与切槽刀相似，但因刀头窄而长，很容易折断。常用的切断方法有直进法和左右借刀法两种，如图 6-39 所示。所谓直进法是指垂直于工件轴线方向切断，这种切断方法切断效率高，但对刀具刃磨装夹有较高的要求，否则切断刀容易折断。在切削系统（车床、刀具、工件）刚性不足的情况下可采用左右借刀法切断工件，这种方法是指切断刀在径向进给的同时，车刀在轴线方向反复的往返移动直至工件切断。直进法常用于切断铸铁等脆性材料;左右借刀法常用于切断钢等塑性材料。

切断时应注意:

(1) 切断一般在卡盘上进行,如图 6-40 所示。工件的切断处应距卡盘近些。

(2) 切断刀刀尖必须与工件中心轴线等高,否则切断处将留有凸台,且刀头容易损坏,如图 6-41所示。

(3) 切断刀伸出刀架的长度不要过长,进给要缓慢均匀;将要切断时,需放慢进给速度,以免刀头折断。

(4) 切断钢件时需加切削液冷却润滑,而切断铸铁时一般不加切削液,但必要时可用煤油冷却润滑。

(5) 两顶尖安装的工件需切断时,不能直接切到中心,以防车刀折断,工件飞出。

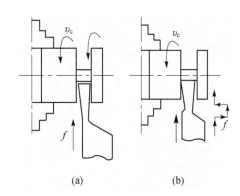

图 6-39 切断方法

(a) 直进法;(b) 左右借刀法。

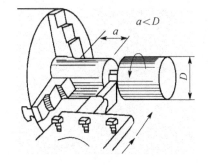

图 6-40 在卡盘上切断

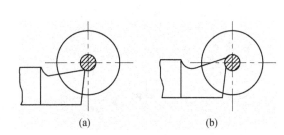

图 6-41 切断刀的安装

(a) 切断刀安装过低,不易切削;
(b) 切断刀安装过高,刀具后面顶住工件,刀头易被压断。

6.6.6 车成形面

成形面为轴向剖面呈曲线形特征的曲面,常用以下方法加工。

1. 成形刀车成形面

图 6-42 为车圆弧的成形刀。图 6-43 为用成形刀车成形面,其加工精度主要靠刀具保证。这种方法生产效率高,但切削时接触面较大,切削抗力大,易出现振动和工件移位。因此,工件必须夹紧,切削力要小些。由于刀具刃磨困难,此方法只用于大批量生产刚性好、长度较短且较简单的成形面。

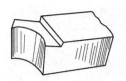

图 6-42 车圆弧的成形刀

图 6-43 用圆头车刀车成形面

2. 靠模法车成形面

图 6-44 所示用靠模法加工手柄。此时刀架的横向滑板已与丝杠脱开,其前端的拉杆上装有滚柱。当大拖板纵向走刀时,滚柱即在靠模的曲线槽内移动,使车刀刀尖也随着做曲线移动,同时用小刀架控制切深,即可车出手柄。

这种方法操作简单,生产率较高,但需制造专用靠模,只用于大批量生产长度较大、形状较为简单的成形面。

3. 手动控制法车成形面

手动控制法即双手同时摇动小滑板手柄和中滑板手柄,通过双手协调的动作,使刀尖走过的轨迹与所要求的成形面曲线吻合,如图 6-45 所示。

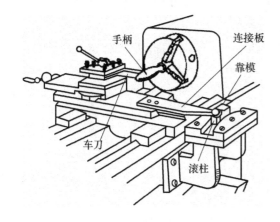
图 6-44 用靠模板车成形面

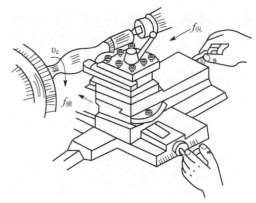
图 6-45 手动控制法车成形面

这种操作技术灵活、方便,不需要其他辅助工具,但需要较高的技术水平,多用于单件、小批生产。

6.6.7 车圆锥面

常用车锥面方法有宽刀法、转动小拖板法、偏移尾座法、靠模法。

1. 宽刀法

车削较短的圆锥时,可用宽刀直接车出,如图 6-46 所示。切削刃必须平直,切削刃与主轴轴线的夹角等于工件圆锥半角 $\alpha/2$。同时要求车床有较好的刚性,否则易引起振动。当工件的圆锥斜面长度大于切削刃长度时,用多次接刀方法加工,但接刀处必须平整。

2. 转动小拖板法

加工锥面不长的工件时,可采用转动小拖板法,如图 6-47 所示。车削时,将小拖板下面转盘上螺母松开,把转盘转至圆锥半角 $\alpha/2$ 的刻线,与基准零线对齐,锁紧转盘上螺母,摇进给手柄车出锥面。如果锥角不是整数,可在锥角附近估计一个值,试车后逐步找正。

3. 偏移尾座法

车削锥度小的长圆锥面时,采用偏移尾座法,如图 6-48 所示。将工件置于前、后顶尖之间,调整尾座横向位置。尾座偏移方向取决于工件锥体方向。当工件的小端靠近床尾处,尾座应向里移动,反之,尾座应向外移动。将尾座上滑板横向偏移一个距离 S,偏移后工件回转轴线与车床主轴轴线间的夹角为半锥角 α。尾座的偏移量与工件的总长有关，可用下列公式计算：

$$s = \frac{D-d}{2L}L_0$$

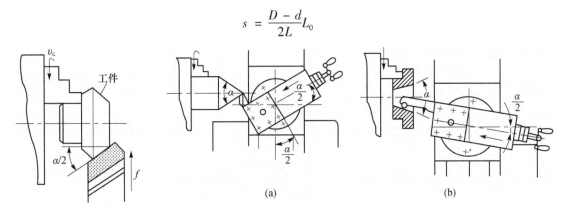

图 6-46　宽刀法车削圆锥面

图 6-47　转动小拖板法车圆锥面
(a) 车削外圆锥面；(b) 车削内圆锥面。

式中：S 为尾座偏移量；L 为工件锥体部分长度；L_0 为工件总长度；D、d 分别为锥体大、小头直径。

此方法可以自动走刀，但不能车削锥孔以及锥度较大的工件。

4. 靠模法

图 6-49 为用靠模法车削圆锥面。对较长的外圆锥和圆锥孔，精度要求较高而批量较大时常采用此方法。

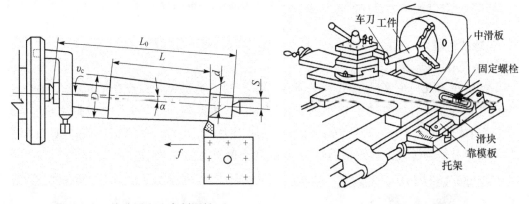

图 6-48　偏移尾座法车削圆锥面

图 6-49　用靠模板车削圆锥面

车圆锥面的质量分析：

(1) 锥度不准确。原因是：计算误差；小拖板转动角度或尾座偏移量不精确；车刀、拖板、尾座未固定好，车削时发生移动；工件表面太粗糙，工件上有毛刺或量规未擦干净，造成检验和测量的误差。

(2) 锥度准确而尺寸不准确。原因是：测量不及时、不仔细，进刀量尤其是最后一刀控制不好，造成误差。

(3) 圆锥母线不直（指锥面上产生凹凸或中间低、两头高现象）。原因是：车刀安装没有对准中心。

(4) 表面粗糙度不合要求。原因是：切削用量选择不当，车刀磨损或刃磨角度不对；没进行表面抛光或抛光余量不够；用小拖板车削锥面时，手动走刀不均匀。另外，机床的间隙大、工件刚性差也会影响工件的表面质量。

6.6.8 车螺纹

螺纹按牙型分为三角螺纹、梯形螺纹、方牙螺纹等,其中普通公制三角螺纹应用最广。

1. 普通三角螺纹的基本牙型

普通三角螺纹的基本牙型及其各基本尺寸的名称如图6-50所示。决定螺纹的基本要素有螺距 P、牙型角 α 和螺纹中径 $D_2(d_2)$。

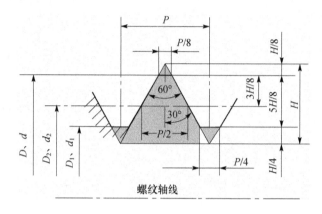

图6-50 普通三角螺纹基本牙型

D—内螺纹大径(公称直径);d—外螺纹大径(公称直径);D_2—内螺纹中径;

d_2—外螺纹中径;D_1—内螺纹小径;d_1—外螺纹小径;P—螺距;H—原始三角形高度。

2. 车螺纹过程

1) 准备工作

(1) 螺纹车刀几何角度,如图6-51所示。车刀的刀尖角等于螺纹牙型角($\alpha=60°$),其前角 $\gamma_o=0°$ 用以保证工件螺纹的牙型角,否则牙型角将产生误差。只有粗加工或螺纹精度要求不高时,其前角才可取 $\gamma_o=5°\sim20°$。安装螺纹车刀时刀尖与工件轴线等高,并用样板对刀,以保证刀尖角的角平分线与工件的轴线相垂直,车出的牙型角不会偏斜,如图6-52所示。

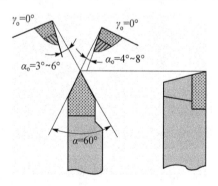

图6-51 螺纹车刀几何角度

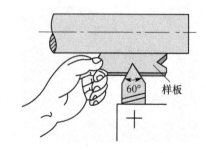

图6-52 用样板对刀

(2) 按螺纹规格车螺纹外圆。先车至螺纹外径尺寸,然后用刀尖在工件上的螺纹终止处刻一条细微可见线,以此作车螺纹的退刀标记。

(3) 根据螺纹的螺距 P,查机床上的标牌,调整进给箱上手柄位置及配换挂轮箱齿轮的齿数。

(4) 确定主轴转速。初学者应将车床主轴转速调到最低速。

2) 车螺纹的步骤

车螺纹的操作步骤,如图6-53所示。

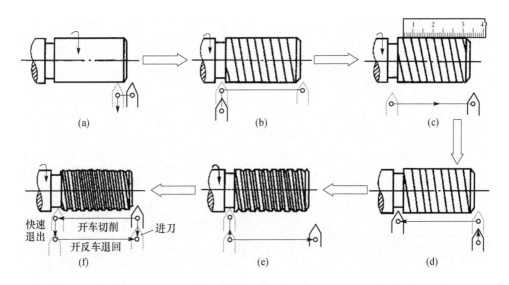

图6-53 车外螺纹的操作步骤

(a) 开车,车刀与工件轻微接触,记下刻度盘读数,向右退刀;
(b) 合上开合螺母,车螺旋线,横向退刀,停车;
(c) 开反车,车刀退到工件右端并停车,检查螺距;
(d) 调整切削深度,开车切削;
(e) 至行程终了时,快速退刀,停车,开反车退至工件右端;
(f) 调整切削深度,再次横向切入,按所示路线继续切削。

3) 车螺纹的进刀方法

(1) 直进法　直进法是用中滑板横向进刀,两切削刃和刀尖同时参与切削,操作方便,能保证螺纹牙型精度,但车刀受力大,散热差,排屑困难,刀尖易磨损。此方法适用于车削脆性材料、小螺距螺纹或精车螺纹。

(2) 斜进刀法　斜进刀法是用中滑板横向进刀和小滑板纵向进刀相配合,只有一个切削刃参与切削,车刀受力小,散热、排屑有所改善,生产率高。但螺纹牙型一侧表面粗糙,最后一刀应留有余量,用直进法进刀修光牙型。此方法适用于塑性材料、大螺距的粗车。

两种进刀方法,每次的切深量均要小,总切深度由刻度盘控制,并借助螺纹量规测量。

车螺纹应注意:

(1) 注意和消除拖板的"空行程"。

(2) 避免"乱扣"(指螺纹被车乱的现象)。采用倒顺(正反)车法预防"乱扣"。在用斜进刀法车削螺纹时,小拖板移动距离不要过大。若车削途中刀具损坏需重新换刀或者无意提起开合螺母时,应注意及时对刀。

(3) 对刀。对刀前先安装好螺纹车刀,然后按下开合螺母,开正车(注意应该是空走刀),停车,移动中、小拖板使刀尖准确落入原来的螺旋槽中(不能移动大拖板),同时根据所在螺旋槽中的位置重新做中拖板进刀的记号,再将车刀退出,开倒车,退至螺纹头部,再进刀。对刀时一定要注意是正车对刀。

（4）借刀（指螺纹车削一定深度后，将小拖板向前或向后移动一点距离再进行车削）。借刀时注意小拖板移动距离不能过大，以免将牙槽车宽造成"乱扣"。

（5）使用两顶针装夹方法车螺纹时，工件卸下后再重新车削时，应该先对刀，后车削，以免"乱扣"。

车螺纹的质量分析，如表6-3所列。

表6-3 车螺纹时产生废品的原因及预防方法

废品种类	产生原因	预防方法
尺寸不正确	车外螺纹前的直径不对；车内螺纹前的孔径不对；车刀刀尖磨损；螺纹车刀切深过大或过小	根据计算尺寸车削外圆与内孔；经常检查车刀并及时修磨；车削时严格掌握螺纹切入深度
螺纹不正确	挂轮在计算或搭配时错误；进给箱手柄位置放错；丝杠和主轴窜动；开合螺母塞铁松动	先车出很浅的螺旋线检查螺距是否正确；调整好开合螺母塞铁，必要时在手柄上挂上重物；调整好主轴和丝杠的轴向窜动量
牙型不正确	车刀安装不正确，产生半角误差；车刀刀尖角刃磨不正确；刀具磨损	用样板对刀；正确刃磨和测量刀尖角；合理选择切削用量并及时修磨车刀
螺纹表面不光洁	切削用量选择不当；切屑流出方向不对；产生积屑瘤拉毛螺纹侧面；刀杆刚性不够产生振动	高速钢车刀车螺纹的切削速度减慢，切削厚度应小于0.06mm，加切削液；硬质合金车刀高速车螺纹时，最后一刀的切削厚度要大于0.1mm，切屑要垂直于轴心线方向排出；刀杆不能伸出过长，选择粗刀杆
扎刀和顶弯工件	车刀径向前角太大；工件刚性差，而切削用量选择太大	减小车刀径向前角，调整中滑板丝杆螺母间隙；合理选择切削用量，增加工件装夹刚性

6.6.9 孔加工

车床上可以用钻头、扩孔钻、镗刀、铰刀分别进行钻孔、扩孔、镗孔和铰孔。

1. 钻孔

在车床上钻孔，如图6-54所示，工件装夹在卡盘上，钻头安装在尾座套筒锥孔内。钻孔前先车平端面并车出一个中心坑或钻出中心孔作为引导。钻孔时，摇动尾座手轮使钻头缓慢进给。

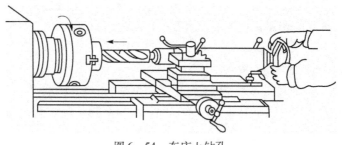

图6-54 车床上钻孔

钻孔注意事项：

（1）起钻时进给量要小，待钻头头部全部进入工件后，再正常钻削。

(2) 钻钢件时,应加冷却液,防止因钻头发热而退火。

(3) 钻小孔或深孔时,由于切屑不易排出,需经常退出排屑,否则会因切屑堵塞使钻头"咬死"或折断。

(4) 钻小孔时,主轴转速应选择快些;钻头直径越大,钻速应越慢些。

(5) 当钻头将要钻通工件时,钻头横刃首先钻出,轴向阻力大减,此时进给速度必须减慢,否则钻头容易被工件卡死,造成锥柄在尾座套筒内打滑而损坏锥柄和锥孔。

2. 镗孔

在车床上用镗刀对工件的孔进行加工称为镗孔,又叫车孔。镗孔分为镗通孔、镗盲孔,也可镗槽,如图 6-55 所示。镗通孔基本与车外圆相同,只是进刀和退刀方向相反。镗通孔镗刀的主偏角为 45°~75°,镗盲孔车刀主偏角大于 90°,镗槽则使用专用切槽镗刀。

3. 铰孔

在车床上用铰刀对工件已有的孔进行精加工,称为铰孔,如图 6-56 所示。

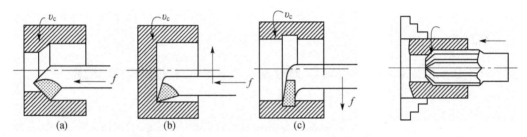

图 6-55 在车床上镗孔　　　　　　　　　图 6-56 在车床上铰孔
(a) 镗通孔;(b) 镗盲孔;(c) 镗槽。

车孔质量分析:

1) 尺寸精度不符合要求

(1) 孔径大于要求尺寸:镗孔刀安装不正确,刀尖不锋利,小拖板下面转盘基准线未对准"0"线,孔偏斜、跳动,测量不及时。

(2) 孔径小于要求尺寸:刀杆刚度不足造成"让刀"现象,塞规磨损或选择不当,刀具磨损以及车削温度过高。

2) 形状精度不符合要求

(1) 内孔成多边形:车床齿轮咬合过紧,接触不良,车床各部间隙过大,薄壁工件装夹变形也会使内孔呈多边形。

(2) 内孔有锥度:主轴中心线与导轨不平行,使用小拖板时基准线不对,切削用量过大或刀杆太细造成"让刀"现象。

(3) 表面粗糙度不符合要求:刀刃不锋利,角度不正确,切削用量选择不当,冷却液不充分。

6.6.10 滚花

一些工具和机器零件的手握部分,如百分尺的套管及螺纹量规柄、铰杠扳手等,为了便于握持和增加美观,常常在表面上滚出各种不同的花纹。在车床上用滚花刀(分直纹滚花刀和网纹滚花刀,如图 6-57 所示)挤压工件,使其表面产生塑性变形以形成花纹,如图 6-58 所示,这种方法叫滚花。滚花的径向挤压力很大,加工时,工件的转速要低些,并需要充分供给冷却润滑液,以免研坏滚花刀以及细屑滞塞在滚花刀内而产生乱纹。

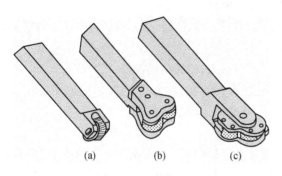
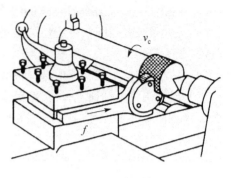

图 6-57 滚花刀　　　　　　　　　　图 6-58 滚花

(a) 直纹滚花刀；(b) 两轮网纹滚花刀；(c) 三轮网纹滚花刀。

6.7 车削综合工艺

6.7.1 轴类零件车削工艺

图 6-59 所示的传动轴由外圆、轴肩、螺纹及螺纹退刀槽、砂轮越程槽等组成。中间一档外圆及轴肩一端面对两端轴颈有较高的位置精度要求，外圆的表面粗糙度 R_a 为 0.4μm~0.8μm。

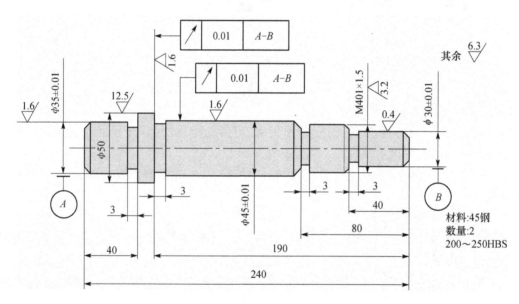

图 6-59 传动轴

根据传动轴精度和力学性能要求，确定机加工顺序为：粗车—半精车—磨削。

由于粗车时加工余量多，切削力较大，且各加工面的位置精度要求低，故采用一夹一顶安装工件。若车床上主轴孔较小，粗车 φ35 一端时也可只用三爪自定心卡盘装夹粗车后的 φ45 外圆；半精车时，为保证各加工面的位置精度，以及与磨削采用统一的定位基准，减少重复定位误差，使磨削余量均匀，保证磨削加工质量，故采用两顶尖安装工件。传动轴的加工工艺过程，如表 6-4 所列。

表 6-4 传动轴加工工艺

加工序号	工种	加工内容	刀具或工具	安装方法
1	下料	下料 φ55×245		
2	车	夹持 φ55 外圆:车端面见平,钻中心孔 φ2.5;用尾座顶尖顶住工件;粗车外圆 φ52×202;粗车 φ45、φ40、φ30 各外圆;直径留量 2mm,长度留量 1mm	中心钻 右偏刀	三爪自定心卡盘 顶尖
3	车	夹持 φ47 外圆:车另一端面,保证总长 240;钻中心孔 φ2.5;粗车 φ35 外圆,直径留量 2mm,长度留量 1mm	中心钻 右偏刀	三爪自定心卡盘
4	热处理	调质 220HBS~250HBS	钳子	竖直吊挂
5	车	修研中心孔	四棱顶尖	三爪自定心卡盘
6	车	用卡箍卡 B 端:精车 φ50 外圆至尺寸;精车 φ35 外圆至尺寸;切槽,确保长度 40;倒角	右偏刀 切槽刀	双顶尖
7	车	用卡箍卡 A 端:精车 φ45 外圆至尺寸;精车 M40 大径为 $\phi 40_{-0.2}^{-0.1}$ 外圆至尺寸;精车 φ30 外圆至尺寸;切槽三个,分别确保长度 190、80 和 40;倒角三个;车螺纹 M40×1.5	右偏刀 切槽刀 螺纹刀	双顶尖
8	磨	外圆磨床,磨 φ30、φ45 外圆	砂轮	双顶尖

6.7.2 盘套类零件车削工艺

盘套类零件主要由孔、外圆与端面组成。除尺寸精度、表面粗糙度有要求外,保证孔径向圆跳动和端面圆跳动是制定盘套类零件工艺重点考虑的问题。精车时,尽可能把有位置精度要求的外圆、孔、端面在一次安装中全部加工完。若不能一次安装完成,通常先把孔作出,然后以孔定位用心轴加工外圆或端面(有条件也可在平面磨床上磨削端面)。其安装方法和特点参看用心轴安装工件部分。图 6-60 为盘套类齿轮坯的零件图,其加工顺序见表 6-5。

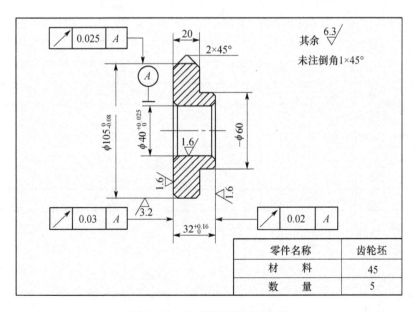

图 6-60 盘套类齿轮坯零件图

表6-5 盘套类齿轮坯加工顺序

加工序号	加工内容	安装方法
1	下料 φ110×36	
2	卡 φ110 外圆,长 20;车端面见平;车外圆 φ63×10	三爪自定心卡盘
3	卡 φ63 外圆;粗车端面见平,车外圆至 φ107;钻孔 φ36;粗精镗孔 φ40 至尺寸;精车端面、保证总长 33;精车外圆 φ105 至尺寸;倒内角 1×45°、外角 2×45°	三爪自定心卡盘
4	卡 φ105 外圆、缠铜皮、找正;精车台肩面保证长度 20;车小端面、总长 32.3;精车外圆 φ60 至尺寸;倒内角 1×45°、外角 1×45°、2×45°	三爪自定心卡盘
5	精车小端面;保证总长 32	顶尖、卡箍 锥度心轴

6.7.3 典型零件车削实例

图 6-61 为锤柄零件图,材料 45 钢,其车削加工过程见表 6-6。

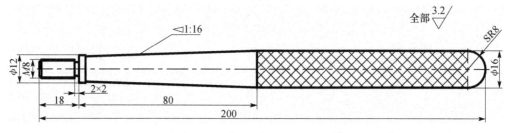

图 6-61 锤柄零件图

表6-6 锤柄车削加工过程

加工序号	加工内容	加工刀具、量具
1	下料,切断	车刀,钢板尺或卡尺
2	车端面,钻中心孔	车刀,中心钻
3	车 φ16 外圆	车刀,游标卡尺
4	滚花	滚花刀
5	车 φ12 外圆	车刀,游标卡尺
6	车 φ7.8~7.9 大径	车刀,游标卡尺
7	车圆锥面	车刀
8	车退刀槽,套螺纹	车刀,板牙
9	抛光圆锥面	
10	切断	车刀,钢板尺
11	掉头车成形面(半球面),并抛光	车刀(成形刀)

第7章 铣削加工

7.1 铣削概述

7.1.1 铣削特点与应用

在铣床上用铣刀加工工件的工艺过程叫做铣削。铣削时,铣刀作旋转主运动,工件做直线或曲线进给运动。

由于铣刀是多齿和多刃的刀具,切削工作由若干个切削刃共同分担,可采用较大的切削用量;铣削时铣刀的每个刀齿间歇地进行切削,刀具的散热条件好、耐用度高,切削速度得以提高;因此,铣削有较高的生产率。但铣削是断续切削,切削力不断地变化,加工时容易产生振动,影响加工质量。

铣削的加工精度可达到 IT8~IT9;表面粗糙度 Ra 一般为 $1.6\mu m \sim 6.3\mu m$。

铣削是金属切削加工中常用的方法之一,主要用于加工平面、各种沟槽、齿轮齿形和成形面,此外还可以进行孔的加工。

7.1.2 铣削用量

铣削用量由切削速度、进给量、背吃刀量(铣削深度)和侧吃刀量(铣削宽度)四要素组成。

1. 切削速度 v_c

切削速度即铣刀最大直径处的线速度,可由下式计算:

$$v_c = \frac{\pi d n}{1000}$$

式中:v_c 为切削速度(m/min);d 为铣刀直径(mm);n 为铣刀转速(r/min)。

2. 进给量 f

铣削时,工件在进给运动方向上相对刀具的移动量即为进给量。由于铣刀为多刃刀具,计算时按单位时间不同,有以下三种度量方法:

(1) 每齿进给量 f_z:铣刀每转过一个刀齿,工件沿进给方向移动的距离,单位为 mm/Z。

(2) 每转进给量 f:铣刀每转一转,工件沿进给方向移动的距离,单位为 mm/r。

(3) 每分钟进给量 v_f(又称进给速度):每分钟工件沿进给方向移动的距离,单位为 mm/min。

上述三者的关系为:$v_f = fn = f_z Z n$

式中:Z 为铣刀齿数;n 为铣刀转速(r/min)。

一般铣床标牌上所指进给量为 v_f。

3. 背吃刀量(又称铣削深度)a_p

铣削深度为平行于铣刀轴线方向测量的切削层尺寸,单位为 mm。

4. 侧吃刀量(又称铣削宽度)a_e

铣削宽度为垂直于铣刀轴线方向测量的切削层尺寸,单位为 mm。

粗加工时为了保证必要的刀具耐用度,应优先采用较大的侧吃刀量或背吃刀量,其次是加大进给量,最后才是选择适宜的切削速度;精加工时为减小工艺系统的弹性变形、抑制积屑瘤的产生,应采用较小的进给量。对于硬质合金铣刀应采用较高的切削速度,对高速钢铣刀应采用较低的切削速度。

7.1.3 铣削方式

根据铣刀旋转方向与工件进给方向,铣削方式分为逆铣和顺铣,如图7-1所示。逆铣时,铣刀旋转方向与工件进给方向相反;顺铣时,则铣刀旋转方向与工件进给方向相同。

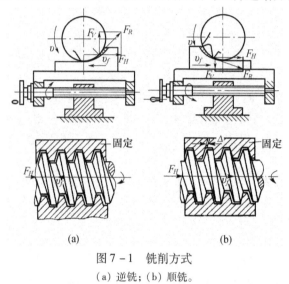

图7-1 铣削方式
(a)逆铣;(b)顺铣。

逆铣时,切屑的厚度从零渐增,刀刃容易磨损,增大表面的粗糙度,并且影响工件安装在工作台上的稳固性。

顺铣则没有上述缺点。但受工作台丝杠与螺母有间隙的影响,铣削力不稳定,使工作台窜动,进给量不均匀,甚至引起打刀或损坏机床。一般铣床上没有消除丝杠螺母间隙的装置。另外,对铸、锻件表面的粗加工,顺铣时刀齿首先接触黑皮,将加剧刀具的磨损。综上所述,生产时常选择逆铣。

7.2 铣 床

7.2.1 铣床种类

铣床种类很多,常用的有卧式铣床、立式铣床、龙门铣床、数控铣床及铣镗加工中心等。对于单件小批生产的中小型零件,以卧式铣床(简称卧铣)和立式铣床(简称立铣)最为常用。而龙门铣床一般用来加工卧式、立式铣床不能加工的大型工件。

1. 卧式铣床

卧式万能升降台铣床,如图7-2所示,其主轴与工作台面平行。这种铣床附件较多,加工范围较广,是铣床中应用最广的一种。

2. 立式铣床

立式升降台铣床主轴与工作台面垂直。在铣床上安装主轴部分的称为立铣头。按立铣头与

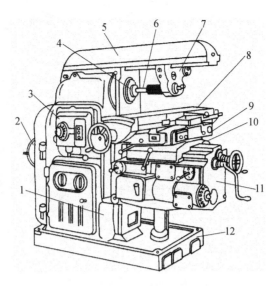

图 7-2 X6132 卧式万能升降台铣床

1—床身；2—电动机；3—变速机构；4—主轴；5—横梁；6—刀杆；7—刀杆支架；
8—纵向工作台；9—转台；10—横向工作台；11—升降台；12—底座。

床身连接关系，立式铣床分为整体式和回转式，如图 7-3 所示。整体式立铣床的立铣头与床身为一体，铣床刚性好，可采用较大切削用量，但加工范围小；回转式立铣床的立铣头主轴相对工作台面在垂直平面内可作 ±45°调整，使用方便灵活，加工范围广。

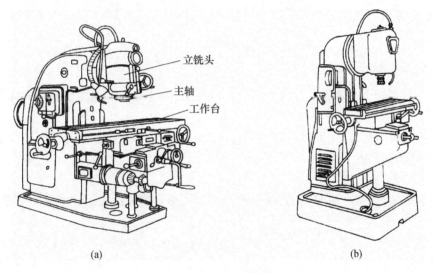

图 7-3 立式铣床
(a) 整体式立式铣床；(b) 回转式立式铣床。

3. 龙门铣床

龙门铣床属大型机床，图 7-4 为四轴龙门铣床外形图。

7.2.2 铣床型号

铣床型号与车床型号各字母、数字含义相似，其中 X 为类别代号，后面数字分别为组别代号、系列代号、主参数。X6132 铣床型号含义，如图 7-5 所示。

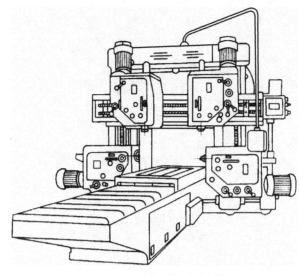

图7-4 四轴龙门铣床外形图

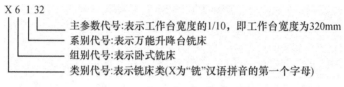

图7-5 X6132铣床型号含义

7.2.3 铣床组成

以X6132卧式万能铣床为例,其主要组成有床身、工作台、转台、升降台等。

1. 床身

床身用于固定和支承铣床上所有部件,其内部装有电动机、主轴及主轴变速机构等。

2. 横梁

横梁用于安装吊架,以支承刀杆外伸的一端,加强刀杆的刚性。横梁可沿床身的水平导轨移动,以调整其伸出的长度。

3. 主轴

主轴是空心轴,前端有7:24锥度的精密锥孔,其用途是安装铣刀刀杆并带动铣刀旋转。

4. 纵向工作台

纵向工作台用于装夹夹具和工件。在转台的导轨上由丝杠带动作纵向移动,以带动台面上的工件作纵向进给。

5. 横向工作台

横向工作台位于升降台上面的水平导轨上,可带动纵向工作台一起作横向进给。

6. 转台

转台位于纵、横工作台之间,作用是将纵向工作台在水平面内扳转一定的角度(正、反均为0°~45°),以便铣削螺旋槽。

7. 升降台

升降台可使整个工作台沿床身的垂直导轨上下移动,以调整工作台面到铣刀的距离,并作垂直进给。其内部装有供进给运动用的电机及变速机构。

带有转台的卧式铣床,由于其工作台除了能作纵向、横向和垂直方向移动外,尚能在水平面内左右扳转45°,区别于其他卧式铣床,因此称为万能卧式铣床。

7.3 铣刀及其安装

7.3.1 铣刀

铣刀的分类方法很多,一般根据铣刀安装方法的不同分为带孔铣刀和带柄铣刀。

1. 带孔铣刀

常见带孔铣刀,如图7-6所示。

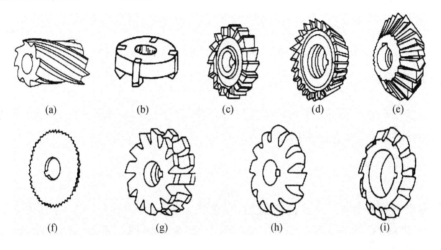

图7-6 带孔铣刀
(a)圆柱铣刀;(b)平面端铣刀;(c)直齿三面刃铣刀;(d)单角度铣刀;
(e)双角度铣刀;(f)锯片铣刀;(g)凹圆弧铣刀;(h)凸圆弧铣刀;(i)齿轮模数铣刀。

(1)圆柱铣刀 刀齿分布在圆柱表面上,又称周铣刀。根据齿形,圆柱铣刀分为直齿和斜齿,常用斜齿。圆柱铣刀主要用于铣削平面。

(2)三面刃铣刀 主要用于加工不同宽度的直槽及小平面、台阶面等。

(3)平面端铣刀 刀齿分布在圆柱端面上,主要用于铣削平面。

(4)角度铣刀 具有各种不同的角度,用于加工各种角度的沟槽及斜面等。

(5)锯片铣刀 用于铣窄槽和切断。

(6)成形铣刀 切刃呈凸圆弧、凹圆弧、齿槽形等。用于加工与切刃形状对应的成形面。

2. 带柄铣刀

带柄铣刀分为直柄和锥柄两种,如图7-7和图7-8所示。

(1)立铣刀 有直柄和锥柄两种,多用于加工沟槽、小平面、台阶面等。

(2)键槽铣刀 有直柄和锥柄两种,专用于加工封闭式键槽。

(3)T形槽铣刀 专用于加工T形槽。

(4)燕尾槽铣刀 专用于加工燕尾槽。

(5)镶齿端铣刀 刀盘上装有硬质合金刀片,加工平面时可以进行高速铣削,以提高生产效率。

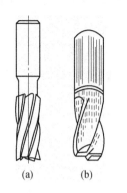
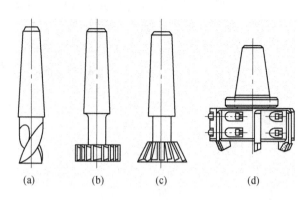

图7-7 直柄铣刀　　　　　　　　　图7-8 锥柄铣刀
（a）直柄立铣刀；（b）直柄键槽铣刀。　（a）键槽铣刀；（b）T形槽铣刀；（c）燕尾槽铣刀；（d）镶齿端铣刀。

7.3.2 铣刀的安装

带孔铣刀多用在卧式铣床，其共同特点是都有孔，以使铣刀安装到刀轴上。带柄铣刀多用在立式铣床，其共同特点是都有供夹持用的刀柄。

1. 带孔铣刀的安装

1）长刀轴安装

带孔铣刀中的圆柱形铣刀、三面刃铣刀，多用长刀轴安装，如图7-9所示。长刀轴一端有7:24锥度与铣床主轴孔配合，用于安装刀具的刀杆部分。根据刀孔的大小，常用刀轴有φ16、φ22、φ27、φ32几种型号。

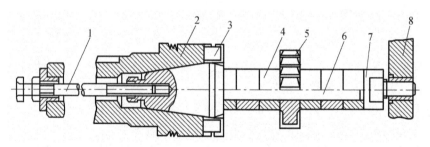

图7-9 带孔铣刀的安装
1—拉杆；2—铣床主轴；3—端面键；4—套筒；5—铣刀；6—刀杆；7—螺母；8—刀杆支架。

安装铣刀时，先在刀杆上装垫圈，然后装铣刀。在铣刀的另一侧套上垫圈，用手轻轻旋上压紧螺母。再安装吊架，使刀杆前端进入吊架轴承内，拧紧吊架的紧固螺钉。初步拧紧刀杆螺母，开车观察铣刀是否装正，然后用力拧紧螺母。

用长刀轴安装带孔铣刀时需注意：

（1）铣刀应尽可能地靠近主轴或吊架，以保证铣刀有足够的刚性；套筒端面与铣刀端面必须擦干净，以减小铣刀的端跳；拧紧刀杆的压紧螺母时，必须先装上吊架，以防刀杆受力弯曲；

（2）斜齿圆柱铣刀所产生的轴向切削力应指向主轴轴承，主轴转向与铣刀旋向的选择，见表7-1。

表 7-1　主轴转向与斜齿圆柱铣刀旋向的选择

情况	铣刀安装简图	螺旋线方向	主旋转方向	轴向力的方向	说　明
1		左旋	逆时针旋转	向着主轴轴承	正确
2		左旋	顺时针旋转	离开主轴轴承	不正确

2) 短刀轴安装

带孔端铣刀,多用短刀轴安装。短刀轴有两种,图 7-10(a)用来安装内孔上有键槽的铣刀;图 7-10(b)用外缘上两个凸键装配到铣刀的凹槽中,将主轴扭力传递给铣刀。

通常先将铣刀装在短刀轴上,再将刀轴装入机床的主轴上,并用拉杆螺丝拉紧,如图 7-11 所示。

3) 轻便刀轴安装

当铣削量不大,受力较小时,可用轻便刀轴安装,如图 7-12 所示,此时不需横梁和吊架支承,卧式、立式铣床均可使用。

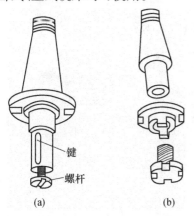
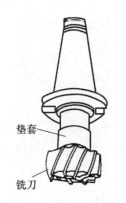
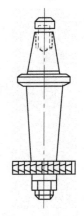

图 7-10　带孔铣刀短刀轴
(a) 安装带键槽铣刀的短刀轴；
(b) 外缘带凸键的短刀轴。

图 7-11　端铣刀的安装

图 7-12　轻便刀轴

2. 带柄铣刀的安装

1) 锥柄铣刀的安装

锥柄铣刀的安装如图 7-13(a)所示。锥柄铣刀的直径一般较大。如果锥柄铣刀锥度与主轴孔内锥度相同,可直接装入主轴中。否则根据铣刀锥柄的大小,选择合适的变锥套,将各配合表面擦净,然后用拉杆把铣刀及变锥套一起拉紧在主轴上。

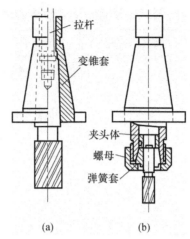

图 7-13 带柄铣刀的安装
(a) 锥柄铣刀的安装；(b) 直柄铣刀的安装。

2) 直柄铣刀的安装

直柄铣刀的安装如图 7-13(b) 所示。这类铣刀多为小直径铣刀，一般不超过 $\phi20\text{mm}$，常用弹簧套安装。弹簧套的锥柄安装在铣床主轴中，铣刀的刀柄插入弹簧套的孔中，用螺母压弹簧套的端面，使弹簧套的外锥面受压而孔径缩小，即可将铣刀抱紧。弹簧套有多种孔径，以适应各种尺寸的铣刀。

7.4 铣床附件及工件安装

7.4.1 铣床附件

铣床附件主要有分度头、平口钳、万能铣头和回转工作台，如图 7-14 所示。

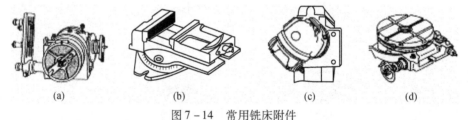

图 7-14 常用铣床附件
(a) 分度头；(b) 平口钳；(c) 万能铣头；(d) 回转工作台。

1. 分度头

分度头是万能铣床上的重要附件。

1) 分度头作用

(1) 铣削六方、齿轮、花键和刻线时，利用分度头分度。

(2) 用分度头安装零件。

(3) 与工作台纵向进给运动配合，通过配换挂轮，使工件连续转动，以加工螺旋沟槽、斜齿轮等。

2) 分度头结构

万能分度头外形，如图 7-15 所示。分度头主轴是空心轴，两端均为锥孔，前锥孔可装入顶尖（莫氏 4 号），后锥孔可装入心轴，以便在差动分度时挂轮，把主轴的运动传给侧轴可带动分度盘旋转。主轴前端外部有螺纹,用来安装三爪卡盘。

松开壳体上部的两个螺钉,主轴可以随转动体在壳体的环形导轨内转动,因此主轴除安装成水平外,还能扳成倾斜位置。当主轴调整到所需位置后,应拧紧螺钉。主轴倾斜的角度可从刻度上读出。

在壳体下面,固定有两个定位块,以便与铣床工作台面的 T 形槽相配合,用来保证主轴轴线准确地平行于工作台的纵向进给方向。手柄用于紧固或松开主轴,分度时松开,分度后紧固,以防在铣削时主轴松动。另一手柄控制蜗杆,使蜗杆和蜗轮连接或脱开(即分度头内部的传动切断或耦合)。在切断传动时,可用手转动分度的主轴。蜗轮与蜗杆之间的间隙可用螺母调整。

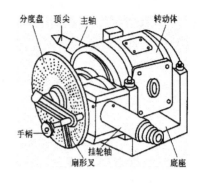

图 7 - 15　万能分度头外形

3) 分度方法

分度头内部的传动系统,如图 7 - 16(a)所示,可转动分度手柄,通过传动机构(传动比 1:1 的一对齿轮,1:40 的蜗杆蜗轮),使分度头主轴带动工件转动一定角度。手柄转一圈,主轴带动工件转 1/40 圈。

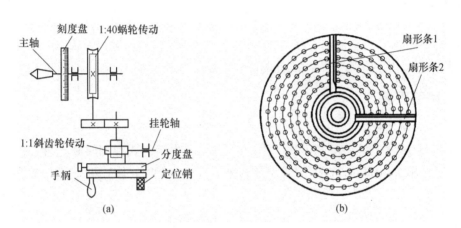

图 7 - 16　分度头
(a) 分度头内部的传动系统;(b) 分度盘。

若将工件圆周 Z 等分,则每次分度工件应转过 $1/Z$ 圈。设每次分度手柄的转数为 n,则手柄转数 n 与工件等分数 Z 之间有如下关系:

$$n = \frac{40}{Z}$$

分度头分度方法有直接分度法、简单分度法、角度分度法和差动分度法等。常用简单分度法,例如,铣齿数 $Z = 35$ 的齿轮,需对齿轮毛坯的圆周作 35 等分,每一次分度时,手柄转数为

$$n = \frac{40}{Z} = \frac{40}{35} = 1\frac{1}{7}(圈)$$

$$又有 \ n = 1\frac{1}{7} = 1\frac{4}{28}(圈)$$

分度时,若求出手柄转数不是整数,可利用分度盘的等分孔距来确定。分度盘,如图 7 - 16

(b)所示,两面各有许多孔圈,各圈孔数均不相等,但同一孔圈上的孔距相等。

分度头第一块分度盘正面各圈孔数依次为24、25、28、30、34、37;反面各圈孔数依次为38、39、41、42、43。

第二块分度盘正面各圈孔数依次为46、47、49、51、53、54;反面各圈孔数依次为57、58、59、62、66。

按上例计算结果,即每分一齿,手柄需转过$1\frac{1}{7}$圈,其中1/7圈需通过分度盘来控制。先将分度盘固定,再将分度手柄上的定位销调整到孔数为7的倍数(如28、42、49)的孔圈上,如在孔数为28的孔圈上。此时分度手柄转过1整圈后,再沿孔数为28的孔圈转过4个孔距。

为了确保手柄转过的孔距数可靠,可调整分度盘上的扇形条1、2间的夹角,使之恰好等于分子的孔距数,依次分度时则准确无误。

2. 平口钳

平口钳是一种通用夹具,经常用其安装小型工件。

3. 万能铣头

在卧式铣床装上万能铣头,不仅能完成各种立铣的工作,还可根据铣削需要,把铣头主轴扳成任意角度。

4. 回转工作台

回转工作台又称转盘、平分盘、圆形工作台等,主要用来对较大工件进行分度、加工圆弧或圆弧与直线构成的曲线。转台周围有刻度,可用来观察和确定转台位置。拧紧固定螺钉,转台固定不动。转台中央有孔,可方便地确定工件的回转中心。

7.4.2 工件的安装

1. 平口钳安装工件

铣削时,常使用平口钳夹紧中小型工件。平口钳分为固定式和回转式两种,如图7-17所示。固定式平口钳结构简单,夹紧牢靠;回转式平口钳可以绕底座旋转360°,可固定在水平面的任意位置,底座有定位键,将定位键放在工作台T形槽内,以提高安装时的定位精度。回转式平口钳使用方便,是目前应用的主要类型,但结构相对复杂,使夹具高度增加,刚性变差。

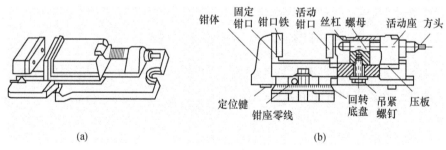

图7-17 平口钳安装工件
(a)固定式平口钳;(b)回转式平口钳。

2. 压板、螺栓安装工件

对于大型工件或平口钳难以安装的工件,可用压板、螺栓和垫铁将工件直接固定在工作台上,如图7-18所示。

用压板、螺栓安装工件时,须注意:

(1) 压板位置要安排得当，压点要靠近切削面。粗加工时，压紧力要大，以防切削时工件移动；精加工时，压紧力要合适，以防止工件变形。

(2) 若工件放在垫铁上，要检查工件与垫铁是否贴紧，若未贴紧，须垫上铜皮或纸，直到贴紧为止。

(3) 压板必须压在垫铁处，以免工件因受压紧力而变形。

(4) 安装薄壁工件时，在其空心位置处可用活动支撑（千斤顶等）增加刚度。

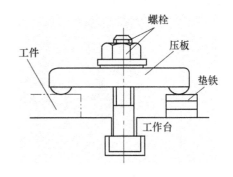

图 7-18　用压板、螺栓安装工件

(5) 工件压紧后，要用划针盘复查加工线是否仍与工作台平行，避免工件在压紧过程中变形或走动。

3. 分度头安装工件

可用分度头卡盘（或顶尖）与尾架顶尖安装轴类零件，如图 7-19 所示。又由于分度头的主轴可在垂直平面内转动，还可利用分度头卡盘在垂直及倾斜位置安装工件，如图 7-20 所示，使被加工工件的轴线，相对于铣床工作台在向上 90° 和向下 10° 的范围内倾斜成所需角度，以加工各种位置的沟槽、平面等。

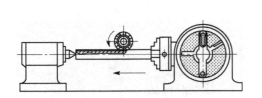

图 7-19　用分度头安装轴类零件

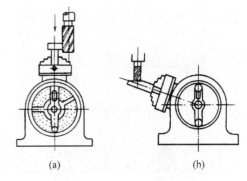

图 7-20　用分度头卡盘安装工件
(a) 分度头卡盘在垂直位置安装工件；
(b) 分度头卡盘在倾斜位置安装工件。

7.5　铣削基本工艺

7.5.1　铣平面

铣平面可以用圆柱铣刀、端铣刀或三面刃盘铣刀在卧式或立式铣床上进行铣削，如图 7-21 和图 7-22 所示。

用圆柱铣刀铣平面叫周铣，用端铣刀铣平面叫端铣。与周铣相比，端铣具有以下优点：切削厚度变化较小，参与切削的刀齿较多，切削比较平稳；端铣刀的主切削刃担负着主要的切削工作，而副切削刃又有修光作用，加工表面光整；此外，端铣刀的刀齿易于镶装硬质合金刀片，可进行高速铣削，且其刀杆比圆柱铣刀的刀杆短些，刚性较好，能减少振动，有利于提高铣削用量。因此，端铣既提高了生产率，又提高了表面质量，在大批量生产中，已成为加工平面的主要方式之一。

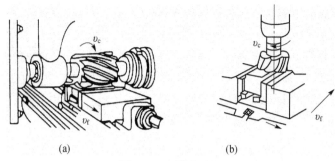

图 7-21 铣水平面
(a) 卧铣上用圆柱铣刀；(b) 立铣上用端铣刀。

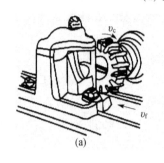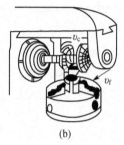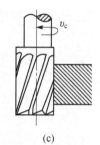

图 7-22 铣垂直面
(a) 卧铣上用端铣刀；(b) 卧铣上用三面刃铣刀；(c) 立铣上用立铣刀。

7.5.2 铣斜面和台阶面

1. 铣斜面

铣斜面的方法很多，主要有四种方法，如图 7-23 所示。

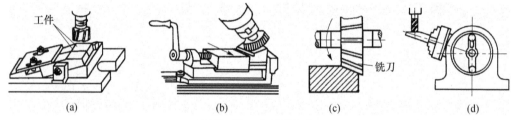

图 7-23 铣斜面方法
(a) 用垫铁铣斜面；(b) 用万能铣头铣斜面；(c) 用角度铣刀铣斜面；(d) 用分度头铣斜面。

（1）用垫铁铣斜面 在零件设计基准的下面垫一块倾斜的垫铁，则铣出斜面。倾斜垫铁的角度不同，即可加工不同角度的斜面。

（2）用万能铣头铣斜面 万能铣头能方便地改变刀杆的空间位置，可转动铣头以使刀具相对工作台倾斜一个角度来铣斜面。

（3）用角度铣刀铣斜面 较小的斜面可用合适的角度铣刀加工。

（4）用分度头铣斜面 在一些圆柱形和特殊形状的零件上加工斜面，可用分度头将工件转成所需位置而铣出斜面。

2. 铣台阶面

铣台阶面有两种方法：一是在卧式铣床上用三面刃盘铣刀铣削，如图 7-24（a）所示；二是在立式铣床上用大直径立铣刀铣削，如图 7-24（b）所示。在成批生产中，则可用组合铣刀同时铣削几个台阶面，如图 7-24（c）所示。

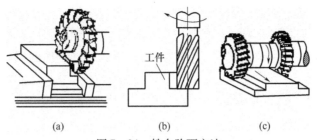

图 7-24 铣台阶面方法

(a) 三面刃铣刀铣台阶面;(b) 立铣刀铣台阶面;(c) 组合铣刀铣台阶面。

7.5.3 铣沟槽

在铣床上能加工的沟槽种类很多,如轴上的键槽、工件上的直槽、V形槽、T形槽、燕尾槽和圆弧槽等。

1. 铣键槽

常见键槽有封闭式和开口式。一般用键槽铣刀在立式铣床上铣封闭式键槽,如图7-25(a)所示。开口式键槽多在卧式铣床上用三面刃铣刀加工,如图7-25(b)所示。

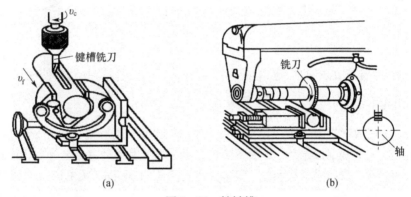

图 7-25 铣键槽

(a) 在立式铣床上铣封闭式键槽;(b) 在卧式铣床上铣开口式键槽。

2. 铣直槽

可在卧式铣床用三面刃盘铣刀铣直槽,或在立式铣床用立铣刀铣削,如图7-26所示。

3. 铣T形槽及燕尾槽

图7-27为铣T形槽及燕尾槽。要加工T形槽及燕尾槽,必须先用三面刃铣刀或立铣刀铣出直槽,然后在立式铣床上分别用T形槽铣刀和燕尾槽铣刀铣削成形。

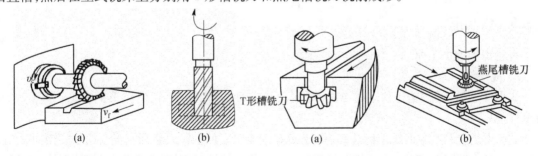

图 7-26 铣直槽

(a) 三面刃盘铣刀铣直槽;(b) 立铣刀铣直槽。

图 7-27 铣T形槽及燕尾槽

(a) 铣T形槽;(b) 铣燕尾槽。

4. 铣螺旋槽

常用分度头在万能铣床上铣螺旋槽,如图 7-28 所示,其加工原理与车床上车螺纹相似。铣削时,工件安装在分度头和尾架之间,并使铣刀的旋转平面和螺旋槽的螺旋线方向一致。

5. 铣 V 形槽

一般在卧式铣床上用角度铣刀铣 V 形槽,如图 7-29 所示。

6. 铣圆弧槽

利用圆形工作台的工作原理,工件安装在转盘的中心,按划线用逆铣法进行铣削,如图 7-30 所示。

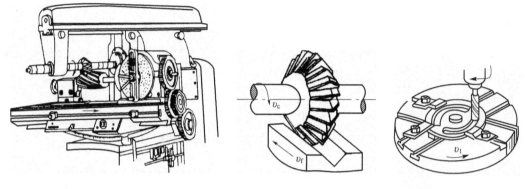

图 7-28 铣螺旋槽　　图 7-29 铣 V 形槽　　图 7-30 铣圆弧槽

铣槽时,由于排屑和散热困难,进给量要小,最好采用手动进给,并充分使用切削液。

7.5.4 铣成形面

在卧式铣床上用成形铣刀加工成形面,如图 7-31 所示。成形铣刀形状要与成形面的形状相吻合。在立式铣床上铣削成形面,要求不高时,可按划线用手动进给铣削或用圆形工作台铣削;成批及大量生产时,采用靠模夹具或专用的靠模铣床加工成形面,如图 7-32 所示。

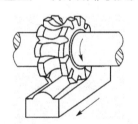 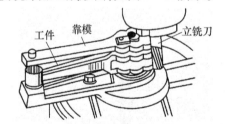

图 7-31 用成形铣刀铣成形面　　图 7-32 用靠模铣成形面

7.5.5 铣齿形

齿轮齿形的加工原理分为两大类:成形法和展成法。

1. 成形法

成形法即铣齿轮,是指利用成形铣刀(如盘状铣刀、指状铣刀)切出齿形的方法,如图 7-33 所示。

圆柱形齿轮和圆锥齿轮,可在卧式铣床或立式铣床上加工。人字形齿轮在立式铣床上加工。蜗轮则在卧式铣床上加工。卧式铣床加工齿轮一般用盘状铣刀,而在立式铣床上则使用指状铣刀。

成形法加工的特点:

(1) 设备简单,只用普通铣床即可,刀具成本低。

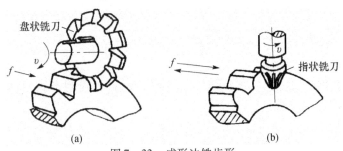

图 7-33 成形法铣齿形
(a) 盘状铣刀铣齿轮；(b) 指状铣刀铣齿轮。

(2) 铣刀每切一齿槽都要重复消耗一段切入、退刀和分度的辅助时间,生产率较低。
(3) 加工的齿轮精度较低,只能达到 IT9~IT11。

综上所述,成形法铣齿一般用于修配或单件生产某些转速低、精度要求不高的齿轮。

2. 展成法

展成法(又称范成法),是指利用齿轮刀具与被切齿轮的互相啮合运转而切出齿形的方法,如滚齿和插齿,如图 7-34 所示。

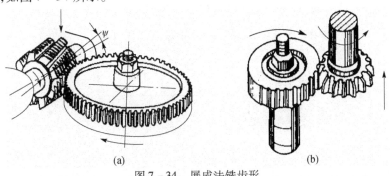

图 7-34 展成法铣齿形
(a) 滚齿；(b) 插齿。

滚齿是用齿轮滚刀按展成法加工齿形的方法,除加工直齿圆柱齿轮外,还可加工斜齿圆柱齿轮、蜗轮和链轮。

插齿是用插齿刀按展成法加工齿形的方法,主要用于加工直齿圆柱齿轮,还可加工双联齿轮、多联齿轮和内齿轮。

滚齿和插齿均能用一把刀具加工同一模数任意齿数的齿轮,其加工精度和生产率均比成形法高。

7.5.6 其他加工

在铣床上可用锯片铣刀切断,如图 7-35 所示。有时钻孔和镗孔加工也可在铣床上进行。图 7-36 所示是在卧式铣床上镗孔。

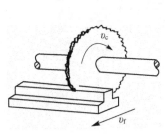

图 7-35 锯片铣刀切断

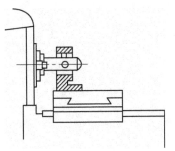

图 7-36 在卧式铣床上镗孔

7.6 铣削工艺示例

以图 7-37 所示滑块零件为例,简述其单件小批量生产时铣削步骤,如表 7-2 所列。

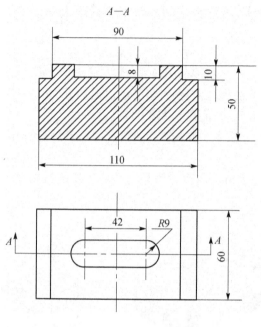

图 7-37 滑块

表 7-2 滑块的铣削过程

序号	加工内容	加工简图	机床、刀具
1	以 3 面为基准,铣平面 1		立式铣床、φ100 硬质合金端铣刀
2	以 1 面为基准,靠紧固定钳口,铣平面 2		
3	以 1 面为基准,靠紧固定钳口,铣平面 4		

(续)

序号	加工内容	加工简图	机床、刀具
4	以1面为基准,紧靠虎钳导轨面上的平行垫铁,铣平面3		立式铣床、$\phi100$ 硬质合金端铣刀
5、6	铣110mm 两端面		卧式铣床、$\phi100$ 硬质合金端铣刀
7	铣两端10mm 深台阶		卧式铣床、$\phi80$ 三面刃铣刀
8	铣18mm 宽槽		立式铣床、$\phi18$ 键槽铣刀

第 8 章 刨削加工

8.1 刨削概述

刨削是在刨床上利用刨刀对工件进行切削加工的方法,主要用于加工各种平面(水平面、垂直面和斜面)、沟槽(直槽、V 形槽、T 形槽、燕尾槽等)和成形面等,如图 8-1 所示。

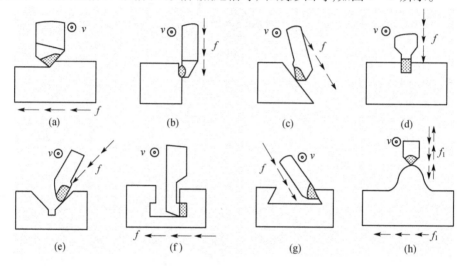

图 8-1 刨削加工的主要应用
(a)平面刨刀刨平面;(b)偏刀刨垂直面;(c)偏刀刨斜面;(d)切刀切断;
(e)偏刀刨 V 形槽;(f)弯切刀刨 T 形槽;(g)角度偏刀刨燕尾槽;(h)刨曲面。

刨削可以在牛头刨床和龙门刨床上进行。在牛头刨床上刨削时,刨刀的纵向往复直线运动为主运动,工件随工作台作横向间歇进给运动,如图 8-2 所示。在龙门刨床上刨削时,零件随工作台的往复直线运动为主运动,进给运动是垂直刀架沿横梁上的水平移动和侧刀架在立柱上的垂直移动。

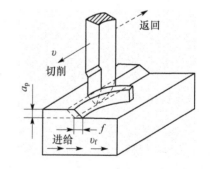

图 8-2 牛头刨床的刨削运动和切削用量

与其他加工方法相比,刨削加工具有以下特点:

(1) 生产率较低。刨削是不连续的切削过程,刀具切入、切出时切削力有突变,将引起冲击和振动,限制了刨削速度的提高。此外,单刃刨刀实际参加切削的长度有限,一个表面往往要经过多次行程才能加工出来,刨刀返回行程时不工作。由于以上原因,刨削生产率低于铣削,但对于狭长表面(如导轨面)的加工,以及在龙门刨床上进行多刀、多件加工,其生产率可能高于铣削。

(2) 通用性好,适应性强。刨床结构较车床、铣床简单,调整和操作方便;刨刀形状简单,制造、刃磨和安装都较方便;刨削时,一般不需加切削液。

(3) 刨削加工的尺寸精度一般为 IT8~IT9,表面粗糙度 Ra 值为 1.6μm~6.3μm,用宽刀精刨时,Ra 值可达 1.6 μm。此外,刨削加工可保证一定的位置精度,如面对面的平行度和垂直度等。

刨削在单件、小批生产和修配工作中应用广泛。

8.2 刨 床

刨床主要有牛头刨床和龙门刨床,常用的是牛头刨床。牛头刨床最大的刨削长度一般不超过 1000 mm,适于加工中小型零件。龙门刨床由于其刚性好,而且有 2 个~4 个刀架可同时工作,因此,用于加工大型工件或同时加工多个中、小型零件,其加工精度和生产率均比牛头刨床高。刨床上加工的典型零件如图 8-3 所示。

8.2.1 牛头刨床

1. 牛头刨床的组成

图 8-4 所示为 B6065 型牛头刨床的外形。

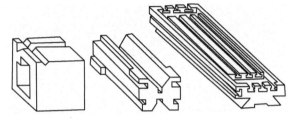

图 8-3 刨床上加工的典型零件

型号 B6065 中,B 为机床类别代号,表示刨床;6 和 0 分别为机床组别和系列代号,表示牛头刨床;65 为主参数最大刨削长度的 1/10,即最大刨削长度为 650mm。

牛头刨床主要由以下几部分组成:

(1) 床身 用以支撑和连接刨床各部件。其顶面水平导轨供滑枕带动刀架往复直线运动,侧面的垂直导轨供横梁带动工作台升降。床身内部有主运动变速机构和摆杆机构。

(2) 滑枕 用以带动刀架沿床身水平导轨作往复直线运动。滑枕往复直线运动的快慢、行程的长度和位置,均可根据加工需要调整。

(3) 刀架 用以夹持刨刀,其结构如图 8-5 所示。当转动刀架手柄 5 时,滑板 4 带着刨刀沿刻度转盘 7 上的导轨上、下移动,以调整背吃刀量或加工垂直面时作进给运动。松开转盘 7 上的螺母,将转盘扳转一定角度,可使刀架斜向进给,以加工斜面。刀座 3 装在滑板 4 上。抬刀板 2 可绕刀座上的销轴向上抬起,以使刨刀在返回行程时离开零件已加工表面,以减少刀具与零件的摩擦。

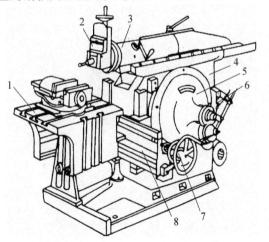

图 8-4 B6065 型牛头刨床外形图
1—工作台;2—刀架;3—滑枕;4—床身;
5—摆杆机构;6—变速机构;7—进给机构;8—横梁。

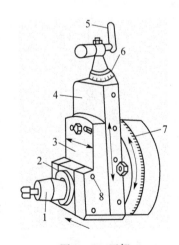

图 8-5 刀架
1—刀夹;2—抬刀板;3—刀座;4—滑板;
5—手柄;6—刻度环;7—刻度转盘;8—销轴。

（4）工作台 用以安装零件，可随横梁作上下调整，也可沿横梁导轨做水平移动或间歇进给运动。

2. 牛头刨床的传动系统

牛头刨床的传动系统主要包括摆杆机构和棘轮机构。

（1）摆杆机构 其作用是将电动机传来的旋转运动变为滑枕的往复直线运动，结构如图8-6所示。摆杆7上端与滑枕内的螺母2相连，下端与支架5相连。摆杆齿轮3上的偏心滑块6与摆杆7上的导槽相连。当摆杆齿轮3由小齿轮4带动旋转时，偏心滑块就在摆杆7的导槽内上下滑动，从而带动摆杆7绕支架5中心左右摆动，于是滑枕便作往复直线运动。摆杆齿轮转动一周，滑枕带动刨刀往复运动一次。

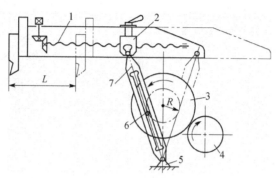

图8-6 摆杆机构

1—丝杠；2—螺母；3—摆杆齿轮；4—小齿轮；
5—支架；6—偏心滑块；7—摆杆。

（2）棘轮机构 其作用是使工作台在滑枕完成回程与刨刀再次切入零件之前的瞬间作间歇横向进给，横向进给机构如图8-7(a)所示，棘轮机构的结构如图8-7(b)所示。齿轮5与摆杆齿轮为一体，摆杆齿轮逆时针旋转时，齿轮5带动齿轮6转动，使连杆4带动棘爪3逆时针摆动。棘爪3逆时针摆动时，其上的垂直面拨动棘轮2转过若干齿，使丝杠8转过相应的角度，从而实现工作台的横向进给。而当棘轮顺时针摆动时，由于棘爪后面为一斜面，只能从棘轮齿顶滑过，不能拨动棘轮，工作台静止不动，这样就实现了工作台的横向间歇进给。

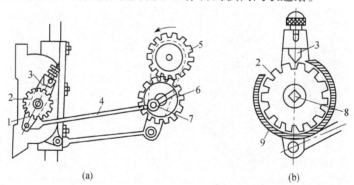

图8-7 牛头刨床横向进给机构

(a) 横向进给机构；(b) 棘轮机构。

1—棘爪架；2—棘轮；3—棘爪；4—连杆；5、6—齿轮；7—偏心销；8—横向丝杠；9—棘轮罩。

3. 牛头刨床的调整

1) 滑枕行程长度、起始位置、速度的调整

刨削时，滑枕行程的长度应大于零件刨削表面的长度，一般为30 mm～40 mm，其调整方法

是通过改变摆杆齿轮上偏心滑块的偏心距离来实现,如图 8-6 所示,偏心距越大,摆杆摆动的角度就越大,滑枕的行程长度也就越长;反之,则越短。松开滑枕内的锁紧手柄,转动丝杠,即可改变滑枕行程的起始点,使滑枕移到所需要的位置。

调整滑枕速度时,必须在停车之后进行,否则将打坏齿轮。如图 8-4 所示,可以通过变速机构 6 来改变变速齿轮的位置,使牛头刨床获得不同的速度。

2) 工作台横向进给量的调整

工作台的进给运动既要满足间歇运动的要求,又要与滑枕的工作行程协调一致,即在刨刀返回行程将结束时,工作台连同零件一起横向移动一个进给量。牛头刨床的进给运动是由棘轮机构实现的。

如图 8-7 所示,棘爪架空套在横梁丝杠轴上,棘轮用键与丝杠轴相连。工作台横向进给量的大小,可通过改变棘轮罩的位置,从而改变棘爪每次拨过棘轮的有效齿数来调整。棘爪拨过棘轮的齿数较多时,进给量大;反之则小。此外,还可通过改变偏心销 7 的偏心距来调整,偏心距小,棘爪架摆动的角度就小,棘爪拨过的棘轮齿数少,进给量就小;反之,进给量则大。

若将棘爪提起后转动180°,可使工作台反向进给。当把棘爪提起后转动90°时,棘轮便与棘爪脱离接触,此时可手动进给。

8.2.2 龙门刨床

龙门刨床因有一个"龙门"式的框架而得名,适用于刨削大型零件,零件长度可达几米、十几米,甚至几十米。龙门刨床特别适于加工各种水平面、垂直面及各种平面组合的导轨面、T 形槽等。龙门刨床的外形如图 8-8 所示。

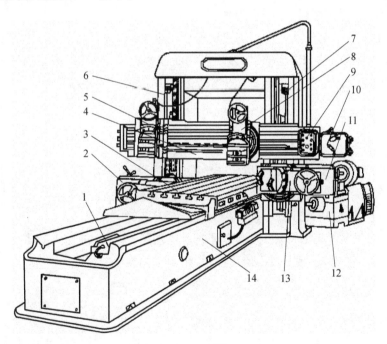

图 8-8　B2010A 型龙门刨床
1—液压安全器;2—左侧刀架进给箱;3—工作台;4—横梁;5—左垂直刀架;
6—左立柱;7—右立柱;8—右垂直刀架;9—悬挂按钮站;10—垂直刀架进给箱;
11—右侧刀架进给箱;12—工作台减速箱;13—右侧刀架;14—床身。

龙门刨床的主要特点是：自动化程度高，各主要运动的操纵都集中在机床的悬挂按钮站和电气柜的操纵台上，操纵十分方便；工作台的工作行程和空回行程可在不停车的情况下实现无级变速；横梁可沿立柱上下移动，以适应不同高度零件的加工；所有刀架都有自动抬刀装置，并可单独或同时进行自动或手动进给，垂直刀架还可转动一定的角度，用来加工斜面。

8.3 刨刀及其安装

8.3.1 刨刀

1. 刨刀的形状

刨刀的几何形状与车刀相似，但刀杆的截面积比车刀大1.25倍～1.5倍，以承受较大的冲击力。刨刀的前角γ,比车刀稍小，刃倾角取较大的负值，以增加刀头的强度。刨刀的一个显著特点是刀头往往做成弯头，图8-9所示为弯、直头刨刀的比较示意图。做成弯头的目的是为了当刀具碰到工件表面上的硬点时，刀头能绕 O 点向后上方弹起，使切削刃离开工件表面，不会啃入工件已加工表面或损坏切削刃，因此，弯头刨刀比直头刨刀应用更广泛。

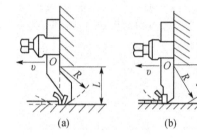

图8-9 刨刀
(a) 弯头刨刀；(b) 直头刨刀。

2. 刨刀的种类及其应用

刨刀种类依加工表面形状不同而有所不同。常用刨刀及其应用如图8-1所示。平面刨刀用以加工水平面；偏刀用于加工垂直面、台阶面和斜面；角度偏刀用以加工角度和燕尾槽；切刀用以切断或刨沟槽；内孔刀用以加工内孔表面（如内键槽）；弯切刀用以加工T形槽及侧面上的槽；成形刀用以加工成形面。

8.3.2 刨刀的安装

如图8-10所示，安装刨刀时，将转盘对准零线，以便准确控制背吃刀量，刀头不要伸出太长，以免产生振动和折断。直头刨刀伸出长度一般为刀杆厚度的1.5倍～2倍，弯头刨刀伸出长度可稍长些，以弯曲部分不碰刀座为宜。装刀或卸刀时，应使刀尖离开零件表面，以防损坏刀具或者擦伤零件表面，必须一只手扶住刨刀，另一只手使用扳手，用力方向自上而下，否则容易将抬刀板掀起，碰伤或夹伤手指。

8.3.3 工件的安装

在刨床上安装工件的方法视工件的形状和尺寸而定，常用的有平口虎钳安装、工作台安装和专用夹具安装等。刨削装夹工件方法与铣削相同，可参照铣床中工件安装及铣床附件所述内容。

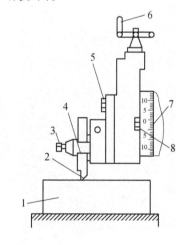

图8-10 刨刀的安装
1—工件；2—刀头；3—刀夹螺钉；
4—刀夹；5—刀座螺钉；6—刀架进给手柄；
7—转盘；8—转盘螺钉。

8.4 刨削的基本操作

8.4.1 刨平面

1. 刨水平面

刨削水平面的顺序如下：
(1) 正确安装刀具和工件。
(2) 调整工作台的高度，使刀尖轻微接触零件表面。
(3) 调整滑枕的行程长度和起始位置。
(4) 根据工件材料、形状、尺寸等要求，合理选择切削用量。
(5) 试切。先用手动试切，进给 1mm～1.5mm 后停车，测量尺寸，根据测得结果调整背吃刀量，再自动进给进行刨削。当工件表面粗糙度 Ra 值低于 $6.3\mu m$ 时，应先粗刨，再精刨。精刨时，背吃刀量和进给量应小些，切削速度应适当高些。此外，在刨刀返回行程时，用手掀起刀座上的抬刀板，使刀具离开已加工表面，以保证零件表面质量。
(6) 检验。工件刨削完工后，停车检验，合格后即可卸下。

2. 刨垂直面和斜面

刨垂直面的方法如图 8-11 所示。此时采用偏刀，并使刀具的伸出长度大于整个刨削面的高度。刀架转盘应对准零线，以保证刨刀沿垂直方向移动。刀座必须偏转 10°～15°，以使刨刀在返回行程时离开工件表面，减少刀具的磨损，避免工件已加工表面被划伤。

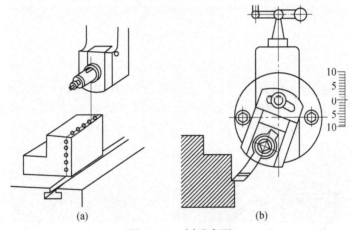

图 8-11 刨垂直面
(a) 按划线找正；(b) 调整刀架垂直进给。

刨斜面与刨垂直面基本相同，只是刀架转盘必须按工件所需加工的斜面扳转一定角度，以使刨刀沿斜面方向移动，如图 8-12 所示。刨斜面一般采用偏刀或样板刀，转动刀架手柄进行进给，可以刨削左侧或右侧斜面。

刨垂直面和斜面的加工方法一般在不能或不便于进行水平面刨削时才使用。

8.4.2 刨沟槽

1. 刨直槽

刨直槽时用切刀以垂直进给完成，如图 8-13 所示。

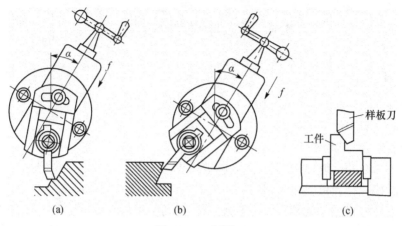

图 8-12 刨斜面
(a)用偏刀刨左侧斜面；(b)用偏刀刨右侧斜面；(c)用样板刀刨斜面。

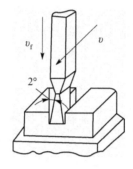

图 8-13 刨直槽

2. 刨 V 形槽

刨 V 形槽的方法如图 8-14 所示。先按刨平面的方法把 V 形槽粗刨出大致形状，如图 8-14(a)所示；然后用切刀刨 V 形槽底的直角槽，如图 8-14(b)所示；再按刨斜面的方法用偏刀刨 V 形槽的两斜面，如图 8-14(c)所示；最后用样板刀精刨至图样要求的尺寸精度和表面粗糙度，如图 8-14(d)所示。

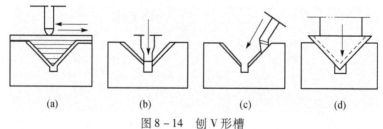

图 8-14 刨 V 形槽
(a)刨平面；(b)刨直角槽；(c)刨斜面；(d)样板刀精刨。

3. 刨 T 形槽

刨 T 形槽时，应先在工件端面和上平面划出加工线，如图 8-15 所示。然后按照图 8-16 所示刨出 T 形槽。

4. 刨燕尾槽

刨燕尾槽步骤与刨 T 形槽相似，但刨侧面时须用角度偏刀，刀架转盘要扳转一定角度，如图 8-17 所示。

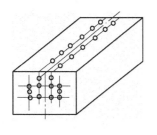

图 8-15 T形槽工件划线

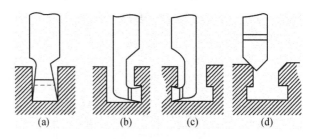

图 8-16 T形槽工件刨削步骤
(a) 刨直角槽；(b) 刨右凹槽；(c) 刨左凹槽；(d) 倒角。

8.4.3 刨成形面

在刨床上刨削成形面，通常是先在工件的侧面划线，然后根据划线分别移动刨刀作垂直进给和移动工作台作水平进给，从而加工出成形面。也可用成形刨刀加工，使刨刀刃口形状与工件表面一致，一次成形，如图 8-18 所示。

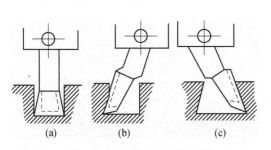

图 8-17 燕尾槽的刨削步骤
(a) 刨直角槽；(b) 刨左燕尾槽；(c) 刨右燕尾槽。

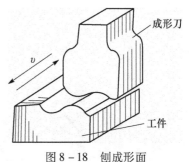

图 8-18 刨成形面

8.5 插　削

8.5.1 插床

图 8-19 所示为 B5032 型插床，其中 B 为刨床类代号，50 为插床代号，32 为最大插削长度的 1/10，即最大插削长度为 320mm。插床工作原理与牛头刨床相似，实际上是一种立式刨床，只是在结构形式上略有区别。插床的滑枕在垂直方向上下往复移动——主运动，工作台由下拖板、上拖板及圆工作台组成，下拖板可作横向进给，上拖板可作纵向进给，圆工作台可带动工件回转。

8.5.2 插刀

插削加工的刀具是插刀，插刀的几何形状与牛头刨的刨刀类似，只要把刨刀刀头从水平位置转到垂直位置即可，如图 8-20 所示。

8.5.3 插削的应用及特点

1. 插削应用

插床的主要用途是加工工件的内表面，如方孔、孔内键槽及多边形孔，如图 8-21 所示。

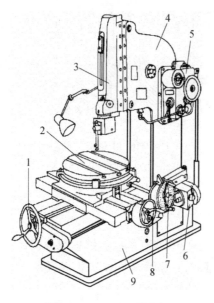

图 8-19 B5032 型插床
1—工作台纵向移动手轮；2—工作台；3—滑枕；4—床身；
5—变速箱；6—进给箱；7—分度盘；8—工作台横向移动手轮；9—底座。

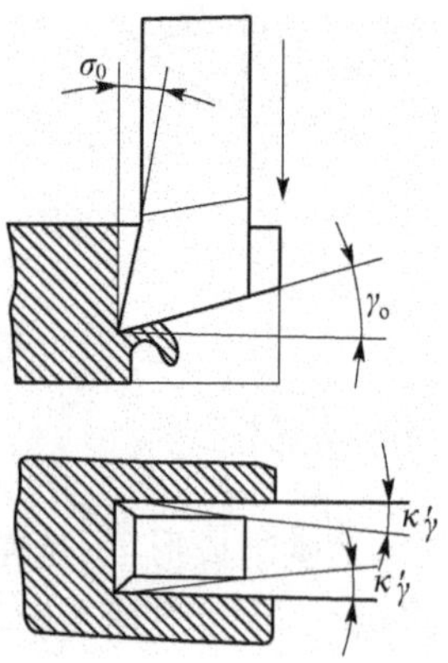

图 8-20 插刀的几何形状

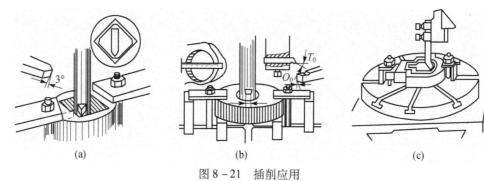

图 8-21 插削应用
(a) 插方孔；(b) 孔内键槽；(c) 多边形孔。

2. 插削特点

在插床上加工孔内表面时，刀具要穿入工件的孔内进行插削，因此工件的加工部分必须先有一个足够大的孔才能顺利进行插削。

插床与刨床一样，生产率低，工人技术水平要求高。所以，插床多用于单件和小批生产。

第9章 磨削加工

9.1 磨削概述

磨削是在磨床上用砂轮作为刀具对工件表面进行切削加工,是机械制造中最常用的精加工方法之一。磨削的应用范围很广,可磨削难以切削的各种高硬、超硬材料;可磨削各种表面;可用于荒加工(磨削钢坯、割浇冒口等)、粗加工、精加工和超精加工。磨削加工容易实现生产过程自动化,在工业发达国家,磨床已占机床总数的25%左右,个别行业可达到40%~50%。

与其他加工方法相比,磨削加工具有以下特点:

(1)磨削属多刃、微刃切削。磨削用的砂轮是由许多细小坚硬的磨粒用结合剂黏结在一起经焙烧而成的疏松多孔体,如图9-1所示。这些锋利的磨粒就像铣刀的切削刃,在砂轮高速旋转的条件下,切入工件表面,故磨削是一种多刃、微刃切削过程。

(2)加工尺寸精度高,表面粗糙度值低。磨削的切削厚度极薄,每个磨粒的切削厚度可小到微米,故磨削的尺寸精度可达IT5~IT6,表面粗糙度 Ra 值达 $0.025\mu m$ ~ $0.8\mu m$。高精度磨削时,尺寸精度可超过IT4,表面粗糙度 Ra 值不大于 $0.012\mu m$。

(3)加工材料广泛。由于磨料硬度极高,故磨削不仅可加工一般金属材料,如碳钢、铸铁等,还可加工一般刀具难以加工的高硬度材料,如淬火钢、各种切削刀具材料及硬质合金等。

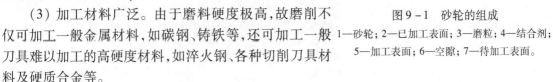

图9-1 砂轮的组成
1—砂轮;2—已加工表面;3—磨粒;4—结合剂;
5—加工表面;6—空隙;7—待加工表面。

(4)砂轮有自锐性。当作用在磨粒上的切削力超过磨粒的极限强度时,磨粒就会破碎,形成新的锋利棱角进行磨削;切削力超过结合剂的黏结强度时,钝化的磨粒就会自行脱落,使砂轮表面露出一层新鲜锋利的磨粒,从而使磨削加工能够继续进行。砂轮的这种自行推陈出新、保持自身锋利的性能称为自锐性。自锐性可使砂轮连续进行加工,这是其他刀具没有的。

(5)磨削温度高。磨削过程中,由于切削速度很高,产生大量切削热(温度超过1000℃)。同时,高温的磨屑在空气中发生氧化,产生火花。在如此高温下,将会使工件材料的性能改变而影响质量。因此,为减少摩擦和迅速散热,降低磨削温度,及时冲走屑末,以保证工件表面质量,磨削时需使用大量切削液。

9.2 磨床

磨床的种类很多,常用的有外圆磨床、内圆磨床、平面磨床等。

9.2.1 外圆及内圆磨床

常用的外圆磨床分为普通外圆磨床和万能外圆磨床。在普通外圆磨床上可磨削零件的外圆柱面和外圆锥面;在万能外圆磨床上由于砂轮架、头架和工作台上都装有转盘,能回转一定的角度,且增加了内圆磨具附件,所以万能外圆磨床除可磨削外圆柱面和外圆锥面外,还可磨削内圆柱面、内圆锥面及端平面,故万能外圆磨床较普通外圆磨床应用更广。图9-2所示为M1432A万能外圆磨床,M表示磨床类,1表示外圆磨床,4表示万能外圆磨床,32表示最大磨削直径的1/10,即最大磨削直径为320mm。

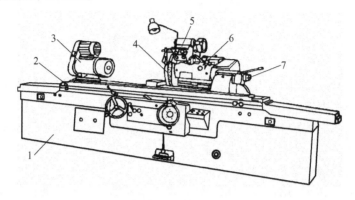

图9-2 M1432A万能外圆磨床
1—床身;2—工作台;3—头架;4—砂轮;5—内圆磨头;6—砂轮架;7—尾架。

内圆磨床主要用于磨削内圆柱面、内圆锥面和端面等。图9-3所示为M2120型内圆磨床,M表示磨床类,21表示内圆磨床,20表示最大磨削孔径的1/10,即最大磨削孔径为200mm。

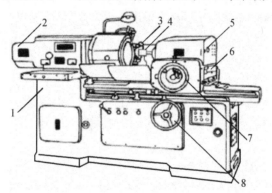

图9-3 M2120型内圆磨床
1—床身;2—头架;3—砂轮修整器;4—砂轮;5—磨具架;
6—工作台;7—操纵磨具架手轮;8—操纵工作台手轮。

9.2.2 平面磨床

平面磨床主要用于磨削零件上的平面。平面磨床与其他磨床不同的是工作台上安装有电磁吸盘或其他夹具,用做装夹零件。图9-4所示为M7120A型平面磨床,M表示磨床类,71表示卧轴矩形工作台平面磨床,20表示工作台宽度的1/10,即工作台宽度为200mm。磨头2沿滑板3的水平导轨可做横向进给运动,这可由液压驱动或横向进给手轮4操纵。滑板3可沿立柱6的导轨垂直移动,以调整磨头2的高低位置及完成垂直进给运动,该运动也可操纵手轮9实现。砂轮由装在磨头壳体内的电动机直接驱动旋转。

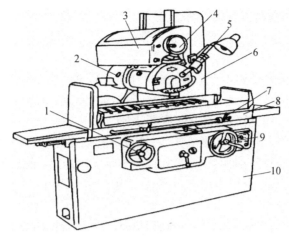

图 9-4 M7120A 型平面磨床外形图
1—驱动工作台手轮；2—磨头；3—滑板；4—横向进给手轮；5—砂轮修整器；
6—立柱；7—行程挡块；8—电磁吸盘工作台；9—垂直进给手轮；10—床身。

9.3 砂 轮

砂轮是磨削的切削工具。磨粒、结合剂和空隙是构成砂轮的三要素，如图 9-1 所示。

9.3.1 砂轮的特性

砂轮的特性主要取决于磨料、粒度、硬度、结合剂、组织、形状和尺寸等。

1. 磨料

磨料直接担负着切削工作，必须硬度高、耐热性好，有锋利的棱边和一定的强度。常用的磨料有刚玉类、碳化硅类和超硬磨料。表 9-1 是常用刚玉类、碳化硅类磨料的代号、特点及适用范围。

表 9-1 常用磨料特点及其用途

磨料名称	代号	特点	用途
棕刚玉	A	硬度高，韧性好，价格较低	适合于磨削各种碳钢、合金钢和可锻铸铁等
白刚玉	WA	比棕刚玉硬度高，韧性低，价格高	适合于加工淬火钢、高速钢和高碳钢
黑色碳化硅	C	硬度高，性脆而锋利，导热性好	用于磨削铸铁、黄铜等脆性材料及硬质合金刀具
绿色碳化硅	GC	硬度比黑色碳化硅更高，导热性好	用于加工硬质合金、宝石、陶瓷和玻璃等

2. 粒度

粒度是指磨料颗粒的大小，以每英寸筛网长度上筛孔的数目表示，粒度号越大，颗粒越小。粗磨用粗粒度砂轮，精磨用细粒度砂轮；当工件材料软、塑性大、磨削面积大时，应采用粗粒度砂轮，以免堵塞砂轮和烧伤工件。

3. 硬度

硬度是指砂轮上磨料在外力作用下脱落的难易程度。硬度取决于结合剂的结合能力及所占比例，与磨料硬度无关。磨粒易脱落，表明砂轮硬度低，反之则表明砂轮硬度高。硬度分 7 大级（超软、软、中软、中、中硬、硬、超硬），16 小级。

砂轮硬度选择原则是：

（1）磨削硬材，选软砂轮；磨削软材，选硬砂轮。

（2）磨削导热性差的材料，不易散热，选软砂轮以免工件烧伤。

(3)砂轮与工件接触面积大时,选较软的砂轮。

(4)成形磨、精磨时,选硬砂轮;粗磨时选较软的砂轮。

4. 结合剂

常用结合剂有陶瓷结合剂(代号 V)、树脂结合剂(代号 B)、橡胶结合剂(代号 R)、金属结合剂(代号 M)等。陶瓷结合剂化学稳定性好、耐热、耐腐蚀、价廉,但脆性较大,不宜制成薄片,不宜高速,线速度一般为 35m/s;树脂结合剂强度高、弹性好、耐冲击、自锐性好,但耐腐蚀及耐热性差(300℃),适于高速磨削或切槽切断等工作;橡胶结合剂强度高、弹性好、耐冲击、自锐性好,具有良好的抛光作用,耐腐蚀耐热性差(200℃),适于制作抛光轮、导轮及薄片砂轮;金属结合剂如青铜、镍等,强度韧度高、成形性好,但自锐性差,适于制作金刚石、立方氮化硼砂轮。

5. 组织

组织是指砂轮中磨料与结合剂结合的疏密程度,反映了磨料、结合剂、空隙三者体积的比例关系。组织号是由磨料所占的百分比来确定的。砂轮的组织分紧密、中等、疏松三类。紧密组织成形性好,加工质量高,适于成形磨、精密磨和强力磨削;中等组织适于一般磨削工作,如淬火钢、刀具刃磨等;疏松组织不易堵塞砂轮,适于粗磨软材、平面、内圆等接触面积较大的工件,以及热敏性强的材料或薄件。

6. 形状和尺寸

根据机床结构与磨削加工的需要,可将砂轮制成各种形状和尺寸。常用的砂轮形状有平形砂轮(1)、筒形砂轮(2)、双斜边砂轮(4)、杯形砂轮(6)、碗砂轮(11)、蝶形一号砂轮(12a)、薄片砂轮(14)等。

为方便选用,在砂轮的非工作表面上印有特性代号,如代号 PA 60KV6P300×40×75,表示砂轮的磨料为铬刚玉(PA),粒度为 60#,硬度为中软(K),结合剂为陶瓷(V),组织号为 6 号,形状为平形砂轮(P),尺寸外径为 300mm,厚度为 40mm,内径为 75mm。

9.3.2 砂轮的安装

砂轮因在高速下工作,安装时应首先检查外观没有裂纹后,再用木锤轻敲,如果声音嘶哑,则禁止使用,否则砂轮破裂会飞出伤人。砂轮的安装方法如图 9-5 所示。

为使砂轮工作平稳,一般直径大于 125mm 的砂轮都要进行平衡试验,如图 9-6 所示。将砂轮装在心轴 2 上,再将心轴放在平衡架 6 的平衡轨道 5 的刃口上。若不平衡,较重部分总是转到下面,可移动法兰盘端面环槽内的平衡铁 4 进行调整。经反复平衡试验,直到砂轮可在刃口任意位置上都能静止,即说明砂轮各部分的质量分布均匀。这种方法称为静平衡。

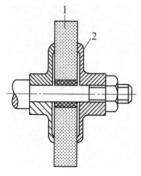

图 9-5 砂轮的安装
1—砂轮;2—弹性垫板。

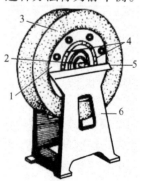

图 9-6 砂轮的平衡
1—砂轮套筒;2—心轴;3—砂轮;
4—平衡铁;5—平衡轨道;6—平衡架

9.3.3 砂轮的修整

砂轮工作一定时间后,磨粒逐渐变钝,这时必须修整。修整时,将砂轮表面一层变钝的磨粒切去,使砂轮重新露出完整锋利的磨粒,以恢复砂轮的几何形状。砂轮常用金刚石笔进行修整,如图9-7所示。修整时要使用大量的冷却液,以免金刚石因温度急剧升高而破裂。

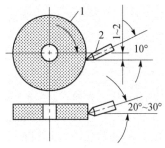

图9-7 砂轮的修整
1—砂轮;2—金刚石笔。

砂轮修整除用于磨损砂轮外,还用于以下场合:
(1) 砂轮被切屑堵塞。
(2) 部分工件材料黏结在磨粒上。
(3) 砂轮廓形失真。
(4) 精密磨中的精细修整等。

9.4 磨 削 工 艺

由于磨削的加工精度高,表面粗糙度值小,能磨高硬脆的材料,因此应用十分广泛。现仅就内外圆柱面、内外圆锥面及平面的磨削工艺进行讨论。

9.4.1 外圆磨削

外圆磨削是一种基本的磨削方法,它适于轴类及外圆锥工件的外表面磨削。在外圆磨床上磨削外圆常用的方法有纵磨法、横磨法和综合磨法三种。

1. 纵磨法

如图9-8(a)所示,纵磨削时,砂轮高速旋转起切削作用(主运动),工件转动(圆周进给)并与工作台一起作往复直线运动(纵向进给)。当每一纵向行程或往复行程终了时,砂轮作周期性横向进给(背吃刀量)。每次背吃刀量很小,磨削余量是在多次往复行程中磨去的。当工件加工到接近最终尺寸时,采用无横向进给的几次光磨行程,直至火花消失为止,以提高工件的加工精度。纵向磨削的特点是具有较大适应性,一个砂轮可磨削长度不同、直径不等的各种工件,且加工质量好,但磨削效率较低。目前生产中,特别是单件、小批生产及精磨时广泛采用这种方法,尤其适用于细长轴的磨削。

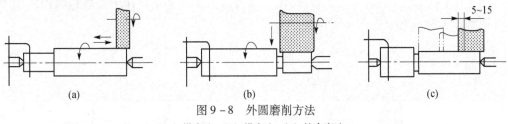

图9-8 外圆磨削方法
(a)纵磨法;(b)横磨法;(c)综合磨法。

2. 横磨法

如图9-8(b)所示,横磨削时,砂轮的宽度大于工件表面的长度,工件无纵向进给运动,而砂轮以很慢的速度连续地或断续地向工件作横向进给,直至余量被全部磨掉为止。横磨的特点是生产率高,但精度及表面质量较低,适于磨削长度较短、刚性较好的工件。当工件磨到所需尺寸后,如靠磨台肩端面,则将砂轮退出0.005 mm～0.01mm,手摇工作台纵向移动手轮,使工件的台端面贴靠砂轮,磨平即可。

3. 综合磨法

综合磨法是先用横磨分段粗磨，相邻两段间有 5mm～15mm 重叠量（图 9-8(c)），然后将留下的 0.01mm～0.03mm 余量用纵磨法磨去。当加工表面的长度为砂轮宽度的 2 倍～3 倍以上时，可采用综合磨法。综合磨法能集纵磨法、横磨法的优点为一身，既能提高生产效率，又能提高磨削质量。

9.4.2 内圆磨削

内圆磨削与外圆磨削相似，只是砂轮的旋转方向与磨削外圆时相反（图 9-9），操作方法以纵磨法应用最广。内圆磨削时，由于受到工件孔径的限制，砂轮的直径一般较小，砂轮圆周速度较低，所以生产率较低；又由于冷却排屑条件不好，砂轮轴伸出长度较长，使得表面质量不易提高。但由于磨孔具有万能性，不需成套刀具，故在单件、小批生产中应用较多，特别是淬火工件，磨削仍是精加工孔的主要方法。砂轮在零件孔中的接触位置有两种：一种是与零件孔的后面接触，如图 9-10(a) 所示。这时冷却液和磨屑向下飞溅，不影响操作人员的视线和安全；另一种是与工件孔的前面接触，如图 9-10(b) 所示，情况正好与上述相反。通常，在内圆磨床上采用后面接触，而在万能外圆磨床上磨孔，则采用前面接触，这样可采用自动横向进给。若采用后接触方式，则只能手动横向进给。

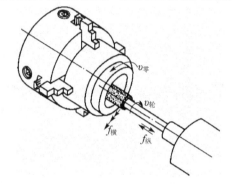

图 9-9 四爪单动卡盘安装零件

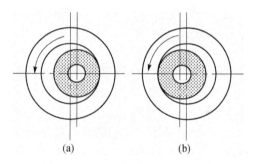

图 9-10 砂轮与零件的接触形式
(a) 后面接触；(b) 前面接触。

9.4.3 平面磨削

平面磨削常用的方法有周磨（如图 9-11 所示，在卧轴矩形工作台平面磨床上以砂轮圆周表面磨削工件）和端磨（如图 9-12 所示，在立轴圆形工作台平面磨床上以砂轮端面磨削工件）两种。周磨和端磨的磨削工艺区别较大，见表 9-2。

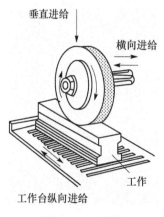

图 9-11 周磨

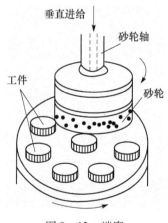

图 9-12 端磨

表9-2 周磨和端磨的比较

分类	砂轮与零件的接触面积	排屑及冷却条件	零件发热变形	加工质量	效率	适用场合
周磨	小	好	小	较高	低	精磨
端磨	大	差	大	低	高	粗磨

9.4.4 圆锥面磨削

圆锥面磨削通常有转动工作台法和转动头架法两种。

1. 转动工作台法

转动工作台法磨削外圆锥表面如图9-13所示，磨削内圆锥面如图9-14所示。转动工作台法大多用于锥度较小、锥面较长的工件。

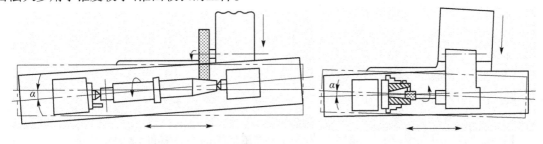

图9-13 转动工作台磨外圆锥面　　　　图9-14 转动工作台磨内圆锥面

2. 转动头架法

转动头架法常用于锥度较大、锥面较短的内外圆锥面，如图9-15所示为磨削内圆锥面。

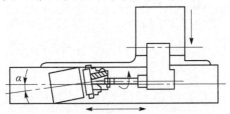

图9-15 转动头架磨内圆锥面

第10章 钳 工

10.1 钳工概述

钳工主要是工人手持工具对工件进行加工的方法,其基本操作包括划线、錾削、锯削、锉削、钻孔、扩孔、铰孔、攻螺纹、套螺纹、刮削、研磨、装配、调试和修理等。

10.1.1 钳工的加工特点及应用范围

钳工是一个技术工艺比较复杂、加工程序细致、工艺要求高的工种,与其他加工方法相比,其特点是:

(1) 使用工具简单,制造、刃磨方便。
(2) 材料来源充足、价廉、成本低。
(3) 加工方法灵活多样、操纵方便、适应面广。
(4) 可以加工用机械设备不能加工或不适于机械加工的某些零件。
(5) 劳动强度大,生产率低,对工人技术水平要求高。

虽然目前有各种先进的加工方法,但很多工作仍然需要钳工来完成。在保证产品质量方面,钳工起着十分重要的作用。钳工的应用范围很广,主要包括:

(1) 加工前的准备工作,如毛坯、工件划线等。
(2) 单件小批生产中某些普通零件的加工。
(3) 某些精密零件的加工,如样板、模具的精加工,刮削或研磨机器或量具的配合表面等。
(4) 整机产品的装配、调试和维修等。

10.1.2 钳工常用设备

钳工常用的设备有钳工工作台、台虎钳、砂轮机、钻床、手电钻等。

1. 钳工工作台

钳工工作台简称钳台,用于安装台虎钳,进行钳工操作,有单人使用和多人使用两种,用硬质木材或钢材做成。工作台要求平稳、结实,台面高度一般以装上台虎钳后钳口高度恰好与人手肘齐平为宜,如图10-1所示。

2. 台虎钳

台虎钳是钳工最常用的一种夹持工具,凿切、锯削、锉削以及许多其他钳工操作都是在台虎钳上进行的。

常用的台虎钳有固定式和回转式两种,图10-2为回转式台虎钳的结构图。台虎钳主体用铸铁制成,由固定部分和活动部分组成。固定部分由转盘锁紧螺钉固定在转盘座上,转盘座内装有夹紧盘。松开转盘上的锁紧手柄,固定部分便可在转盘座上转动,以变更台虎钳方向。转盘座用螺钉固定在钳台上。连接手柄的螺杆穿过活动部分旋入固定部分上的螺母内。扳动手柄使螺杆从螺母中旋出或旋进,从而带动活动部分移动,使钳口张开或合拢,以松开或夹紧工件。

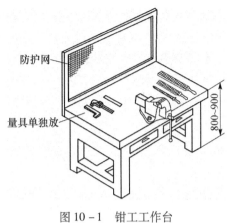

图 10-1 钳工工作台

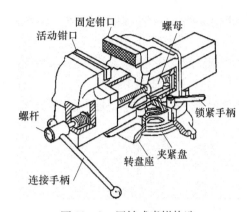

图 10-2 回转式虎钳构造

为了延长台虎钳的使用寿命,台虎钳上端咬口处用螺钉紧固着两块经过淬硬的钢质钳口。钳口的工作面上有斜形齿纹,以使工件夹紧时不致滑动。夹持工件的精加工表面时,应在钳口和工件间垫上纯铜皮或铝皮等软材料制成的护口片(俗称软钳口),以免夹坏工件表面。

台虎钳规格以钳口的宽度表示,一般为 100mm~150mm。

3. 钻床

钻床是用于孔加工的一种机床,其规格用可加工孔的最大直径表示,常用的有台式钻床、立式钻床和摇臂钻床等。

(1)台式钻床　简称台钻,如图 10-3 所示。台钻是一种安装在工作台上使用的小型钻床,操作方便且转速高,适于加工中、小型工件上直径在 16mm 以下的小孔。

(2)立式钻床　简称立钻,如图 10-4 所示。与台钻相比,立钻刚性好、功率大,因而允许钻削较大的孔,生产率较高,加工精度也较高,适于加工中小型工件上的中小孔。

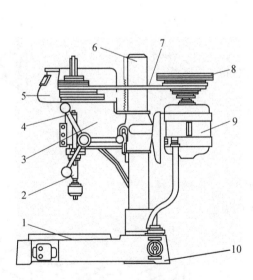

图 10-3 台式钻床

1—工作台；2—主轴；3—主轴架；4—钻头进给手柄；5—皮带罩；
6—立柱；7—传动带；8—皮带轮；9—电动机；10—底座。

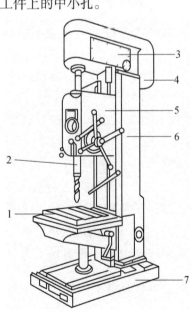

图 10-4 立式钻床

1—工作台；2—主轴；3—主轴变速箱；
4—电动机；5—进给箱；6—立柱；7—底座。

（3）摇臂钻床　简称摇臂钻，如图10-5所示。它有一个能绕立柱旋转的摇臂，摇臂带着主轴箱可沿立柱垂直移动，同时主轴箱还能在摇臂上作横向移动，操作时能很方便地调整刀具的位置，以对准被加工孔的中心，而不需移动工件，适于加工大型工件和多孔工件的上的孔。

（4）手电钻　如图10-6所示。手电钻携带方便，操作简单，使用灵活，常用于不便使用钻床钻孔的场合，主要用于钻削直径在12mm以下的孔。

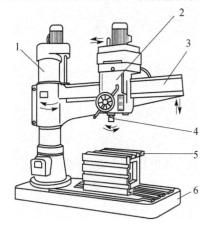

图10-5　摇臂钻床
1—立柱；2—主轴箱；3—摇臂；
4—主轴；5—工作台；6—机座。

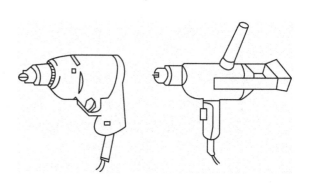

图10-6　手电钻

10.2　划　线

10.2.1　划线的作用

根据图样要求在毛坯或半成品上划出加工图形、加工界限或加工时找正用的辅助线称为划线。

划线分平面划线和立体划线两种，如图10-7所示。平面划线是在工件的同一平面或几个互相平行的平面上划线；立体划线是在几个互相垂直或倾斜的平面上划线。

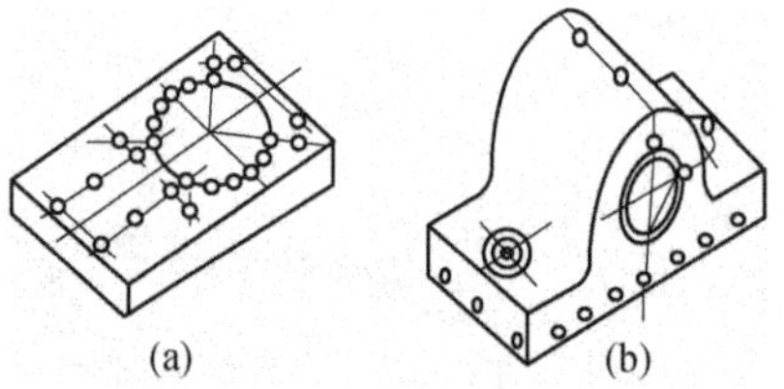

划线的作用是：

（1）划出清晰的尺寸界线以及尺寸与基准间的相互关系，作为工件安装、加工或调整的依据。

图10-7　划线的种类
（a）平面划线；（b）立体划线。

（2）检查毛坯的形状与尺寸，及时发现和剔除不合格的毛坯。

（3）合理调整分配各加工表面加工余量（亦称借料）。

10.2.2　划线工具

1. 划线平台

划线平台又称划线平板，如图10-8所示，用铸铁制成，它的上平面经过精刨或刮削，是划线的基准平面。

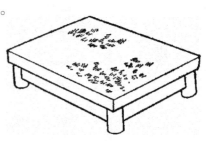

图10-8　划线平台

2. 划针、划线盘与划规

划针是在工件上直接划出线条的工具,是由工具钢淬硬后将尖端磨锐或焊上硬质合金尖头制成的。划针的形状和正确用法如图 10-9 所示,弯头划针可用于直线划针划不到的地方和找正零件。使用划针划线时,必须使针尖紧贴钢直尺或样板。

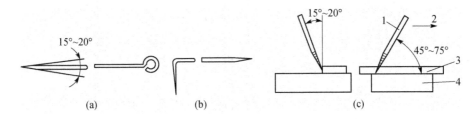

图 10-9 划针
(a) 直头划针;(b) 弯头划针;(c) 划针划线。
1—划针;2—划线方向;3—钢直尺;4—零件。

划线盘如图 10-10 所示,它的直针尖端焊上硬质合金,用来划与针盘座底面平行的直线。另一端弯头针尖用来找正工件。

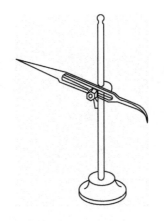

图 10-10 划线盘

常用划规如图 10-11 所示,适于在毛坯或半成品上划圆。

3. 量高尺、高度游标尺与直角尺

(1) 量高尺　如图 10-12 所示,与划线盘配合使用,以确定划针的高度,其上的钢尺零线紧贴平台。

(2) 高度游标尺　如图 10-13 所示,实际上是量高尺与划针盘的组合。划线脚与游标连成一体,前端镶有硬质合金,一般用于已加工面的划线。

(3) 直角尺(90°角尺)　简称角尺。它的两个工作面经精磨或研磨后呈精确的直角。90°角尺既是划线工具又是精密量具,有扁 90°角尺和宽座 90°角尺两种,如图 10-14(a)所示。前者用于平面划线中在没有基准面的工件上划垂直线,如图 10-14(c)所示;后者用于立体划线中,用它靠住零件基准面划垂直线,如图 10-14(b)、(d)所示,或用它找正工件的垂直线或垂直面。

4. 支承工具和样冲

(1) 方箱　如图 10-15 所示,是用灰铸铁制成的空心长方体或立方体,主要用于夹持较小的工件,它的 6 个面均经过精加工,相对的平面互相平行,相邻的平面互相垂直。通过在平板上

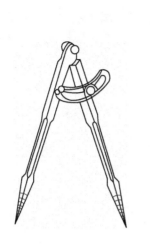 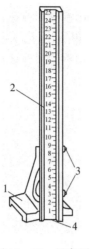 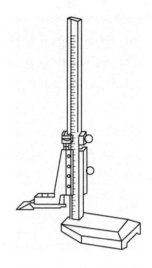

图 10-11　划规　　　图 10-12　量高尺　　　图 10-13　高度游标尺
　　　　　　　　1—底座；2—钢直尺；
　　　　　　　　3—锁紧螺钉；4—零线。

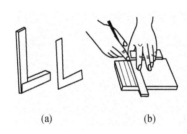

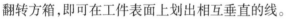

图 10-14　90°角尺划线

翻转方箱，即可在工件表面上划出相互垂直的线。

（2）V 形铁　如图 10-16 所示，是用于安放轴、套筒等圆形工件的工具。一般 V 形铁都是两块一副，平面与 V 形槽是在一次安装中加工的，V 形槽夹角为 90°或 120°。V 形铁也可当方箱使用。

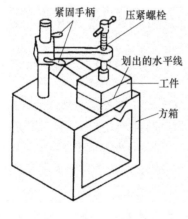 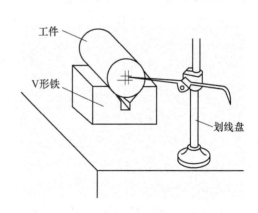

图 10-15　方箱及使用　　　　　　　图 10-16　V 形铁及使用

172

(3) 千斤顶　如图 10-17 所示,是用于支承毛坯或形状复杂的大工件的工具。使用时,三个一组顶起工件,调整顶杆的高度便能方便地找正工件。

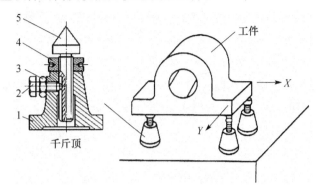

图 10-17　千斤顶及使用
1—底座；2—导向螺钉；3—锁紧螺母；4—圆螺母；5—顶杆。

(4) 样冲　如图 10-18 所示,样冲用于在划好的线条上打出小而均匀的样冲眼,以免工件上已划好的线在搬运、装夹过程中因碰、擦而模糊不清,影响加工。

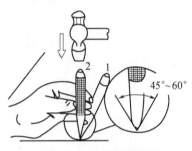

图 10-18　样冲及使用
1—对准位置；2—打样冲眼。

10.2.3　划线方法与步骤

1. 平面划线

平面划线的实质是平面几何作图,是用划线工具将图样按实物大小 1:1 划到工件上去。其基本步骤是：

(1) 根据图样要求,选定划线基准。

(2) 划线前准备(清理、检查、涂色,在工件孔中装中心塞块等)。在工件上划线部位涂上一层薄而均匀的涂料,使划出的线条清晰可见。工件不同,涂料也不同。一般在铸、锻毛坯件上涂石灰水,小的毛坯件上也可以涂粉笔,钢铁半成品上一般涂龙胆紫(也称"兰油")或硫酸铜溶液,铝、铜等有色金属半成品上涂龙胆紫或墨汁。

(3) 划出加工界限(直线、圆及连接圆弧)。

(4) 在划出的线上打样冲眼。

2. 立体划线

立体划线是平面划线的组合,与平面划线有许多相同之处,划线基准一经确定,其后的划线步骤大致相同。不同处是一般平面划线应选择两个基准,而立体划线要选择三个基准,如图 10-19 所示。

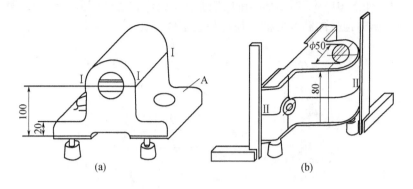

图 10-19 立体划线

10.2.4 划线举例

1. 平面划线

图 10-20 所示为盖板的平面划线实例。按一般步骤做好准备工作(包括分析图样,清理坯料、涂色等)后,其划线过程如下:

(1) 用 90°角尺及划针划出边长 250mm 的正方形,用划卡量得边长中点并联成 XX'、YY' 两轴线,在交点 O 打样冲眼。

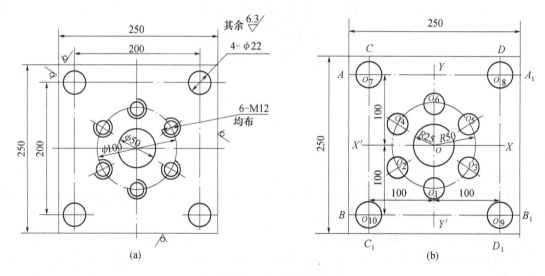

图 10-20 盖板划线
(a) 零件图;(b) 划线图。

(2) 以 O 点为圆心,$R25$ 和 $R50$ 为半径用划规划出 $\phi50$ 及 $\phi100$ 的圆,在 $\phi100$ 圆与 YY' 线的交点 O_1、O_6 打样冲眼。

(3) 从 O_1 开始六等分 $\phi100$ 圆周,等分点均打样冲眼,以等分点为圆心划出六个 M12 螺纹底孔。

(4) 分别作平行于 XX'、YY' 并与之相距 100mm 的直线 AA_1、BB_1、CC_1、DD_1,得四个交点 O_7、O_8、O_9、O_{10},分别在其上打样冲眼。

(5) 分别以 O_7、O_8、O_9、O_{10}。为圆心划出四个 $\phi 22$mm 的圆。

2. 立体划线

图 10-21 所示为轴承座的立体划线实例,其划线步骤如下:

(1) 分析图样,找出加工面位置:底面、$\phi 50$ 内孔、$2-\phi 13$ 内孔及两个侧面。其中内孔为最重要部位,划线基准应选在其中心。

(2) 清理毛坯,检查毛坯是否合格,在需划线的部位涂上涂料,用铅块或木块塞孔。

(3) 用三个千斤顶支承工件。

(4) 划线,其过程如图 10-22 所示。

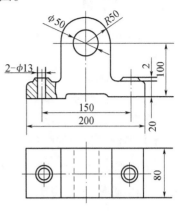

图 10-21 轴承座轴承座

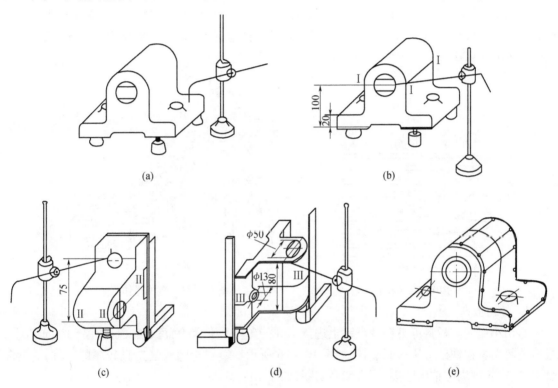

图 10-22 轴承座划线过程

(a) 根据孔中心及上平面调节千斤顶,使工件水平;(b) 划底面加工线和大孔的水平中心线;
(c) 转 90°,用 90°角尺找正,划大孔的垂直中心线和螺钉孔中心线;
(d) 再翻 90°,用 90°角尺两个方向找正,划螺钉孔另一方向的中心线和大端面加工线;(e) 打样冲眼。

10.3 錾 削

用锤子锤击錾子对工件进行切削加工的钳工工作称为錾削。錾削一般用来去除锻件的飞边,铸件的毛刺和浇冒口及配合件凸出的错位、边缘,分割板料,加工沟槽和平面等。

10.3.1 錾削工具

錾削所用的工具是錾子和锤子。

1. 錾子

錾子一般用碳素工具钢(T7、T8)锻成,刃口部分需经淬火及低温回火处理,使之具有一定硬度和韧性。常用的錾子有扁錾和窄錾两种,如图10-23(a)所示。

2. 锤子

锤子是錾削工作中的必备工具,也是钳工工作的重要工具。锤头一般用T7钢锻制经淬硬而成。锤子的规格按锤头质量表示,有0.25kg、0.5kg、1kg等。

10.3.2 錾削操作及应用

錾削操作时应正确握持錾子和锤子,合理站位,錾削时的姿势应使全身不易疲劳,又便于用力。如图10-24所示,錾子用左手中指、无名指和小指松动自如地握持,大拇指和食指自然接触,錾子头部伸出20mm~25mm;锤子用右手拇指和食指握持,其余各指当锤击时才握紧,锤柄头伸出15mm~30mm。

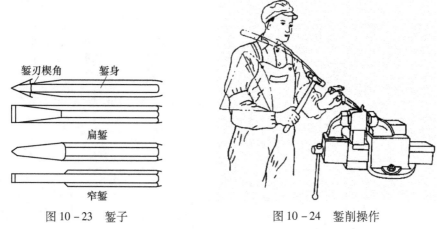

图10-23 錾子　　　　　图10-24 錾削操作

1. 錾切板料

錾切小而薄的板料可夹在台虎钳上进行,如图10-25所示。面积较大且较厚(4 mm 以上)板料的錾切可在铁砧上从一面錾开,如图10-26所示。錾切轮廓较复杂且较厚的工件,为避免变形,应在轮廓周围钻出密集的孔,然后切断,如图10-27所示。

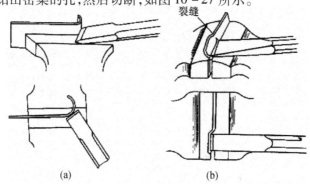

图10-25 錾切薄板料
(a)正确;(b)不正确。

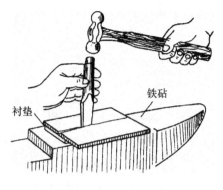

图 10-26 錾切面积较大板料

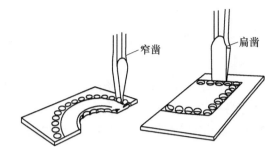

图 10-27 分割板料

2. 錾削平面

錾削较窄平面时,錾子切削刃与錾削方向保持一定的斜度,如图 10-28 所示。錾削较大平面时,通常先开窄槽,然后再錾去槽间金属,如图 10-29 所示。

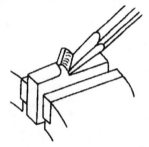

图 10-28 錾削狭窄平面

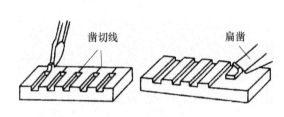

图 10-29 錾削较大平面

3. 錾削油槽

錾削油槽时,錾子切削刃形状应磨成与油槽截面形状一致,錾子的刃宽等于油槽宽,刃高约为宽度的 2/3。錾削方向要随曲面圆弧而变动,油槽应錾得光滑且深度一致。油槽錾好后,应用刮刀刮去毛刺。錾削方法如图 10-30 所示。

此外,錾削到工件尽头时,錾削方法应如图 10-31 所示。

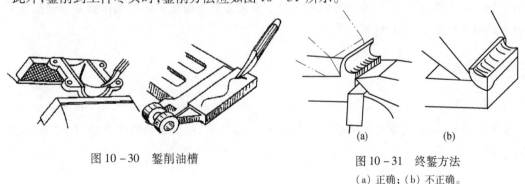

图 10-30 錾削油槽

图 10-31 终錾方法
(a) 正确;(b) 不正确。

10.4 锯　削

用手锯把原材料或工件割开,或在工件上切出沟槽的操作叫锯削。

10.4.1 手锯

手锯由锯弓和锯条组成。

1. 锯弓

锯弓是用来夹持和拉紧锯条的工具,有固定式和可调式两种,如图10-32(a)和(b)所示。固定式锯弓只能安装一种长度规格的锯条。可调式锯弓的弓架分成两段,前段可在后端的套内移动,可安装几种长度规格的锯条。可调式锯弓使用方便,应用较广。

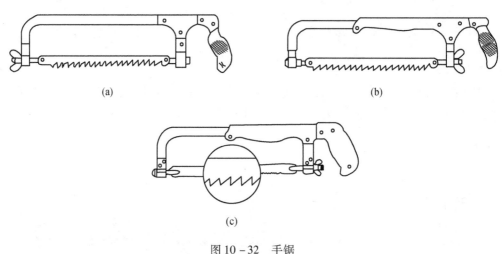

图 10-32 手锯
(a) 固定式锯弓;(b) 可调式锯弓;(c) 锯齿的安装方向。

2. 锯条

锯条一般用碳素工具钢(如T10、T12等)制成,并经淬火和低温回火处理。锯条规格用锯条两端安装孔之间距离表示,常用的锯条长度为300mm,宽为13mm,厚为0.6mm。锯齿齿距按25mm长度所含齿数分为粗齿(14个~16个齿)、中齿(18个~22个齿)、细齿(24个~32个齿)三种。粗齿锯条适用锯削软材料和截面较大的工件;细齿锯条适用于锯削硬材料和薄壁工件;中齿用于加工普通钢材、铸铁以及中等厚度工件。锯齿在制造时按一定的规律错开排列成波形,以减少锯口两侧与锯条间的摩擦。

10.4.2 锯削操作

1. 锯条安装

安装锯条时,锯齿方向必须朝前,如图10-32(c)所示,锯条绷紧程度要适当,过松和过紧易折断锯条。

2. 握锯

一般握锯方法是右手握稳锯柄,左手轻扶弓架前端。锯削时站立位置如图10-33所示。

3. 起锯

锯条开始切入工件时称为起锯。起锯方式有近起锯(图10-31(a))和远起锯(图10-34(b))。起锯时要用左手拇指挡住锯条,使锯条落在所需要的位置上,起锯角(锯条与工件表面的角度)约为 15°左右,如图 10 - 34(c)所示。锯弓往复行程要短,压力要轻,锯条要与零件表面垂直,当起锯到槽深 2mm ~ 3mm 时,起锯可结束,应逐渐将锯弓改至水平方向进行正常锯削。

4. 锯削

锯削时的推力和压力由右手控制,左手压力不要过大,主要应配合右手扶正锯弓。锯弓向前推出时加压力,回程时不加压力,在工件上轻轻滑过。锯削往复运动速度应控制在 40 次/min 左右,最好使锯条全部长度参加切削,一般锯弓的往返长度不应小于锯条长度的 2/3。

有时在锯特殊位置的工件时,如锯切深缝,需改变锯条与锯弓的安装的角度,以保证锯削的顺利进行,如图 10 - 35 所示。

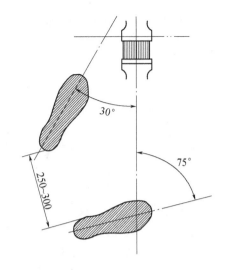

图 10 - 33 锯削时站立位置

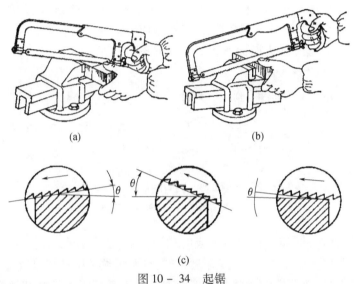

图 10 - 34 起锯
(a)近起锯;(b)远起锯;(c)起锯角。

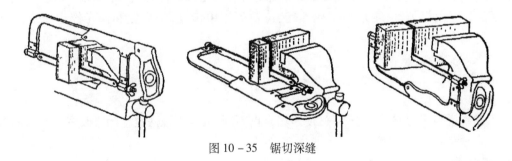

图 10 - 35 锯切深缝

10.5 锉 削

用锉刀从工件表面锉掉多余的金属,使其达到图样要求的形状、尺寸和表面粗糙度的操作叫锉削。锉削是钳工的主要操作之一,常安排在机械加工、錾削或锯割之后,在机器与部件装配时还用于修整工件。锉削的加工范围包括平面、台阶面、角度面、曲面、沟槽和各种形状的孔等。

10.5.1 锉刀

锉刀是锉削的主要工具,通常用碳素工具钢(T12、T13 等)制成,并经热处理淬硬至 62HRC ~ 67HRC。锉刀的构造及各部分名称如图 10 – 36 所示。

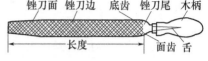

图 10 – 36 锉刀

锉刀分类:

(1) 按每 10mm 长的锉面上齿数多少分为粗齿锉(6 齿 ~ 14 齿)、中齿锉(9 齿 ~ 19 齿)、细齿锉(14 齿 ~ 23 齿)和油光锉(21 齿 ~ 45 齿)。

(2) 按齿纹分为单齿纹和双齿纹。单齿纹锉刀的齿纹只有一个方向,与锉刀中心线成 70°,一般用于锉软金属,如铜、锡、铅等。双齿纹锉刀的齿纹有两个互相交错的排列方向,先剁上去的齿纹叫底齿纹,后剁上去的齿纹叫面齿纹。底齿纹与锉刀中心线成 45°,齿纹间距较疏;面齿纹与锉刀中心线成 65°,间距较密。由于底齿纹和面齿纹的角度不同,间距疏密不同,所以,锉削时锉痕不重叠,锉出来的表面平整而且光滑。

(3) 按断面形状可分成:板锉(平锉),用于锉平面、外圆面和凸圆弧面;方锉,用于锉平面和方孔;三角锉,用于锉平面、方孔及 60°以上的锐角;圆锉,用于锉圆和内弧面;半圆锉,用于锉平面、内弧面和大的圆孔。普通锉刀断面形状如图 10 – 37(a)所示。图 10 – 37(b)所示为特种锉刀,用于加工各种工件的特殊表面。

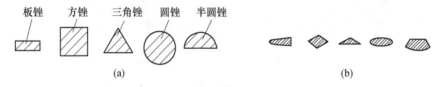

图 10 – 37 锉刀断面形状
(a) 普通锉刀断面形状;(b) 特种锉刀断面形状。

另外,由多把各种形状的特种锉刀所组成的"什锦"锉刀,用于修锉小型零件及模具上难以机械加工的部位。普通锉刀的规格一般是用锉刀的长度、齿纹类别和锉刀断面形状表示的。

锉刀的选用原则是:按工件的形状及加工面的大小选择锉刀的形状和规格,以操作方便为宜。按工件材料的硬度、加工余量、加工精度和表面粗糙度选择锉刀齿纹的粗细:粗加工或锉削铜、铝等软金属用粗齿锉;半精加工或锉钢、铸铁等用中齿锉;细齿锉和油光锉用于表面最后修光。

10.5.2 锉削操作

1. 握锉

锉刀的种类较多,规格、大小不一,使用场合也不同,故锉刀握法也应随之改变。锉刀的握法如图 10 – 38 所示。

2. 锉削姿势

锉削操作姿势如图 10 – 39 所示。身体重心放在左脚,右膝要伸直,双脚始终站稳不移动,靠左膝的屈伸而作往复运动。随锉刀位置变化,身体前倾的程度不断变化。锉削行程结束后,把锉刀略提起一些,身体姿势恢复到起始位置。

锉削过程中,两手用力也时刻在变化。开始时,左手压力大推力小,右手压力小推力大。在

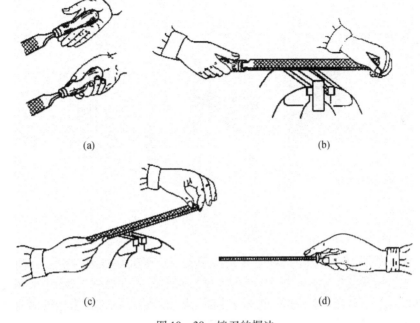

图 10－38 锉刀的握法

(a) 右手握法；(b) 大锉刀两手握法；(c) 中锉刀两手握法；(d) 小锉刀握法。

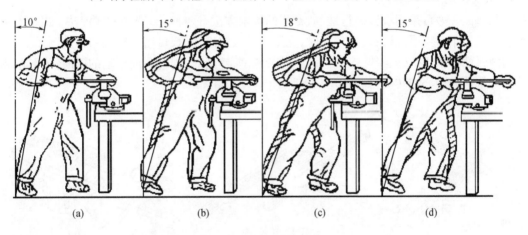

图 10－39 锉削姿势

推锉过程中，左手压力逐渐减小，右手压力逐渐增大。锉刀回程时不加压力，以减少锉齿的磨损。锉刀往复运动速度一般为 30 次/min～40 次/min，推出时慢，回程时可快些。

10.5.3 锉削方法

1. 平面锉削

平面锉削是锉削中最基本的一种，常用的方法有三种：

(1) 顺向锉法　如图 10－40(a) 所示，锉刀始终沿着同一方向锉削，锉纹一致，整齐美观，适用于锉削小平面或最后的锉平和锉光。

(2) 交叉锉法　如图 10－40(b) 所示，锉刀交叉运动，与工件接触面积大，切削效率较高，容易掌握平稳，适用于余量较大工件的锉削，交叉锉后需用顺锉法锉光。

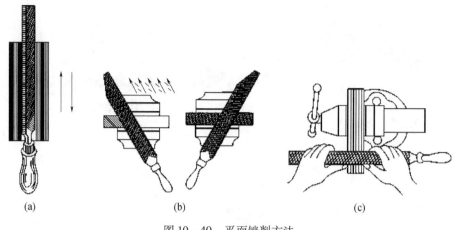

图 10-40 平面锉削方法
(a) 顺向锉; (b) 交叉锉; (c) 推锉。

(3) 推锉法 如图 10-40 (c), 两手在工件两侧对称横握住锉刀, 顺着工件长度方向来回推动锉削。推锉法容易使锉刀掌握平稳, 可大大提高锉削面的平面度, 减小表面粗糙度值, 但切削效率大大降低。当工件表面已锉平, 余量很小时, 为了降低工件表面粗糙度值和修正尺寸, 用推锉法较好。推锉法尤其适用于较窄表面的加工。

2. 弧面锉削

外圆弧面一般可采用板锉进行锉削, 常用的锉削方法有两种: 顺锉法和横锉法, 如图 10-41 所示。余量较小时用顺锉法; 余量较大时, 先用横锉法锉出棱角, 再用顺锉法精锉成圆弧。

内圆弧面可采用圆锉、半圆锉或椭圆锉进行锉削, 锉削时, 锉刀向前运动的同时, 还向左或向右移动并绕锉刀中心线转动, 如图 10-42 所示。

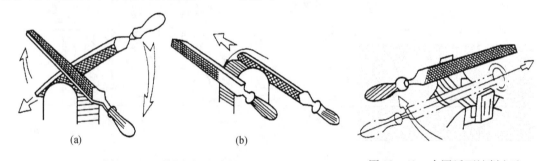

图 10-41 外圆弧面锉削方法
(a) 顺锉法; (b) 横锉法。

图 10-42 内圆弧面锉削方法

3. 检验工具及其使用

检验工具有刀口形直尺、90°角尺、游标角度尺等。刀口形直尺、90°角尺可检验工件的直线度、平面度及垂直度。下面介绍用刀口形直尺检验工件平面度的方法。

(1) 将刀口形直尺垂直紧靠在工件表面, 并在纵向、横向和对角线方向逐次检查, 如图 10-43 所示。

(2) 检验时, 如果刀口形直尺与工件平面透光微弱而均匀, 则该工件平面度合格; 如果透光强弱不一, 则说明该工件平面凹凸不平。可在刀口形直尺与工件紧靠处用塞尺插入, 根据塞尺的厚度即可确定平面度的误差, 如图 10-44 所示。

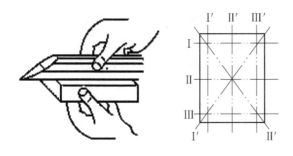
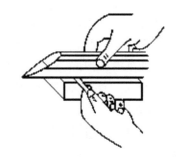

图 10-43 用刀口形直尺检验平面度　　图 10-44 用塞尺测量平面度误差值

10.6 钻 削

钻削是工件上孔加工的常用方法。各种零件的孔加工,除去一部分由车、镗、铣等机床完成外,很大一部分是由钳工利用钻床和钻孔工具(钻头、扩孔钻、铰刀等)完成的。钳工加工孔的方法一般指钻孔、扩孔和铰孔。

10.6.1 钻孔加工

在实体材料上用钻头加工孔的方法称为钻孔。一般情况下,在钻床上钻孔时钻头应同时完成两个运动:主运动,即钻头绕其轴线的旋转运动;进给运动,即钻头沿着轴线方向对着工件的直线运动,如图 10-45 所示。

由于钻头结构上存在的缺点,影响加工质量,钻孔时的加工精度一般在 IT10 级以下、表面粗糙度 Ra 为 $12.5\mu m$ 左右,属粗加工。

1. 钻头

钻头是钻孔用的切削工具,常用高速钢制造,工作部分经热处理淬硬至 62HRC～65HRC。钻头由柄部、颈部及工作部分组成,如图 10-46 所示。

(1) 柄部　是钻头的夹持部分,起传递动力的作用。柄部有直柄和锥柄两种,直柄传递扭矩较小,一般用在直径小于 12mm 的钻头;锥柄可传递较大扭矩,用在直径大于 12mm 的钻头。

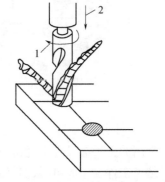

图 10-45 钻削时的运动

(2) 颈部　是砂轮磨削钻头时退刀用的,钻头的直径大小等一般也刻在颈部。

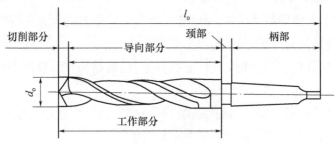

图 10-46 麻花钻的结构

（3）工作部分　它包括导向部分和切削部分。导向部分有两条狭长、螺纹形状的刃带（棱边亦即副切削刃）和螺旋槽。棱边的作用是引导钻头和修光孔壁；两条对称螺旋槽的作用是排除切屑和输送切削液（冷却液）。切削部分有两条主切削刃和一条横刃。两条主切削刃之间的角度通常为 118°±2°，称为顶角；横刃的存在使钻削时轴向力增加。

2. 钻孔用夹具

钻孔用的夹具主要包括钻头夹具和工件夹具两种。

1）钻头夹具

常用的是钻夹头和钻套。

（1）钻夹头　如图 10-47 所示，适用于装夹直柄钻头。钻夹头柄部是圆锥面，可与钻床主轴内孔配合安装；头部三个爪可通过紧固扳手转动使其同时张开或合拢。

（2）钻套　又称过渡套筒，图 10-48 所示，用于装夹锥柄钻头。钻套一端孔安装钻头，另一端外锥面连接钻床主轴内锥孔。

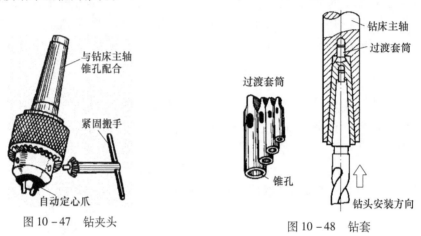

图 10-47　钻夹头　　　　　图 10-48　钻套

2）工件夹具

常用的工件夹具有手虎钳、平口钳、V 形铁和压板等，如图 10-49 所示。

装夹工件要牢固可靠，但又不准将工件夹得过紧而损伤，或使工件变形影响钻孔质量（特别是薄壁工件和小工件）。

3. 钻孔操作

（1）钻孔前一般先划线，确定孔的中心，在孔中心先用冲头打出较大中心眼。

（2）钻孔时应先钻一个浅坑，以判断是否对中。

（3）在钻削过程中，特别钻深孔时，要经常退出钻头以排出切屑和进行冷却，否则可能使切屑堵塞或钻头过热磨损甚至折断，并影响加工质量。

（4）钻通孔时，当孔将被钻透时，进刀量要减小，避免钻头在钻穿时的瞬间抖动，出现"啃刀"现象，影响加工质量，损伤钻头，甚至发生事故。

（5）钻削大于 φ30mm 的孔应分两次钻削，第一次先钻一个直径较小的孔（为加工孔径的 0.5~0.7mm）；第二次用钻头将孔扩大到所要求的直径。

（6）钻削时的冷却润滑：钻削钢件时，常用机油或乳化液；钻削铝件时，常用乳化液或煤油；钻削铸铁时，则用煤油。

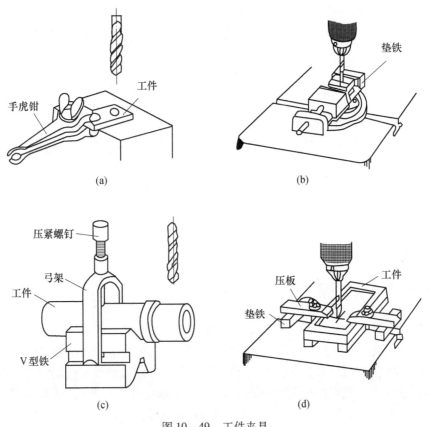

图 10 – 49 工件夹具
(a) 手虎钳;(b) 平口钳;(c) V 形铁;(d) 压板。

10.6.2 扩孔与铰孔

1. 扩孔

扩孔是用来扩大已加工出的孔(铸出、锻出或钻出的孔),它可以校正孔的轴线偏差,并使其获得正确的几何形状和较小的表面粗糙度,其加工精度一般为 IT9～IT10 级,表面粗糙度 R_a 为 3.2μm～6.3μm。扩孔的加工余量一般为 0.2mm～4mm。

扩孔时可用钻头扩孔,但当孔精度要求较高时常用扩孔钻,如图 10 – 50 所示。

扩孔钻的形状与钻头相似,不同是:扩孔钻有 3 个～4 个切削刃,且没有横刃,其顶端是平的,螺旋槽较浅,故钻芯粗实、刚性好,不易变形,导向性好。因此,扩孔较钻孔精度高。

2. 铰孔

铰孔是用铰刀从工件孔壁上切除微量金属层,以提高孔的尺寸精度和表面质量的加工方法。它是应用较普遍的孔的精加工方法之一,其尺寸精度可达 IT6～IT7 级,表面粗糙度 R_a 为 0.4μm～0.8μm。

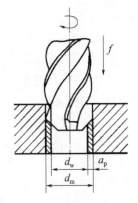

图 10 – 50 扩孔

铰刀是多刃切削刀具,如图 10 – 51 所示,有 6 个～12 个切削刃和较小顶角。铰孔时导向性好。铰刀刀齿的齿槽很宽,铰刀的横截面大,因此刚性好。铰孔时因为余量很小,每个切削刃上的负荷显著小于扩孔钻,且切削刃的前角 $\gamma_0 = 0°$,所以铰削过程实际上是修刮过程。特别是手工铰孔时,切削速度很低,不会受到切削热和振动的影响,因此使孔加工的质量较高。

铰孔时铰刀不能倒转,否则会使孔壁划伤或切削刃崩裂。

铰孔时常用适当的冷却液来降低刀具和工件的温度,防止产生切屑瘤,并减少切屑细末粘附在铰刀和孔壁上,从而提高孔的质量。

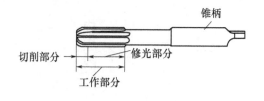

图 10-51 铰刀

10.7 攻螺纹和套螺纹

常用的三角螺纹零件,除采用机械加工外,还可以用钳工攻螺纹和套螺纹的方法获得。

10.7.1 攻螺纹

攻螺纹是用丝锥加工出内螺纹。

1. 丝锥

丝锥是加工小直径内螺纹的成形刀具,一般用 T12A 或 9SiCr 制造。丝锥的结构如图 10-52 所示,由切削部分、校准部分和柄部组成。切削部分磨出锥角,以便将切削负荷分配在几个刀齿上,校准部分有完整的齿形,用于校准已切出的螺纹,并引导丝锥沿轴向运动。柄部有方榫,便于装在铰杠内传递扭矩。丝锥切削部分和校准部分一般沿轴向开有 3 条~4 条容屑槽,形成切削刃并容纳切屑。为了减少丝锥的校准部对零件材料的摩擦和挤压,它的外径、中径均有倒锥度。

手用丝锥一般有两只组成一套,分为头锥和二锥。两支丝锥的外径、中径和内径是相等的,只是切削部分的长短和锥角不同。切不通螺孔时,两支丝锥顺次使用。切通孔螺纹时,头锥能一次完成。螺距大于 2.5mm 的丝锥常制成三支一套。

2. 铰杠

铰杠是用来夹持并扳转丝锥的专用工具,如图 10-53 所示。常用的铰杠有固定式和可调节式,以便夹持各种不同尺寸的丝锥。

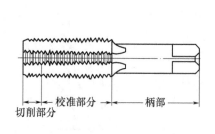

图 10-52 丝锥的构造

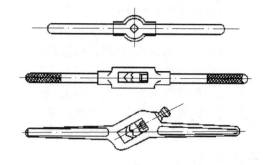

图 10-53 手用丝锥铰杠

3. 攻螺纹方法

1) 底孔直径的确定

攻螺纹前的底孔直径 d(即钻头直径)应略大于螺纹内径。底孔直径可查手册或按下列经验公式计算。

对于普通螺纹,有

塑性材料(如钢、紫铜等)：$d = D - p$
脆性材料(如铸铁、青铜等)：$d = D - 1.1p$

式中：D 为螺纹外径；p 为螺距。

若孔为盲孔，由于丝锥不能攻到底，所以钻孔深度要大于螺纹长度，其尺寸按下式计算：

$$孔的深度 = 螺纹长度 + 0.7D$$

2) 攻螺纹操作

如图 10-54 所示，将丝锥垂直插入孔内，双手转动铰杠，并轴向加压力，当丝锥切入零件 1 牙～2 牙时，用 90°角尺检查丝锥是否歪斜，如丝锥歪斜，要纠正后再往下攻。当丝锥位置与螺纹底孔端面垂直后，轴向就不再加压力。两手均匀用力，为避免切屑堵塞，要经常倒转 1/2 圈～1/4 圈，以便断屑。头锥、二锥应依次攻入。攻铸铁材料螺纹时加煤油而不加切削液，钢件材料加切削液，以保证螺孔的表面粗糙度要求。

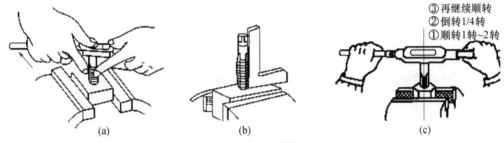

图 10-54 手工攻螺纹的方法
(a) 攻入孔内前的操作；(b) 检查垂直度；(c) 攻入螺纹时的方法。

10.7.2 套螺纹

套螺纹是用板牙在圆杆上加工出外螺纹。

1. 套螺纹的工具

1) 圆板牙

板牙是加工外螺纹的工具。圆板牙如图 10-55 所示，就像一个圆螺母，不过上面钻有几个排屑孔并形成切削刃。板牙两端带 2ϕ 的锥角部分是切削部分，它是铲磨出来的阿基米德螺旋面，有一定的后角。当中一段是校准部分，也是套螺纹时的导向部分。板牙一端的切削部分磨损后可调头使用。

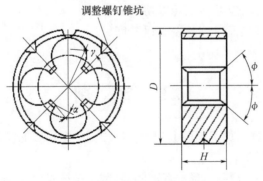

图 10-55 板牙

用圆板牙套螺纹的精度比较低，可加工 IT8、表面粗糙度 R_a 值为 3.2μm～6.3μm 的螺纹。圆板牙一般用合金工具钢 9SiCr 或高速钢 W18Cr4V 制造。

2）圆锥管螺纹板牙

圆锥管螺纹板牙的基本结构与普通圆板牙一样,因为管螺纹有锥度,所以只在单面制成切削锥。这种板牙所有切削刃都参加切削,板牙在零件上的切削长度影响管子与相配件的配合尺寸,套螺纹时要用相配件旋入管子来检查是否达到配合要求。

3）板牙架

板牙架是用于夹持板牙并带动其转动的专用工具,如图10-56所示。

图10-56 板牙架

2. 套螺纹方法

1）圆杆直径的确定

套螺纹前必须检查圆杆直径,直径太大套螺纹困难,直径太小套出的螺纹牙齿不完整。确定圆杆的直径可直接查表,也可按下列经验公式计算：

$$d = D - 0.13p$$

式中:d 为圆杆直径（mm）；D 为螺纹外径（mm）；p 为螺距（mm）。

2）圆杆端部倒角的确定

套螺纹前圆杆端部应倒角,使板牙容易对准工件中心,同时也容易切入。倒角长度应大于一个螺距,斜角为15°~30°。

3）套螺纹操作

套螺纹的方法如图10-57所示,将板牙套在圆杆头部倒角处,并保持板牙与圆杆垂直。右手握住板牙架的中间部分,加适当压力,左手将板牙架的手柄顺时针方向转动,在板牙切入圆杆2牙~3牙时,应检查板牙是否歪斜,发现歪斜,应纠正后再套。当板牙位置正确后,再往下套只需转动,不必加压。套螺纹和攻螺纹一样,应经常倒转以切断切屑。套螺纹应加切削液,以保证螺纹的表面粗糙度要求。

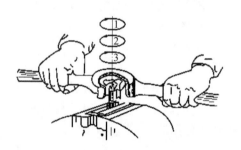

图10-57 套螺纹方法

10.8 刮 削

刮削是利用刮刀在工件已加工表面上刮去一层很薄的金属层的操作,属于精密加工,一般在机械加工(车、铣或刨)以后进行。

刮削能提高工件间的配合精度；形成存油间隙,减少摩擦阻力；改善工件表面质量,提高工件的耐磨性。另外,刮削还可以使工件表面美观。刮削后的表面粗糙度 R_a 值可达 $0.1\mu m$ ~ $0.4\mu m$,并有良好的平直度,常用于零件相互配合的滑动表面,例如,机床导轨、滑动轴承、钳工划线平板等。

但刮削生产率低,劳动强度大,只用于那些难以磨削加工的地方。

10.8.1 刮削工具

1. 刮刀

(1) 刮刀的材料 刮刀常用碳素工具钢或轴承钢制成。刮削硬金属时,也可焊上硬质合金刀片。

(2) 刮刀的种类和用途 刮刀种类很多,常用的有平面刮刀和曲面刮刀,如图10-58所示。

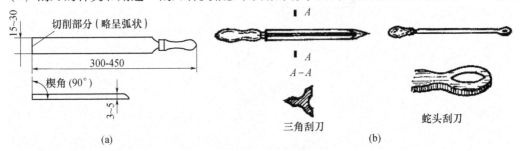

图 10-58 刮刀
(a) 平面刮刀;(b) 曲面刮刀。

平面刮刀主要用于刮削平面,如平板、工作台、导轨面等,也可用来刮削外曲面。曲面刮刀主要用于刮削内曲面。对某些要求较高的滑动轴承和轴瓦,要用三角刮刀进行刮削,如图10-59所示。

2. 校准工具

校准工具是用来研磨点和检验刮削面准确性的工具,亦称研具。常用校准工具的有检验平板、校准直尺和角度直尺,如图10-60所示。

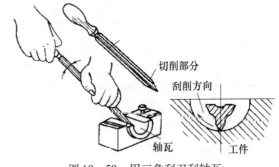

图 10-59 用三角刮刀刮轴瓦

10.8.2 刮削质量的检验

刮削质量是以25mm×25mm 的面积内,均匀分布的贴合点的点数来表示。一般说来,点数愈多、点子愈小,其刮削质量愈好。

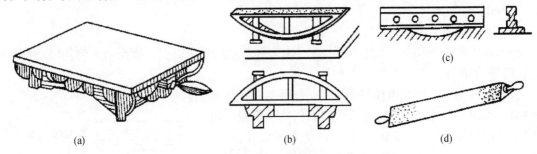

图 10-60 校准工具
(a) 标准工具;(b)、(c) 校准工具;(d) 角度直尺。

用检验平板检查工件的方法如下:将检验平板及工件擦净,在平板上均匀地涂上一层很薄的红丹油(红丹粉与机油的混合物),然后将工件与擦净的检验平板稍加压力配研,如图10-61所示。配研后工件表面上的高点(与平板的贴合点),便因磨去红丹油而显示出亮点来。细刮时可将红丹油涂在工件加工表面上,这样显示出的点子小。这种显示高点的方法,常称为"研点"。各种平面的研点数如表10-1所列。

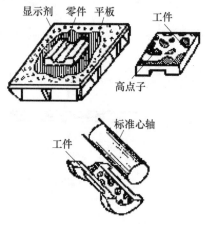

图10-61 研点子

表10-1 各种平面刮削质量标准

平面种类	质量标准25mm×25mm	应用范围
普通平面	10点、14点	固定接触面(工作台面)
中等平面	15点、23点	机床导轨面、量具的接触面
高精平面	24点、30点	平板、直尺、精密机床的导轨面
超精平面	30点以上	精密工具的接触面

10.8.3 刮削方法

1. 刮削余量的确定

刮削是一项精细而繁重的工作,每次刮削量很小,因此要求切削加工后所留下的刮削余量不宜太大,否则会耗费很多时间,并增加不必要的劳动量。但也不能留的过少,否则不易达到表面质量要求。刮削余量是以工件刮削面积的大小来定的。一般,如平面宽100mm~500mm,长100mm~1000mm,刮削余量为0.15mm~0.2mm;孔径小于80mm,孔长小于100mm,刮削余量为0.05mm。

2. 刮削方法的选择

刮削方法的选择取决于工件表面状况及对表面质量的要求。以平面刮削为例,可分为粗刮、细刮、精刮、刮花等。

(1)粗刮 若工件表面比较粗糙,应先用刮刀将其全部粗刮一次,使表面较平滑,以免研点时划伤检验平板。粗刮时用长柄刮刀,刀口端部要平,刮削痕迹要连成片,不可重复。刮削方向要与切削加工的刀痕约成45°。各次刮削方向应交叉,如图10-62所示。

切削加工刀痕刮除后,即可研点,并按显示出的高点进行刮削。当工件表面贴合点增至每25mm×25mm面积内4点~5点时,可开始细刮。

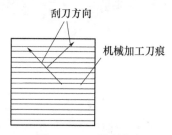

图10-62 粗刮方向

(2) 细刮　细刮是将粗刮后的高点刮去,使工件表面贴合点增加。细刮时用较短的刮刀,刀刃可稍带圆弧,刮出的刀痕短、不连续。刮削时要朝一个方向刮,每次都要刮在点子上,点子越少刮去的金属越多。刮第二遍时要成45°或60°方向交叉刮网纹,直到25mm×25mm面积内有12点~15点时,可进行精刮。

(3) 精刮　精刮刀短而窄,刀痕应短(3mm~5mm)。精刮时,将大而宽的点子全部刮去,中等点子中部刮去一小块,小点子则不刮。经过反复刮削及研点,使贴合点的数目逐渐增多,直至达到要求为止。

(4) 刮花　精刮后的刮花是为了使刮削表面美观,保证良好的润滑,还可在表面投入工作后借刀花的消失来判断平面的磨损程度。

3. 刮削注意事项

(1) 刮削前,将工件的锐边、锐角去掉,防止把手碰伤。
(2) 刮削时要拿稳刮刀,用力要均匀,以免刮刀刃两端的棱角将工件划伤。
(3) 刮削工件边缘时,不能用力过大、过猛,以免刮刀脱出工件,发生事故。

10.9　装　配

装配是将合格零件按照规定的技术要求组装成部件或机器,并经过调试使之成为合格产品的工艺过程。

装配是机器制造中的最后一道工序,是保证机器达到各项技术要求的关键,对产品质量起着决定性的作用。既使零件的加工质量很好,如果装配工艺不正确,也不能获得高质量的产品。装配不良的机器,将会使其性能降低,消耗的功率增加,使用寿命减短。

10.9.1　装配概述

1. 装配的类型与装配过程

1) 装配类型

装配类型一般可分为组件装配、部件装配和总装配。

组件装配是将两个以上的零件连接组合成为组件的过程。例如,由曲轴、齿轮等零件组成的一根传动轴系统的装配。

部件装配是将组件、零件连接组合成独立机构(部件)的过程。例如,车床主轴箱、进给箱的装配等。

总装配是将零件、组件和部件连接组合成为整台机器的过程。

2) 装配过程

机器的装配过程一般由三个阶段组成:一是装配前的准备阶段,二是装配阶段(部件装配和总装配),三是调整、检验和试车阶段。

装配时,一般是先下后上,先内后外,先难后易,先装配保证机器精度的部分,后装配一般部分。

2. 零、部件连接类型

组成机器的零、部件的连接形式很多,基本上可归纳成两类:固定连接和活动连接。每一类的连接中,按照零件结合后能否拆卸又分为可拆连接和不可拆连接,机器零、部件连接形式见表10-2。

表 10-2 机器零、部件连接形式

固定连接		活动连接	
可拆	不可拆	可拆	不可拆
螺纹、键、销等	铆接、焊接、压合、胶结等	轴与轴承、丝杠与螺母、柱塞与套筒等	活动连接的铆合头

3. 装配方法

1）完全互换法

零件按规定公差制造，具有完全互换性。装配时，在各类零件中任意取出要装配的零件，不需任何修配就可以装配，并能完全符合质量要求。装配精度由零件的制造精度保证。

2）选配法（不完全互换法）

按选配法装配的零件，在设计时其制造公差可适当放大。装配前，按照严格的尺寸范围将零件分成若干组，将对应的各组配合件装配在一起，达到要求的装配精度。

3）修配法

当装配精度要求较高，采用完全互换不够经济时，常用修正某个配合零件的方法来达到规定的装配精度。如车床两顶尖不等高，装配时可通过刮削尾架底座来达到精度要求等。

4）调整法

调整法是选定一个零件制造成多种尺寸，装配时利用它来调整到装配允许公差。调整法比修配法方便，也能达到很高的装配精度，在大批生产或单件生产中都可采用。但由于增设了调整用的零件，使部件结构显得复杂，而且刚性降低。

4. 装配前的准备工作

装配前必须认真做好以下几点准备工作：

（1）研究和熟悉产品图样，了解产品结构以及零件作用和相互连接关系，掌握其技术要求。

（2）确定装配方法、程序和所需的工具。

（3）备齐零件，进行清洗、涂防护润滑油。

10.9.2 典型零、部件装配

1. 螺纹连接

螺纹连接是一种可拆卸的固定连接，是现代机械制造中用得最广泛的一种连接形式，具有紧固可靠、装拆简便、调整和更换方便、宜于多次拆装等优点。螺纹连接常用零件有螺钉、螺母、双头螺栓及各种专用螺纹等。常见的螺纹连接类型如图 10-63 所示。

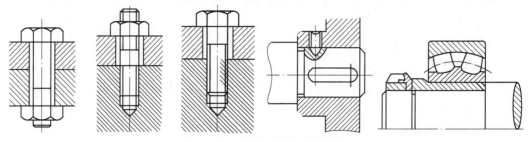

图 10-63 常见的螺纹连接类型
(a) 螺栓连接；(b) 双头螺栓连接；(c) 螺钉连接；(d) 螺钉固定；(e) 圆螺母固定。

对于一般的螺纹连接可用普通扳手拧紧。而对于有规定预紧力要求的螺纹连接,为了保证规定的预紧力,常用测力扳手或其他限力扳手以控制扭矩。测力扳手如图 10-64 所示。

在紧固成组螺钉、螺母时,应按一定的顺序拧紧,以避免被连接件的偏斜、翘曲和受力不均。图 10-65 所示为两种拧紧顺序的实例。每个螺钉或螺母不能一次完全拧紧,应按顺序分 2 次~3 次拧紧。

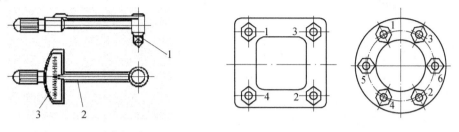

图 10-64 测力扳手
1—扳手头;2—指示针;3—读数板。

图 10-65 拧紧成组螺母顺序

零件与螺母的贴合面应平整光洁,否则螺纹容易松动。为提高贴合面质量,可加垫圈。在交变载荷和振动条件下工作的螺纹连接,有逐渐自动松开的可能,为防止螺纹松动,可用弹簧垫圈、止退垫圈、开口销和止动螺钉等防松装置,如图 10-66 所示。

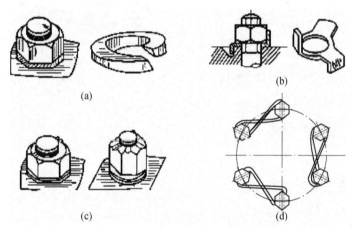

图 10-66 各种螺母防松装置
(a) 弹簧垫圈;(b) 止退垫圈;(c) 开口销;(d) 止动螺钉。

2. 滚动轴承的装配

滚动轴承的配合多数为较小的过盈配合,常用手锤或压力机采用压入法装配。为使轴承圈受力均匀,需采用垫套加压。轴承压到轴颈上时应施力于内圈端面,如图 10-67(a) 所示;轴承压到座孔中时,要施力于外环端面上,如图 10-67(b) 所示;若同时压到轴颈和座孔中时,整套应能同时对轴承内外端面施力,如图 10-67(c) 所示。

当轴承的装配是较大的过盈配合时,应采用加热装配,即将轴承吊在 80℃~90℃ 的热油中加热,使轴承膨胀,然后趁热装入。注意轴承不能与油槽底接触,以防过热。如果是装入座孔的轴承,需将轴承冷却后装入。轴承安装后要检查滚珠是否被咬住,是否有合理的间隙。

3. 齿轮的装配

齿轮装配的主要技术要求是保证齿轮传递运动的准确性、平稳性以及轮齿表面接触斑点和齿侧间隙是否合乎要求等。

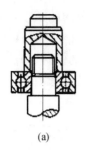 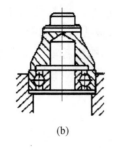 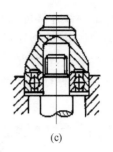

图 10-67 滚动轴承的装配

(a) 施力于内圈端面；(b) 施力于外环端面；(c) 施力于内外环端面。

轮齿表面接触斑点可用涂色法检验。先在主动轮的工作齿面涂上红丹，使相啮合的齿轮在轻微制动下运转，然后看从动轮啮合齿面上接触斑点的位置和大小，如图 10-68 所示。

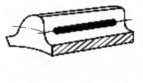 

图 10-68 用涂色法检验啮合情况

齿侧间隙一般可用塞尺插入齿侧间隙中检查。塞尺是由一套厚薄不同的钢片组成，每片的厚度都标在其表面上。

10.9.3 部件装配和总装配

1. 部件装配

部件装配通常是在装配车间的各个工段（或小组）进行的。部件装配是总装配的基础，其装配质量会直接影响到总装配和产品的质量。

部件装配的过程包括以下四个阶段：

(1) 装配前，按图样检查零件的加工情况，根据需要进行补充加工。

(2) 组合件的装配和零件相互试配。在这阶段内可用选配法或修配法来消除各种配合缺陷。组合件装好后不再分开，以便一起装入部件内。互相试配的零件，当缺陷消除后，仍要加以分开（因为它们不是属于同一个组合件），但分开后必须做好标记，以便重新装配时不会调错。

(3) 部件的装配及调整。即按一定的次序将所有的组合件及零件互相连接起来，同时对某些零件通过调整正确地加以定位。通过这一阶段，对部件所提出的技术要求都应达到。

(4) 部件的检验。即根据部件的专门用途作工作检验。如水泵要检验每分钟出水量及水头高度；齿轮箱要进行空载检验及负荷检验；有密封性要求的部件要进行水压（或气压）检验；高速转动部件还要进行动平衡检验等。只有通过检验确定合格的部件，才可以进入总装配。

2. 总装配

总装配是把预先装好的部件、组合件、其他零件，以及从市场采购来的配套装置或功能部件装配成机器。总装配过程及注意事项如下：

(1) 总装前，必须了解所装机器的用途、构造、工作原理以及与此有关的技术要求，接着确定它的装配程序和必须检查的项目。

（2）总装配执行装配工艺规程所规定的操作步骤,采用工艺规程所规定的装配工具,应按从里到外,从下到上,以不影响下道装配为原则的次序进行。操作中,不能损伤零件的精度和表面粗糙度,对重要的复杂的部分要反复检查,以免搞错或多装、漏装零件。在任何情况下,应保证污物不进入机器的部件、组合件或零件内。机器总装后,要在滑动和旋转部分加润滑油,以防运转时出现拉毛、咬住或烧损现象。最后,要严格按照技术要求,逐项进行检查。

（3）装配好的机器必须加以调整和检验。调整的目的在于查明机器各部分的相互作用及各个机构工作的协调性。检验的目的是确定机器工作的正确性和可靠性,发现由于零件制造的质量、装配或调整的质量问题所造成的缺陷。小缺陷可在检验台上加以消除,大的缺陷应将机器送到原装配处返修。修理后再进行第二次检验,直至检验合格为止。

（4）检验结束后应对机器进行清洗,随后送修饰部门上防锈漆、涂漆。

第11章 数控加工

数字程序控制机床,简称数控机床,是一种用数字化的代码作为指令,由数字控制系统进行控制的自动化机床。数控加工是根据零件图样的技术要求,按数控机床规定的代码和程序格式编写程序单,通过控制介质,经数控装置的变换发出的指令,控制机床动作,实现自动加工的过程。数控机床加工技术集微电子、计算机、信息处理、自动检测、自动控制等高新技术于一体,具有高精度、高效率、柔性自动化的特点,适于加工中小批量、改型频繁、精度要求高、形状较复杂的工件。数控机床加工的能力和数控机床的拥有量是衡量一个国家工业现代化的重要标志之一。

11.1 数控机床

11.1.1 数控机床的基本组成

数控机床一般由控制介质、计算机数控装置、伺服系统、辅助控制系统、机床主体等组成,如图11-1所示。

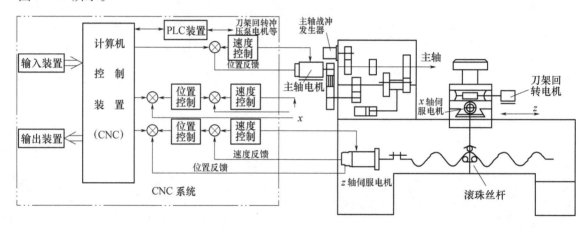

图11-1 数控机床组成示意图

1. 控制介质

控制介质是将零件的加工信息送到数控装置的信息载体。常用的控制介质有穿孔纸带、数据磁带、磁盘、光盘和USB接口介质信息载体等。随着CAD/CAM技术的发展,有些数控设备利用CAD/CAM软件在其他计算机上编码,然后通过计算机与数控系统通信技术,将程序和数据直接传送给数控装置。

2. 计算机数控装置

计算机数控装置是数控机床的中枢,一般由译码器、存储器、主控制器、显示器、输入装置、输出装置等组成。其主要功能是接受输入装置的零件加工信息,进行编译、运算和逻辑处理后,由计算机输出控制命令到伺服系统,通过伺服系统使机床按预定的轨迹运动。

3. 伺服系统

伺服系统是数控机床执行机构的驱动部件,包括驱动装置和执行机械两大部分,并与机床上的机械传动部件和执行部件组成数控机床的进给系统。伺服系统的作用是把数控系统发出的控制指令,经功率放大、整形处理后转换成机床执行部件的直线位移或角位移,加工出符合技术要求的零件。因此,伺服系统的性能是决定数控机床的加工精度、表面质量、工作效率、负载能力和稳定程度的主要因素之一。

4. 辅助控制系统

辅助控制系统是连接数控装置和机床机械、液压部件的控制系统,包括液压和气动装置、冷却系统、润滑系统、自动排屑装置、回转工作台和数控分度、防护、照明等装置。其作用是接收数据装置输出的主运动部件的变速、换向和启停、刀具选择和交换、冷却液及润滑液的启停、工件和机床部件的松开和夹紧、分度工作台的转位等辅助指令信号,经过编译、逻辑判断、功率放大后,驱动相应的电器、液压、气动和机械部件完成指令所规定的动作,如完成工作台的自动夹紧、松开,工件、刀具定位表面的自动吹屑等辅助功能。另外,行程开关和监护检测等状态信号也要经过辅助控制系统送给数控装置进行处理。

5. 机床本体

机床本体是数控机床的机械主体,是实现零件加工的执行部分,主要由传动系统、进给系统、执行部件、刀架和床身等组成。

11.1.2 数控机床的工作原理

数控机床仍采用刀具和磨具对材料进行切削加工,其本质与普通机床基本相同,但工艺流程和切削运动的控制方式与普通机床有很大的差别。

数控机床的加工是把刀具与工件的运动坐标分割成一些最小位移量,由数控系统按照零件程序的要求,以数字量作为指令进行控制,驱动刀具或工件以最小位移量做相对运动,完成工件的加工。数控机床的工作原理如图 11-2 所示。

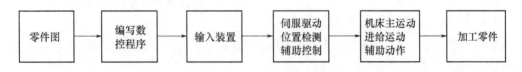

图 11-2 数控机床的工作原理

11.1.3 数控机床的特点

与普通机床相比,数控机床具有以下特点:

(1)适应性强 加工不同的零件时,只需更换加工程序,而不需对机床做任何的调整或制造专用夹具,对工件有很强的适应性和灵活性,能够完成很多普通机床难以完成,或者根本就不能加工的复杂型面的零件加工。

(2)生产效率高 数控机床具有良好的结构刚性,可采用较大的加工用量,从而节约了加工时间;生产准备周期短,安装次数少,且无需工序间的检验与测量,从而使辅助工时减少,机床的静切削时间加长。因此,数控机床的生产率比普通机床高得多,加工复杂零件时,其生产效率可提高数倍。

(3) 精度高、质量稳定　数控机床的机械传动系统和结构本身都有较高的精度,还可利用软件进行精度校正和补偿。零件的加工精度和质量是由机床来保证的,排除了操作者的人为误差影响,尤其是提高了同批零件加工尺寸的一致性,使得加工精度高、产品质量稳定。

(4) 劳动强度低,劳动条件好　数控机床的加工是由机床自动完成的,除了装卸零件,操作键盘,观察机床运行之外,工人不需要进行繁重的手工操作,使其劳动强度得以减轻,工作条件也相应得到改善。

(5) 数控机床的初期投资及维修费用较高,要求管理及操作人员的素质也较高。

11.2　数控加工编程

11.2.1　数控机床的坐标系

为了使编程和操作一致,在数控机床上对机床的坐标系进行了统一规定。国际标准化组织 ISO 规定了标准坐标系(ISO841),我国也制定了《数控机床的坐标和运动方向的命名》标准(JB 35031—1982)。

标准规定在数控机床上建立坐标系应使用右手直角笛卡儿坐标系,如图 11-3 所示。图中规定了三个移动坐标和三个回转坐标的顺序和方向,各坐标的正向为增大刀具与工件距离的方向。

(1) Z 坐标　以传递切削力的主轴为 Z 轴,坐标正向是使刀具远离工件的方向。

(2) X 坐标　在水平面内垂直于 Z 轴的直线为 X 轴,且刀具远离工件的方向为 X 轴的正方向。X 坐标是刀具或工件定位面内运动的主要坐标,平行于工件的装夹面。

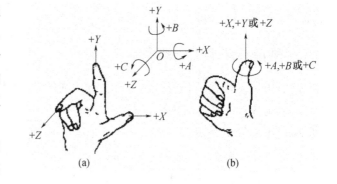

图 11-3　右手直角笛卡儿坐标系

(3) Y 坐标　根据 X 和 Z 坐标的方向,按照右手直角笛卡儿坐标系确定其方向。

(4) 旋转运动坐标 A、B 和 C 是相应地表示其轴线平行于 X、Y 和 Z 坐标的旋转运动,正向按照右手螺旋定律确定,如图 11-3(b)所示。

11.2.2　数控编程方法

利用数控机床对工件进行加工,首先要进行程序的编制,简称编程。数控编程是将加工零件的加工顺序、刀具运动轨迹的尺寸数据、加工工艺参数(主运动、进给运动速度和背吃刀量等)以及辅助操作(换刀、主轴正反转、冷却液开关、刀具夹紧和松开)等加工信息,用规定的文字、数字、符号组成的代码,按一定格式编写成加工程序。理想的加工程序不仅要加工出符合图样技术要求的合格工件,而且应使数控机床的功能达到最优化,使数控机床安全、可靠、高效地工作。在编制程序前,编程人员应充分了解数控加工的特点,了解数控机床的规格、性能,数控系统所具备的功能及程序指令格式代码。

数控编程可分为手工编程和自动编程。

1. 手工编程

手工编程由人工完成数控机床程序编制各阶段的工作,适合几何形状不太复杂的零件。手工编程是自动编程的基础,通过丰富手工编程的经验可以推动自动编程的发展。

2. 自动编程

自动编程也称计算机编程,是借助数控语言编程系统或图形编程系统,由计算机自动生成零件加工程序的过程,适用于零件形状特别复杂、不便于手工编写的数控程序。编程人员只需根据加工对象及工艺要求,借助数控语言或图形编程系统提供的图形菜单功能,对加工过程进行简单描述,由编程系统自动计算出加工运动轨迹,并输出零件数控加工程序。由于计算机可以自动绘出所编程序的图形及进给轨迹,所以能及时地检查程序的正确性并进行修改,最后通过通信接口输入数控系统。

11.2.3 数控编程内容及步骤

数控程序编制的内容和步骤如图 11-4 所示。

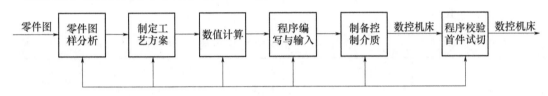

图 11-4 数控程序编制过程

各步骤具体内容如下:

(1) 图样分析　分析零件的材料、形状、尺寸、精度、批量、毛坯形状和热处理要求等,以便确定该零件是否适合在数控机床上加工,或适合在哪种数控机床上加工,同时要明确加工内容和要求。

(2) 制订工艺方案　确定零件的加工方法(如采用的工夹具、装夹定位方法等)、加工线路(如对刀点、进给路线)及切削用量(如主轴转速、进给速度和背吃刀量)等工艺参数。

(3) 数值计算　根据零件图的几何尺寸、确定的工艺路线及设定的坐标系,计算零件粗、精加工运动的轨迹,得到刀位数据。对于形状比较简单的零件(如由直线和圆弧组成的零件)的轮廓加工,要计算几何元素的起点、终点、圆弧的圆心、两几何元素的交点或切点的坐标值。如果数控装置无刀具补偿功能,还要计算刀具中心的运动轨迹坐标。对于形状比较复杂的零件(如由非圆曲线、曲面组成的零件),需要用直线段或圆弧段逼近,根据加工精度的要求由计算机计算出节点坐标值。

(4) 数控程序编写　根据加工路线、切削用量、刀具号码、刀具补偿量、机床辅助动作及刀具运动轨迹,按照数控系统使用的指令代码和程序段的格式要求编写零件的加工程序单,并校核上述两个步骤的内容,纠正其中的错误。

(5) 制作控制介质　把零件加工程序单上的内容记录在控制介质上,作为数控装置的输入信息。

（6）程序校验 将控制介质上的内容输入到数控系统中让机床空转，以检验机床的运动轨迹是否正确。在有 CRT 图形显示的数控机床上，用模拟刀具与工件切削过程的方法进行检验更为方便。但这些方法只能检验运动是否正确，不能检验被加工零件的加工精度。因此，还需要进行零件的首件试切。当发现有加工误差时，分析误差产生的原因，找出问题所在，加以修正，直至达到零件图纸的要求。

11.2.4 数控程序代码

不同的数控系统，由于所适用程序代码、编程格式不同，导致同一零件的加工程序在不同的系统中不能通用。为统一标准，国际标准化组织 ISO 和国际电工委员会 IEC 制定了国际上比较通用的数控代码标准。我国也制定了相关的 JB 3208-1983 标准，它与国际标准 IS01056-975 基本一致。但在具体执行时，不同厂家生产的数控系统，其代码含义并不完全相同，因此，编程时应按照具体机床编程手册中的有关规定来进行。

数控程序常用代码包括准备功能 G 代码和辅助功能 M 代码。

1. 准备功能指令 G 代码

准备功能 G 代码用来规定刀具和工件的相对运动轨迹、机床坐标系、坐标平面、刀具补偿和坐标偏置等多种加工操作的准备。G 指令由字母 G 及后面的两位数字组成，从 G00～G99 共有 100 种，见表 11-1。

表 11-1 准备功能 G 代码

	功能	OKUMA OSPU10M	FANUC 18-T	MITSUBISH M50L	SIEMEN
准备功能 G 指令	坐标系设定及转换	G15 Hn G16 Hn G11	G54～G59 G68	G54～G59 G61	G53～G57 G58、G59
	快速定位 直线插补 圆弧插补 暂停	G00 G01 G02、G03 G04	G00 G01 G02、G03 G04	G00 G01 G02、G03 G04	G00 G01 G02、G03 G04
	绝对、相对 公制、英制 进给 加工范围限定	G90、G91 G20、G21 G94、G95 G22、G23	G90、G91 G20、G21 G94、G95	G90、G91 G20、G21 G94、G95	G90、G91 G20、G21 G94、G95 G25、G26
	坐标平面选择	G17、G18、G19	G17、G18、G19	G17、G18、G19	G17、G18、G19
	刀具长度补偿	G53～G59	G43、G44		
	刀具半径补偿	G41、G42、G40	G41、G42、G40	G41、G42、G40	G41、G42、G40
	固定循环	G73～G89	G73～G89	G70～G89	G81～G89
	子程序调用	CALL ON	M98 Pn		Ln

2. 辅助功能指令 M 代码

辅助功能指令简称辅助功能，也叫 M 功能，表示机床的各种辅助动作和状态。M 指令由字母 M 及其后面的两位数字组成，从 M00～M99 共有 100 种，见表 11-2。

表 11-2 辅助功能 M 代码

功能		OKUMA OSPU10M	FANUC 18-T	MITSUBISH M50L	SIEMEN
辅助备功能M指令	程序停	M00	M00	M00	M00
	程序选择停	M01	M01	M01	M01
	程序结素	M02(M30)	M02(M30)	M02(M30)	M02(M30)
	主轴正反转	M03、M04	M03、M04	M03、M04	M03、M04
	主轴停	M05	M05	M05	M05
	换刀	M06	M06	M06	M06
	冷却开、关	M08、M09	M08、M09	M08、M09	M08、M09
	主轴定向停	M19	M19	M19	M19
	主轴定向停	M40~M44	M40~M44	M40~M44	M40~M44
	变速挡	M	M	M	M
刀具功能 T 指令		Tn	Tn	Tn	Tn	Tn
刀具功能 S 指令		Sn	Sn	Sn	Sn	Sn
刀具功能 F 指令		Fn	Fn	Fn	Fn	Fn

11.2.5 数控程序结构与格式

程序由程序号、程序段和其他符号组成。

数控程序由若干个程序段组成,程序段是可作为一个单位来处理的连续的字组。多个程序段用来指令机床完成某一动作。在书写、打印和光屏显示程序时,每个程序段一般占一行。

1. 程序段格式

程序段格式是指程序段中的字、字符和数据的安排形式。程序段的格式经历了三个发展过程,固定顺序格式、分隔符程序段格式和现在应用的字地址格式。字地址格式中程序段由若干个字组成,字首是一个英文字母,它称为字的地址。字的类别由地址决定。在此格式中,每个字长不确定,上一段程序中已写明,本程序段不变化的字仍然有效,不必重写。通常程序段中指令和字数排序见表 11-3。

表 11-3 程序段格式

N	G	X	Y	Z	…	…	F	S	T	M	LF
语句顺序号	准备功能字	坐标尺寸					进给功能字	主轴功能字	刀具功能字	辅助功能字	程序结束符

2. 加工程序的一般格式

加工程序一般由开始符、程序名、程序主体和程序结束指令组成。程序最后有一个程序结束符。程序开始符与程序结束符是同一个字符,在 ISO 代码中用 %,在 EIA 中是 ER。程序结束指令可用 M02(程序结束)或 M30(程序结束返回)。

11.3 数控加工常用指令及实例

FANUC-0TJ 数控系统中车削加工的程序编制中常用指令如下。

11.3.1 M 功能

辅助功能代码是用 M 及后面两位数值表示的。数控车床加工常用的 M 指令有：

(1) M00 程序停止：用于停止程序运行（主轴旋转、冷却全停）。利用 NC 启动命令，可使机床继续运转。

(2) M01 计划停止：同 M00 相似，但它应由机床"任选停止"按钮选择是否有效。

(3) M03 主轴顺时针方向旋转。

(4) M04 主轴逆时针方向旋转。

(5) M05 主轴旋转停止。

(6) M08 切削液开。

(7) M09 切削液关。

(8) M30 程序停止：程序执行完自动复位到程序起始位置。

(9) M98 调用子程序。

(10) M99 子程序结束并返回到主程序。

11.3.2 F 功能

(1) 在 G95 码状态下，F 后面的数值表示主轴每转的切削进给量或切螺纹时的螺距，在数控车床上这种进给量指令方法使用得较多。

编程格式：

G95 F __；

例如，G95F1.5(F1500) 表示进给量为 1.5mm/r。

(2) 在 G94 码状态下，表示每分钟进给量。

编程格式：

G94 F __；

例如，G94 F100 表示进给量为 100mm/min。

(3) 每转进给指令 G99 和每分钟进给指令 G98。

格式：

G99 F __；(F 单位为 mm/r)

G98 F __；(F 单位为 mm/min)

G98、G99 为模态指令，机床初始状态默认 G99。

11.3.3 T 功能

T 后面有四位数值，前两位是刀具号，后两位既是刀具长度补偿号，又是刀尖圆弧半径补偿号。例如 T505 表示 5 号刀及 5 号刀具长度和刀具半径补偿。至于刀具的长度和刀尖圆弧半径补偿的具体数值，应到 5 号刀具补偿位去查找和修改。如果后面两位数为零，例如 T300，表示取消刀具补偿状态，调用第二号刀具。

在数控加工过程中 G、M 指令用来描述工艺过程的各种操作和运动特征，国际标准 G、M 指令和我国机械工业部制定的 JB 3208-83 中指令等效。G、M 指令各有 100 种指令。G00~G99，M00~M99。

11.3.4 S功能

主轴转速控制指令 G96、G97、G50 和主轴设置 S 指令。

(1) 主轴最高转速限制(G50)。

格式:

G50 S __ ;

例如,G50 S1500 表示最高转速为 1500r/min。

(2) 恒线速度控制(G96)。

格式:

G96 S __ ;

例如,G96 S200 表示控制主轴转速,使切削点的线速度始终保持在 200m/min。根据线速度公式求得主轴转速

$$n = 1000v/(\pi d)$$

式中:v 为线速度(m/min);d 为切削点的直径(m);n 为主轴转速(r/min)。

(3) 恒线速度取消(G97)。

格式:

G97 S __ ;

例如,G97 S800 表示主轴转速为 800r/min。

当由 G96 转为 G97 时,应对 S 码赋值,未指令时,将保留 G96 指令的最终值。当由 G97 转为 G96 时,若没有 S 指令,则按前 G96 所赋 S 值进行恒线速度控制。

11.3.5 G功能

(1) 快速定位指令(G00)　指刀具从当前位置快速移动到目标点。G00 的快速移动速度由系统预先设定,控制系统对运动速度影响较大。

格式:

G00 X(U)____ Z(W)____ ;

例如可利用 G00 指令可对刀具移动过程快速定位,图 11-5 中刀具快速定位指令为:

G00 X45.0 Z5.0;

或 G00 U—45.0 W—75.0

(2) 直线插补指令(G01)　指刀具以进给速度沿直线移动到规定的位置。

格式:

G01 X ____ Z ____ F ____ ;

例如:

纵向切削(图 11-6(a)):

G01 Z—25.0 F0.2;

或

G01 W—30.0 F0.2;

横向切削(图 11-6(b)):

G01 X0 F0.2;

或

G01U—45.0 F0.2;

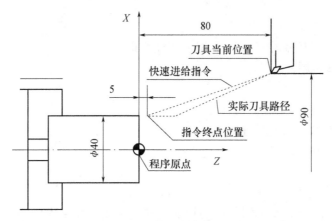

图 11-5　快速点定位 G00

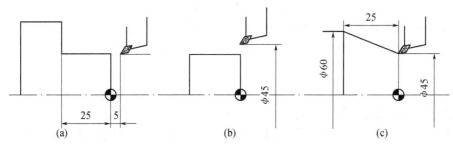

图 11-6　直线插补指令 G01
(a) 纵向切削；(b) 横向切削；(c) 锥度切削。

锥度切削(图 11-6(c))：
G01X60.0 Z—25.0 F0.2；
或
G01 U15 W-25 F0.2；
G01 在数控车床中还具有倒角(C 指令)和倒圆(R 指令)如图 11-7 和图 11-8 所示。

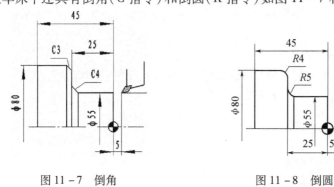

图 11-7　倒角　　　　　　图 11-8　倒圆

图 11-7 倒角编程：
G01 Z—25.0 C—4.0 F0.2；
　　X80.0 C—3.0；
　　Z—45.0
图 11-8 倒圆编程：

G01 Z—25.0 R—4.0 F0.2；
　　X—80.0 R—3.0；
　　Z—45.0
G01 Z—25.0 C—4.0 F0.2；
　　X—80.0 C—3.0；
　　Z—45.0

(3) 平面选择指令（G17、G18、G19）　在三坐标加工时，需要规定加工所在的平面，G 代码可以进行平面选择，其中 G17 代表 XY 平面、G18 代表 ZX 平面、G19 代表 YZ 平面。

$$G17 \begin{cases} G02 \\ G03 \end{cases} X\_Y\_ \begin{cases} R\_ \\ I\_J\_ \end{cases} F\_;$$

$$G18 \begin{cases} G02 \\ G03 \end{cases} X\_Z\_ \begin{cases} R\_ \\ I\_K\_ \end{cases} F\_;$$

$$G19 \begin{cases} G02 \\ G03 \end{cases} Y\_Z\_ \begin{cases} R\_ \\ J\_K\_ \end{cases} F\_;$$

其中：X、Y、Z 取值为圆弧终点坐标，可用绝对值或增量值，由 G90、G91 指定；I、J、K 取值分别为圆弧的起点到圆心 X、Y、Z 轴方向的增量；R 取值为半径值，R 为正值时，加工小于等于 180°圆弧，R 为负值时，加工大于 180°圆弧。

(4) 圆弧插补指令（G02、G03）　G02 是顺时针加工，G03 是逆时针加工。刀具进行圆弧插补时，必须规定所在平面，旋转方向规定为沿圆弧所在平面的另一坐标的负方向看去。

格式：
G02/G03 X(U)__ Z(W)__ R__ F__；
或
G02/G03 X(U)__ Z(W)__ I__ K__ F__；

其中：X(U)__ Z(W)__为圆弧终点坐标；I__ K__为圆心相对于圆心起点的增量坐标，I 为半径增量；R 为圆弧半径，圆弧≤180°时，R 为正，圆弧≥180°时，R 为负。

图 11-9 为圆弧插补编程实例。

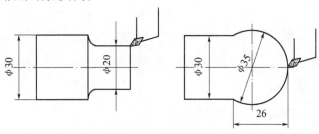

图 11-9　圆弧插补
(a) 倒角圆弧插补；(b) 轮廓圆弧插补。

图 11-9(a) 倒角圆弧插补的程序为：
G02 X30.0 Z—10.0 R10.0
G02 X30.0 Z—10.0 I10.0 K0；
图 11-9(b) 轮廓圆弧插补的程序为：
G02 X30.0 Z—26.0 R17.5
G02 X30.0 Z—26.0 I0 K17.5；

(5) 暂停指令(G04)

G04 主要功能为暂停、准停。

(6) 螺纹切削指令(G32)

G32 可切削直螺纹、直螺纹和端面螺纹。车螺纹的进刀方式有直进式和斜进式,切深可数次进给,每次进给背吃刀量用螺纹深度减去精加工背吃刀量,所得差按递减分配。G32 指令进刀方式为直进式,当用 G32 编写螺纹加工程序时,程序中应包含车刀的切入、切出和返回程序。G32 车削等距螺纹,由参数指定绝对值和增量值。螺纹切削(G32)用 G32 指令进行螺纹切削时需要指出终点坐标值及螺纹导程 F(单位为 mm)。

格式:

G32 X(U)__Z(W)____F____;

其中 $X(U)$ 省略时为圆柱螺纹切削;$Z(W)$ 省略时为端面螺纹切削;$X(U)$、$Z(W)$ 都不省略为锥螺纹切削。螺纹切削应注意在两端设置足够的升速进刀段和降速退刀段。

(7) 螺纹加工循环指令(G92) 使用 G92 功能可以有效减少 G32 螺纹加工程序长度、避免或减少程序出错。其循环路线与单一形状固定循环基本相同,循环路径中除螺纹车削为进给运动外,其余均为快速运动。

格式:直螺纹 G92 X__Z__F__;
　　　锥螺纹 G92 X__Z__R__F__;

其中:X__Z__为螺纹终点坐标;R__锥螺纹始点与终点半径差;F__为螺距。

例:图 11-10 的螺纹外径已车至 29.8mm,4×2 的槽已加工,需切削 5 次,切至小径 $d = 30 - 1.3 \times 2 = 27.4$(mm),采用 G32 指令编程如下:

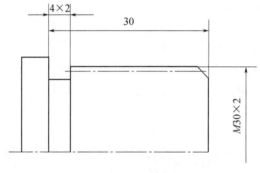

图 11-10 圆柱螺纹切削

O1;

G00 X32.0 Z5.0;　　螺纹进刀至切削起点

　　X29.1;　　　　　切进

G32 Z-28.0 F2.0;　　切螺纹

G00 X32.0;　　　　　退刀

　　Z5.0;　　　　　　返回

X28.5;　　　　　　　切进

G32 Z-28.0 F2.0;　　切螺纹

…　　　　　　　　　X 向尺寸按每次吃刀深度递减,直至终点尺寸 27.4

Z5.0;

X27.4;　　　　　　　切至尺寸

G32 Z - 28.0 F2.0;
G00 X32.0;
Z5.0;
……

当采用 G92 指令编程时,程序为:
G00 X35 Z5;
G92 X29.1 Z - 28 F2;
X28.5;
X27.9;
X27.5;
X27.4;
X27.4;

(8) 精加工循环(G70)

G70 是 G71、G72、G73 粗车后用来精加工的,可以跟在 G71、G72、G73 的后面,或全部粗车后,再进行精加工。G70 的循环结束后,刀具回到起点位置,光标进到 G70 循环的下一个程序段。

格式:
G70 P(ns) Q(nf);

其中:ns 为精加工程序组的第一个程序段顺序号;nf 为为精加工程序组的最后一个程序段顺序号。编程中应注意精车过程中的 F、S、T 在程序段 P__到 Q__之间指定;在车削循环期间,刀具(尖)半径补偿功能有效;P__到 Q__之间的程序段不能调用子程序。

(9) 外圆、内孔粗车循环(G71) G71 指令用于粗车圆柱棒料,以便去除较多的加工余量。
格式:G71 U(Δd) R(e);
G71 P(ns) Q(nf) U(Δu) W(Δw) F __ S __ T;

其中:ns 为精加工程序组的第一个程序段顺序号;nf 为为精加工程序组的最后一个程序段顺序号;Δd 为粗加工每次切深(半径编程);e 为退刀量;Δu 为 X 轴方向精加工余量;Δw 为 Z 轴方向精加工余量。

粗车过程中从程序号 P 到 Q 之间包括的任何 F、S、T 任何功能都被忽略,只有在 G71 指令中 F、S、T 功能有效。

11.3.6 综合举例

例 11 - 1 利用 FANUC0i 系统的指令编制图 11 - 11 所示工件的精加工程序(已知外形轮廓已留精车半径余量 0.4mm,刀具采用菱形刀片可转位车刀,A 点坐标为 X29.33,Z—33.6,B 点坐标为 X24.0,Z—41.79)。

O0608
G98 G40;
T01.01 M0.3 S1000;
G00 X100 Z100;
G00 X62 Z2;
X0;
G01 Z0 F60;

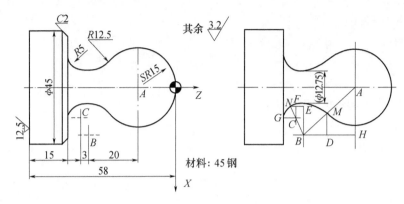

图 11-11 精车外轮廓

G03 X29.33 Z33.6 I20 K0；
G02 X24 Z41.79 R10；
G01 Z45；
G02 X34 Z50 R5；
G01 X40；
X50 Z70；
X62；
G00 X100 Z100；
M05；
M02；

例 11-2 如图 11-12 所示工件，毛坯为 φ36mm 棒料，编程加工。

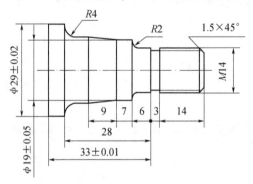

图 11-12 粗、精加工阶梯轴及螺纹

编写程序：
O8004
G50 X60 Z60；
M03 S2 T0101；　　　　　（右偏刀）
G00 X31 Z2；
G71 U1.5 R0.5；
G71 P10 Q20 U0.3 W0.1 F0.3；
N10 G00 X11；
G01 Z0；

```
        G00 Z0 F30;
            X13.8 Z—1.5;
                Z—17;
            X14;
                Z—21;
        G02 X18 Z—23 R2;
        G01 X19;
        G01 Z—28;
        X21 Z—31;
            Z—41;
        G02 X29 Z—45 R4;
N20     G01 Z—76;
        G00 X60 Z60;
        T0202;                    (刀宽3mm)
        G00 X16 Z-17;
        G01X13;
        G01X16;
        G00 X60 Z60;
        T0101;
        G00 X30 Z2;
        G70 P60 Q170;
        G00 X31 Z2;
        T0303;                    (螺纹车刀)
        G00 X18 Z2;
        G92 X13.3 Z—15 F2;
        X13;
        X12.4
        X11.8
        X11.6
        X11.5
        X11.4
        X11.4
        G00 X60 Z60;
        N530 T0202;
        G00 X31 Z5;
        G00 X31 Z—53;
        G01 X0;
        G01 X31;
        G00 X60 Z60;
        M05 T0101;
```

M30；

11.4 数控加工中心简介

加工中心是具有自动换刀功能和刀具库的可对工件进行多工序加工的数控机床。

加工中心结合了数控铣床、数控镗床、数控钻床的功能,工件一次装夹后可以连续进行多道工序加工,加工精度高,能完成许多普通机床不能完成的加工,对形状复杂、精度要求高的单件小批量多品种零件的生产更加适用。

加工中心按主轴在空间所处的状态可分为立式和卧式两种,如图11-13所示。

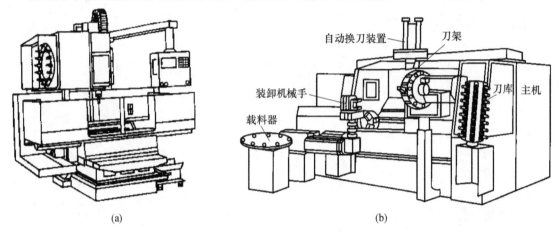

图 11-13 加工中心
(a) 立式加工中心;(b) 卧式加工中心。

立式加工中心的主轴中心线为垂直状态,具有结构简单、占地面积小、工件夹装方便,便于调试和操作、价格相对较低等特点,应用广泛。但其加工零件的高度受加工中心立柱高度的限制,对加工箱体类零件不适用。

卧式加工中心主轴中心线为水平状态,配有刀库和换刀机械手,使得加工中心的刀具选择范围大,具有能精确分度的数控回转台,可实现对零件的一次装夹多工位加工,适合于复杂零件的批量生产。

多功能加工中心兼有立式和卧式的功能,加工范围更广,但价格昂贵。

第12章 特种加工

特种加工是指非传统加工，是将电、磁、声、光、热等物理能量及化学能量或其组合直接施加于工件被加工的部位上，从而使材料被去除、累加、变形、改变性能或镀覆等的加工方法。常用的特种加工方法见表12-1。

表12-1 常用特种加工方法

加工方法	常用代号	加工能量	可加工材料	应用范围
电火花加工	EDM	电	任何导电金属材料，如硬质合金、耐热钢等	穿孔、切割、强化、型腔加工
电解加工	ECM	电化学		型腔加工、抛光、去毛刺、刻印
电解磨削	ECG	电化学机械		平面、内外圆、成形面加工
超声加工	USM	声	任何硬脆性材料	型腔加工、抛光、穿孔
激光加工	LBM	光	任何导电的金属材料	金属、非金属材料、微孔、切割、热处理、焊接、表面图形刻制等
化学加工	CHM	化学		金属材料、蚀刻图形薄板加工等
电子束加工	EBM	电		金属、非金属、微孔、切割焊接
离子束加工	IBM	电		注入、镀覆、微孔、蚀刻

与传统机械加工方法相比，特种加工的特点是：
（1）不是主要依靠机械能，而是利用其他能量形式。
（2）加工范围不受材料物理、力学性能的限制，能加工任何硬的、软的、脆的、耐热的或高熔点的金属及非金属材料。
（3）加工过程中工具和工件之间不存在显著的机械切削力，工具硬度可以低于被加工材料的硬度。
（4）易于加工复杂型面、微细表面以及柔性零件。
（5）易获得良好的表面质量，加工后产生的热应力、残余应力、冷作硬化、热影响区均比较小。

12.1 电火花加工

电火花加工又称放电加工或电蚀加工，是在加工过程中，使工具和工件之间不断产生脉冲性的火花放电，靠放电时局部瞬时产生的高温把金属蚀除下来。目前，应用最广泛的是电火花成形加工和电火花线切割。

12.1.1 电火花成形加工

1. 电火花成形加工原理

电火花加工原理如图12-1所示，其加工过程可分为四个阶段：介质电离、被击穿，形成放电通路；形成火花放电，工件电极产生熔化、气化、热膨胀；抛出蚀除物；间隙介质消电离（恢复绝缘状态)。

在加工过程中工具和工件与电源的两极相接,均浸在有一定绝缘度的流体介质中,脉冲电压加到两极之间,在工具电极向工件电极运动中,将极间最近点的液体介质击穿,形成火花放电。由于放电通道截面积很小,通道中的瞬时高温使材料熔化和气化。单个脉冲能使工件表面形成微小凹坑,而无数个脉冲的积累将工件上的高点逐渐熔蚀。随着工具电极不断地向工件作进给运动,工具电极的形状便被复制在工件上。加工过程中所产生的金属微粒,则被流动的工作液流带走。同时,总能量的一小部分也释放到工具电极上形成一定的工具损耗。

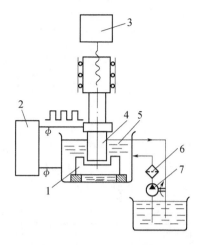

图 12-1 电火花加工设备组成
1—工件;2—脉冲电源;3—自动进给调节装置;
4—工具;5—工作液;6—过滤器;7—工作液泵。

2. 实现电火花成形加工的条件

实现电火花加工,应具备如下条件:

(1) 工具电极和工件电极之间必须维持合理的距离。若两电极距离过大,则脉冲电压不能击穿介质、不能产生火花放电;若两电极短路,则在两电极间没有脉冲能量消耗,也不可能实现电腐蚀加工。

(2) 两电极之间必须充入介质。在进行材料电火花尺寸加工时,两极间为液体介质(专用工作液或工业煤油);在进行材料电火花表面强化时,两极间为气体介质。

(3) 输送到两电极间的脉冲能量密度应足够大,以使被加工材料局部熔化或气化,从而在被加工材料表面形成一个腐蚀痕(凹坑),实现电火花加工。

(4) 放电必须是短时间的脉冲放电。由于放电时间短,使放电时产生的热能来不及在被加工材料内部扩散,从而把能量作用局限在很小范围内,保持火花放电的冷极特性。

(5) 脉冲放电需重复多次进行,并且在时间上和空间上是分散的,以避免积炭现象,进而避免发生电弧和局部烧伤。

(6) 脉冲放电后的电蚀产物能及时排放至放电间隙之外,以使重复性放电顺利进行。

3. 电火花成形加工机床

电火花成形加工机床如图 12-2 所示,主要由机床主机、工作液循环过滤系统、控制柜三大部分组成。

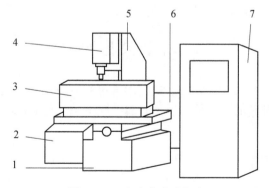

图 12-2 电火花成形机床
1—床身;2—液压油箱;3—工作液槽;4—主轴头;5—立柱;6—工作液箱;7—电源控制柜。

(1) 机床主机　主要包括床身、立柱、工作台及主轴头几部分。主轴头是电火花成形机床中关键的部件,是自动调节系统中的执行机构,对加工工艺指标的影响极大。

(2) 工作液循环过滤系统　包括工作液(煤油)箱、电动机、泵、过滤装置、工作液槽、油杯、管道、阀门以及测量仪表等。

(3) 控制柜　控制柜是完成控制、加工操作的部分,是机床的中枢神经系统。现代电火花成形机床一般采用计算机进行控制。

4. 电火花成形加工特点

相对于机械切削加工而言,电火花成形加工具有以下特点:

(1) 适于传统机械加工方法难以加工的材料。因为材料的去除是靠放电热蚀作用实现的,材料的加工性主要取决于材料的热学性质,如熔点、比热容、导热系数等,几乎与其硬度、韧性等力学性能无关。工具电极材料不必比工件硬,电极制造相对比较容易。

(2) 可加工特殊及复杂形状的工件。由于电极和工件之间没有相对切削运动,无切削力;脉冲放电时间短,材料加工表面受热影响范围比较小;可以简单地将工具电极的形状复制到工件上,因此适于低刚性、薄壁、热敏性材料及复杂形状表面的加工。

(3) 可实现加工过程自动化。加工过程中的电参数较机械量易于实现数字控制、自适应控制、智能化控制,能方便地进行粗、半精、精加工各工序,简化工艺过程。

(4) 可以改进结构设计,改善结构的工艺性。采用电火花加工后可以将拼镶、焊接结构改为整体结构,既提高了工件的可靠性,又减少了工件的体积和质量,还可缩短加工周期。

(5) 可改变零件的工艺路线。电火花加工不受材料硬度影响,可在淬火后进行加工,以避免淬火过程中产生的热处理变形。

(6) 加工速度较慢,存在电极损耗。

5. 电火花成形加工的应用

电火花成形加工可应用在穿孔加工、型腔加工、线切割加工、电火花磨削与镗磨加工、电火花展成加工、表面强化、非金属电火花加工或用于打印标记、刻字、跑合齿轮啮合件、取出折断在零件中的丝锥或钻头等方面。

1) 穿孔加工

如图 12-3 所示,穿孔加工常指贯通的等截面或变截面的二维型孔的电火花加工,如各种型孔(圆孔、方孔、多边孔、异形孔)、曲线孔(弯孔、螺旋孔)、小孔、微孔等。穿孔加工的尺寸精度主要取决于工具电极的尺寸和放电间隙。一般电火花加工后尺寸公差可达 IT7 级,表面粗糙度 R_a 值为 1.25μm。

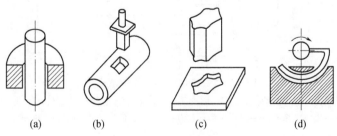

图 12-3　电火花穿孔加工
(a) 圆孔;(b) 方槽;(c) 异形孔;(d) 弯孔。

电火花加工较大孔时,一般先预制孔,留合适余量(单边余量为 0.5mm～1mm),余量太大,生产率低,电火花加工时不好定位。

直径小于 0.2mm 的孔称为细微孔。加工细微孔的效率较低,这是因为工具电极制造困难,排屑也困难,单个脉冲的放电能量须有特殊的脉冲电源控制,对伺服进给系统要求更严。电火花加工主要应用在直径为 0.3mm～3mm 的高速小孔的加工,可避免小直径钻头钻孔易折断问题。还适用于斜面和曲面上加工小孔,并可达较高尺寸精度和形状精度。

2）型腔加工

如图 12-4 所示,型腔加工一般指三维型腔和型面加工,如挤压模、压铸模、塑料模等型腔的加工及整体式叶轮、叶片等曲面零件的加工。型腔多为盲孔加工,且形状复杂,致使工作液难以循环,排出蚀除渣困难,因此比穿孔加工困难。为改善加工条件,在工具电极中间开有冲油孔,以便冷却和排出加工产物。

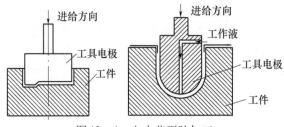

图 12-4 电火花型腔加工

12.1.2 电火花线切割

电火花线切割加工简称"线切割",是利用线状钼丝或铜丝作为电极,通过火花放电对工件进行切割加工。

1. 电火花线切割原理

电火花线切割加工原理如图 12-5 所示。被切割的工件作为工件电极,钼丝作为工具电极,脉冲电源发出一连串的脉冲电压,加到工件电极和工具电极上。钼丝与工件之间施加足够的具有一定绝缘性能的工作液。当钼丝与工件的距离小到一定程度时,在脉冲电压的作用下,工作液被击穿,在钼丝与工件之间形成瞬间放电通道,产生瞬时高温,使金属局部熔化甚至气化而被蚀除下来。若工作台带动工件不断进给,就能切割出所需要的形状。由于贮丝筒带动钼丝交替作正、反向的高速移动,所以钼丝基本上不被蚀除,可使用较长的时间。

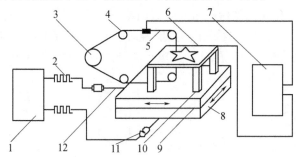

图 12-5 线切割加工原理示意图

1—数控装置；2—电脉冲信号；3—贮丝筒；4—导轮；5—钼丝；6—工件；7—脉冲电源；
8—横向工作台；9—纵向工作台；10—绝缘块；11—步进电动机；12—丝杠。

2. 电火花线切割机床

线切割机床的外形如图 12-6 所示,包括机床主机、脉冲电源和数控装置三大部分。

（1）机床主机　机床主机由运丝机构、工作台、床身、工作液系统等组成。

（2）脉冲电源　脉冲电源又称高频电源,其作用是把普通的 50Hz 交流电转换成高频率的单向脉冲电压。加工时,钼丝接脉冲电源负极,工件接正极。

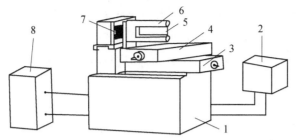

图 12-6 电火花线切割机床外形图
1—床身；2—脉冲电源；3—X向工作台；4—Y向工作台；
5—钼丝；6—丝架；7—贮丝筒；8—数控装置。

(3) 数控装置　数控装置以 PC 为核心,配备有其他一些硬件及控制软件。加工程序可用键盘输入或磁盘输入,通过它可实现放大、缩小等多种功能的加工。

3. 电火花线切割的特点

(1) 不需要制造成形电极,用简单的电极丝即可对工件进行加工。

(2) 由于电极丝很细,且机床具有间隙补偿功能,因此可以加工微细异型孔、窄缝及复杂形状的零件。

(3) 只对工件材料进行图形轮廓加工,图形中或图形外的余料还可以利用。

(4) 电极丝损耗小,切削力与热变形小,对加工精度影响小。线切割的尺寸精度可达 0.01mm~0.02mm,表面粗糙度 R_a 值可达 1.6μm。

(5) 自动化程度高,操作方便,加工周期短。

4. 电火花线切割的应用

电火花线切割可以进行外圆加工,平面加工,穿孔加工和螺旋槽加工等,适合于小批量、多品种零件的加工,广泛用于加工各种硬质合金和淬硬钢的冲模、加工样板,各种复杂的板类零件、窄缝、栅网、磁钢、钼、钨或贵金属等。

12.2　电解加工

电解加工是利用金属在电解液中发生阳极溶解反应而去除工件上多余的材料将其加工成形的一种方法,适合加工各种型腔、型面、穿孔、套料、膛线等,也可进行电解抛光、倒棱、去毛刺、切割和刻印等加工,广泛用于航空航天、模具制造等领域。

12.2.1　电解加工原理

电解加工原理如图 12-7 所示。加工时,工件接电源正极(阳极),按一定形状要求制成的工具接负极(阴极),工具电极向工件缓慢进给,并使两极之间保持较小的间隙(通常为 0.02mm~0.7mm),利用电解液泵在间隙中间通以高速(5m/s~50m/s)流动的电解液。在工件与工具之间施加一定电压,阳极工件的金属被逐渐电解蚀除,电解产物被电解液带走,直至工件表面形成与工具表面基本相似的形状为止。

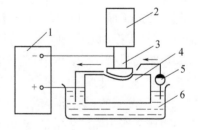

图 12-7　电解加工原理示意图
1—直流电源；2—进给机构；3—工具；
4—工件；5—电解液泵；6—电解液。

电解液可分为中性盐溶液、酸性溶液、碱性溶液三大类。中性盐溶液的腐蚀性小,使用时较安全,故应用最普遍。最常用的有 NaCl、NaNO$_3$ 和 NaClO$_3$ 三种电解液。

电解加工过程中,由于水的分解消耗,电解液的浓度逐渐变大,而电解液中的 Cl$^-$ 和 Na$^+$ 仅起导电作用,本身并不消耗,因此对于 NaCl 电解液,只要过滤干净,适当添加水分,就可长期使用。

12.2.2 电解加工特点

(1) 加工范围广 不受材料本身强度、硬度和韧性的限制,凡是导电的材料都能加工。

(2) 易加工复杂型腔,生产率高 能以简单的进给运动一次加工出形状复杂的型面和型腔,如锻模型腔、涡轮叶片等。进给速度可达 0.3mm/min~15mm/min。当电流足够大时,单位时间内将溶解去除大量的金属,加工效率为电火花加工的 5 倍~10 倍以上。

(3) 表面质量好 加工中无切削力和切削热的作用,不产生变形和残余应力、加工硬化、毛刺、飞边、刀痕等,可达到较低的表面粗糙度值(Ra 为 0.2μm~1.25μm)。适合于加工易变形或薄壁零件。

(4) 工具电极理论上无损耗,可长期使用,适合批量生产。

(5) 电解加工影响因素多,技术难度高,不易实现稳定加工和较高的加工精度。

(6) 工具电极的设计、制造和修正较麻烦,因而很难用于单件生产。

(7) 电解液对设备、工装有腐蚀作用,设备费用高,污染较严重。

12.3 超声波加工

电火花加工和电解加工都只能加工金属导电材料,无法加工不导电的非金属材料,而超声波加工不仅能加工硬质合金、淬火钢等脆硬金属材料,更适合加工玻璃、陶瓷、半导体、锗和硅片等不导电的非金属脆硬材料,同时还可以用于清洗、焊接和探伤等。

12.3.1 超声波加工原理

超声波加工是利用超声振动的工具在有磨料的液体介质中或干磨料中,产生磨料的冲击、抛磨、液压冲击及由此产生的气蚀作用来去除材料,以及利用超声振动使工件相互结合的加工方法。

超声波加工原理如图 12-8 所示。加工时在工具头与工件之间加入液体与磨料混合的悬浮液,并在工具头振动方向加上一个不大的压力,超声波发生器产生的超声频电振荡通过换能器转变为超声频的机械振动,变幅杆将振幅放大到 0.01mm~0.15mm,再传给工具,并驱动工具端面作超声振动,迫使悬浮液中的悬浮磨料在工具头的超声振动下以很大速度不断撞击抛磨被加工表面,把加工区域的材料粉碎成很细的微粒,从材料上被打击下来。与此同时,悬浮液受工具端部的超声振动作用而产生的液压冲击和空化现象促使液体钻入被加工材料的隙裂处,加速了破坏作用,而液压冲击也使悬浮工作液在加工间隙中强迫循环,使变钝的磨料及时得到更新。

"空化"现象是指当工具断面以很大的加速度离开工件表面时,加工间隙内形成负压和局部真空,在悬浮液内形成许多空腔,当工具断面以很大的加速度接近工件表面时,空腔闭合,引起极强的液压冲击波,可强化加工过程。

超声波加工常用的工具材料为不淬火的 45 钢,工具的形状和尺寸应比被加工工件的形状和

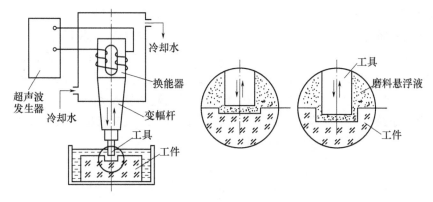

图 12－8 超声波加工原理图

尺寸相差一个加工间隙。磨料常用碳化硼、碳化硅、氧化铝和金刚石粉等。工具振动频率一般为 16kHz～25kHz，工具端部的振幅一般是 20μm～80μm。

12.3.2 超声波加工特点

（1）适用于加工脆硬材料，特别是一些不导电的非金属材料如玻璃、陶瓷、石英、硅、玛瑙、宝石、金刚石及各种半导体材料等。对导电的硬质金属材料如淬火钢、硬质合金也能加工，但生产率低。

（2）因去除加工余量是靠磨料瞬时局部的撞击作用，工具对加工表面宏观作用力小，热影响小，不会引起工件变形和烧伤，适于加工薄壁、窄缝、深小孔、低刚度和形状复杂的工件。

（3）加工功率消耗低、精度高。尺寸精度可达 0.005mm～0.02mm，表面粗糙度 R_a 值可达 0.05μm～0.2μm。

（4）可采用比工件软的材料做成形状复杂的工具。

（5）超声波加工设备一般结构比较简单，操作维修方便。

12.3.3 超声波加工的应用

1. 型孔和型腔的加工

超声波目前主要应用在脆硬材料的圆孔、型孔、型腔、套料、微细孔等加工。

2. 切割加工

对于难以用普通加工方法切割的脆硬材料，如陶瓷、石英、硅、宝石等，用超声波加工具有切片薄、切口窄、精度高、生产率高、经济性好等优点。

3. 超声波清洗

其原理是基于清洗液在超声波作用下产生空化效应的结果。空化效应产生的强烈冲击液直接作用到被清洗的部位，使污物遭到破坏，并从被清洗表面脱落下来。此方法主要用于几何形状复杂、清洗质量要求高而用其他方法清洗效果差的中小精密零件，特别是工件上的深小孔、微孔、弯孔、盲孔、沟槽、窄缝等部位的精清洗，生产率和净化率都很高。在半导体和集成电路元件、仪器仪表零件、电真空器件、光学零件及医疗器械等清洗中应用广泛。

4. 超声波焊接

超声波焊接是利用超声振动作用去除工件表面的氧化膜，使工件露出本体表面，使两个被焊工件表面在高速振动撞击下摩擦发热并黏在一起。它可以焊接尼龙、塑料及表面易生成氧化膜的铝制品，还可以在陶瓷等非金属表面挂锡、挂银，从而改善这些材料的可焊性。

5. 复合加工

超声波加工硬质合金、耐热合金等硬质金属材料时加工速度低,工具损耗大。为了提高加工速度和降低工具损耗,可采用超声波、电解加工或电火花加工相结合来加工喷油嘴、喷丝板上的孔或窄缝,这样可大大提高生产率和质量。在切削加工中引入超声波振动即超声振动切削(如对耐热钢、不锈钢等硬韧材料进行车削、钻孔、攻螺纹时),可以降低切削力,降低表面粗糙度值、延长刀具使用寿命及提高生产率等。目前,在国内应用较多的主要有超声振动车削、超声振动磨削、超声振动加工深孔、小孔和攻丝、铰孔等。

12.4 高能束加工

高能束加工技术以高能量密度束流为热源与材料作用,从而突现材料的去除、连接和变形。常用的高能束加工方法主要是激光加工、电子束加工、离子束加工等。

高能束加工的共同特点是:

(1) 加工速度快,热流输入少,对工件热影响极少,工件变形小。

(2) 束流能够聚焦且有极高的能量密度,激光加工、电子束加工可使任何坚硬、难熔的材料在瞬间熔融汽化,而离子束加工是以极大能量撞击零件表面,使材料变形、分离破坏。

(3) 工具与工件不接触,无工具变形及损耗问题。

(4) 束流控制方便,易实现加工过程自动化。

12.4.1 激光加工

1. 激光加工原理

激光加工(LBM)是利用能量密度很高的激光束使工件材料熔化、蒸发和气化而去除的高能束加工。

激光加工原理如图12-9所示。通过光学系统将激光束聚焦成尺寸与光波波长相近的极小光斑,其功率密度可达$10^7 W/cm^2 \sim 10^{11} W/cm^2$,温度可达10000℃,将材料在瞬间($10^{-3}$s)熔化和蒸发而形成小凹坑。同时,工件表面不断吸收激光能量,凹坑处的金属蒸汽迅速膨胀,压力猛然增大,熔融物被产生的强烈冲击波喷溅出去,在被加工表面上打出一个上大下小的孔,从而蚀出材料达到加工的目的。

2. 激光加工设备

激光加工设备由激光器、激光电源、光学系统、机械系统及控制系统五大部分组成,其结构原理如图12-10所示。

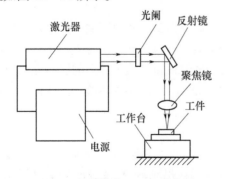

图12-9 激光加工原理示意图

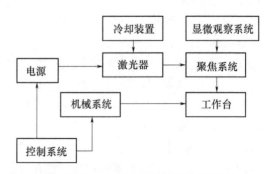

图12-10 激光加工设备结构示意图

激光器是激光加工的重要组成部分,其作用是将电能转变成光能,产生所需要的激光束,它主要包括工作物质、光泵、聚光器和谐振腔等。激光器电源是向激励光源提供发光能源的,采用脉冲式供电方式。完整的光学系统包括焦点的位置调节和显微观察二部分,其作用是引导激光束至工件表面,并在加工部位获得所需的光斑形状、尺寸及功率密度,同时,瞄准加工部位、显微观察加工过程以及加工零件。机械系统包括床身和工作台。控制系统包括数控定位系统,适时控制和能量检测。

3. 激光加工特点

(1) 激光加工属非接触加工,无明显机械力,也无工具损耗,工件不变形,加工速度快,热影响区小,可达高精度加工,易实现自动化。

(2) 因功率密度是所有加工方法中最高的,所以不受材料限制,几乎可加工任何金属与非金属材料。

(3) 激光加工可通过惰性气体、空气或透明介质对工件进行加工,如可通过玻璃对隔离室内的工件进行加工或对真空管内的工件进行焊接。

(4) 激光可聚焦形成微米级光斑,输出功率大小可调节,常用于精密细微加工,最高加工精度可达 0.001mm,表面粗糙度 Ra 值可达 $0.1\mu m \sim 0.4\mu m$。

(5) 能源消耗少,无加工污染。

4. 激光加工的分类及应用

根据激光束与材料相互作用的机理,大体可将激光加工分为激光热加工和光化学反应加工两类。激光热加工是指利用激光束投射到材料表面产生的热效应来完成加工过程,包括激光焊接、激光切割、表面改性、激光打标、激光钻孔和微加工等;光化学反应加工是指激光束照射到物体,借助高密度高能光子引发或控制光化学反应的加工过程,包括光化学沉积、立体光刻、激光刻蚀等。

1) 激光打孔

激光打孔主要用于特殊材料或特殊工件上的孔加工,如仪表中的宝石轴承、陶瓷、玻璃、金刚石拉丝模等非金属材料和硬质合金、不锈钢等金属材料的细微孔的加工。

激光打孔的效率非常高,其打孔时间甚至可缩短至传统切削加工的1%以下。激光打孔的尺寸公差等级可达 IT7,表面粗糙度 Ra 值可达 $0.08\mu m \sim 0.16\mu m$。

2) 激光焊接

激光焊接是利用激光产生的高密度热能把接口双方的材料熔化后再凝结成一体。其特点主要有加热速度快且集中,热影响区小,应力及变形小;可通过透明介质向受热面输送能量,因此可进行特殊焊接;适于对难焊或不相容的金属进行焊接;能得到很高的熔深,并且焊缝无杂质、无污染,接头质量好;可以高速度焊接复杂工件,易于控制和自动化;由于激光束光斑极小,所以可进行微型焊,可精确定位,焊点的直径和厚度可达微米级。由于激光焊具有以上这些突出的优点,使得激光焊的应用非常广泛。

3) 激光切割

激光切割是利用聚焦以后高功率密度($10^5 W/cm^2 \sim 10^7 W/cm^2$)激光束连续照射工件,光束能量以及活性气体辅助切割过程附加的化学反应热能均被材料吸收,引起照射点材料温度急剧上升,到达沸点后材料开始汽化,并形成孔洞,且光束与工件相对移动,使材料形成切缝,切缝处熔渣被一定压力的辅助气体吹除。激光切割是激光加工中应用最广泛的一种,主要是其切割速度快、质量高、省材料、热影响区小、变形小、无刀具磨损、没有接触能量损耗、噪音小、易实现自动化,而且还可穿透玻璃切割真空管内的灯丝。不足之处是一次性投资较大,且切割深度受限。

4) 激光表面热处理

当激光能量密度在 $10^3 W/cm^2 \sim 10^5 W/cm^2$ 左右时,对工件表面进行扫描,在极短的时间内加热到相变温度(由扫描速度决定时间长短),工件表层由于热量迅速向内传导快速冷却,实现了工件表层材料的相变硬化(激光淬火)。与其他表面热处理比较,激光热处理工艺简单,生产率高,工艺过程易实现自动化;一般无须冷却介质,对环境无污染,对工件表面加热快,冷却快,硬度比常温淬火高 15%~20%;耗能少,工件变形小,适合精密零件局部表面硬化及内孔或形状复杂零件表面的局部硬化处理。但激光表面热处理设备费用高,工件表面硬化深度受限,因而不适于加工大负荷的重型零件。

5) 其他应用

近年来,各行业中对激光合金化、激光抛光、激光冲击硬化、激光清洗模具技术也在不断深入研究及应用中。

12.4.2 电子束加工

1. 电子束加工原理

如图 12-11 所示,电子束加工是在真空条件下,利用电子枪中产生的电子经加速、聚焦后形成能量密度为 $10^6 W/cm^2 \sim 10^9 W/cm^2$ 的极细束流高速冲击到工件表面上极小的部位,并在几分之一微秒时间内,其能量大部分转换为热能,使工件被冲击部位的材料达到几千摄氏度,致使材料局部熔化或蒸发,来去除材料。

图 12-11 电子束加工原理图
1—发射阴极;2—控制栅极;
3—加速阳极;4—聚焦系统;
5—电子束斑点;6—工件;
7—工作台。

2. 电子束加工特点

(1) 高功率密度,属非接触式加工,工件不受机械力作用,很少产生宏观应力变形,同时也不存在工具损耗问题。

(2) 电子束强度、位置、聚焦可精确控制,电子束通过磁场和电场可在工件上以任何速度行进,便于自动化控制。

(3) 环境污染少,适于加工纯度要求很高的半导体材料及易氧化的金属材料。

3. 电子束加工应用

1) 电子束打孔

可加工不锈钢、耐热钢、宝石、陶瓷、玻璃等各种材料上的小孔、深孔。最小加工直径可达 0.003mm,最大深径比可达 10。

2) 电子束切割

可对各种材料进行切割,切口宽度仅有 $3\mu m \sim 6\mu m$。利用电子束再配合工件的相对运动,可加工所需要的曲面。

3) 光刻

当使用低能量密度的电子束照射高分子材料时,将使材料分子链被切断或重新组合,引起分子量的变化即产生潜像,再将其浸入溶剂中将潜像显影出来。把这种方法与其他处理工艺结合使用,可实现在金属掩膜或材料表面上刻槽。

4) 其他应用

用计算机控制,对陶瓷、半导体或金属材料进行电子刻蚀加工;异种金属焊接;电子束热处理等。

12.4.3 离子束加工

1. 离子束加工原理

如图 12-12 所示,离子束加工是在真空条件下利用离子源(离子枪)产生的离子经加速、聚焦形成高能的离子束流投射到工件表面,使材料变形、破坏、分离以达到加工目的。因为离子带正电荷且质量是电子的千万倍,且加速到较高速度时,具有比电子束大得多的撞击动能,因此,离子束撞击工件将引起变形、分离、破坏等机械作用,而不像电子束是通过热效应进行加工。

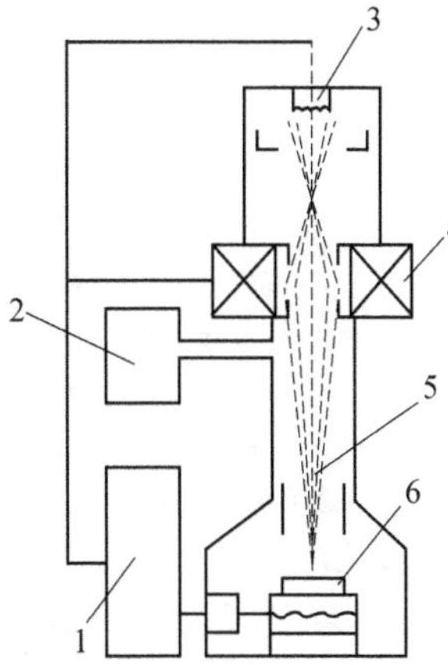

2. 离子束加工特点

(1) 加工精度高,这是因为离子束流密度和能量可得到精确控制。

(2) 是在较高真空度下进行加工,环境污染少。特别适于加工高纯度的半导体材料及易氧化的金属材料。

图 12-12 离子束加工原理图
1—电源及控制系统;2—抽真空系统;
3—电子枪系统;4—聚焦系统;
5—电子束;6—工件。

(3) 加工应力小,变形极微小,加工表面质量高,适于各种材料和低刚度零件的加工。

3. 离子束加工应用

离子束加工方式包括离子蚀刻、离子溅射沉积、离子镀膜和离子注入等。

1) 离子刻蚀

当所带能量为 0.1keV~5keV、直径为十分之几纳米的氩离子轰击工件表面,此高能离子所传递的能量超过工件表面原子(或分子)间键合力时,材料表面的原子(或分子)被逐个溅射出来,以达到加工目的。这种加工本质上属于一种原子尺度的切削加工,通常又称为离子铣削。离子刻蚀可用于加工空气轴承的沟槽、打孔、加工极薄材料及超高精度非球面透镜,还可用于刻蚀集成电路等的高精度图形。

2) 离子溅射沉积

采用能量为 0.1keV~5keV 的氩离子轰击某种材料制成的靶材,将靶材原子击出并令其沉积到工件表面上并形成一层薄膜。实际上此法为一种镀膜工艺。

3) 离子镀膜

离子镀膜一方面是把靶材射出的原子向工件表面沉积,另一方面还有高速中性粒子打击工件表面以增强镀层与基材之间的结合力(可达 10MPa~20MPa)。此法适应性强、膜层均匀致密、韧性好、沉积速度快,目前已获得广泛应用。

4) 离子注入

用 5keV~500keV 能量的离子束,直接轰击工件表面,由于离子能量相当大,可使离子钻进被加工工件材料表面层,改变其表面层的化学成分,从而改变工件表面层的机械物理性能。此法不受温度及注入何种元素及粒量限制,可根据不同需求注入不同离子(如磷、氮、碳等)。注入表面元素的均匀性好,纯度高,其注入的粒量及深度可控制,但设备费用大、成本高、生产率较低。

参 考 文 献

[1] 孔德音. 金工实习[M]. 北京:机械工业出版社,2002.
[2] 付水根,李双寿. 机械制造实习[M]. 北京:清华大学出版社,2009.
[3] 柳秉毅. 金工实习[M]. 北京:机械工业出版社,2009.
[4] 李建明. 金工实习[M]. 北京:高等教育出版社,2010.
[5] 邓文英. 金属工艺学[M]. 北京:高等教育出版社,2008.
[6] 张远明. 金属工艺学实习教材[M]. 北京:高等教育出版社,2003.
[7] 廖维奇,王杰,刘建伟. 金工实习[M]. 北京:国防工业出版社,2008.
[8] 刘新佳. 金属工艺学实习教材[M]. 北京:高等教育出版社,2008.
[9] 郭永环,姜银方. 金工实习[M]. 北京:北京大学出版社,2006.
[10] 杜素梅. 机械制造基础[M]. 北京:国防工业出版社,2012.
[11] 尚可超. 金工实习教程[M]. 西安:西北工业大学出版社,2007.
[12] 张付春,李宏穆,朱江. 金工实习教材[M]. 成都:西南交通大学出版社,2003.
[13] 高正一. 金工实习教程[M]. 北京:机械工业出版社,2003.
[14] 宋瑞宏,施昱. 金工实习[M]. 北京:国防工业出版社,2010.
[15] 王东升. 金属工艺学[M]. 杭州:浙江大学出版社,2006.
[16] 李作全,魏德印. 金工实训[M]. 武汉:华中科技大学出版社,2008.
[17] 张学政,李家枢. 金属工艺学实习教材[M]. 北京:高等教育出版社,2004.
[18] 吕烨. 热加工工艺基础与实习[M]. 北京:高等教育出版社,2004.
[19] 陈琴珠,等. 机械制造基础实习[M]. 上海:华东理工大学出版社,2008.
[20] 张忠诚,李志永,等. 金工实习教程[M]. 北京:兵器工业出版社,2011.
[21] 黄明宇,徐钟林. 金工实习[M]. 北京:机械工业出版社,2009.
[22] 刘胜青,陈金水. 工程训练[M]. 北京:高等教育出版社,2010.
[23] 王瑞芳. 金工实习[M]. 北京:机械工业出版社,2002.
[24] 贾慈力. 机械制造基础实训教程[M]. 北京:机械工业出版社,2007.
[25] 清华大学金属工艺学教研组. 金属工艺学实习教材[M]. 北京:高等教育出版社,1984.
[26] 张力真,徐允长. 金属工艺学实习教材[M]. 北京:高等教育出版社,1992.
[27] 陈寿祖,郭晓鹏. 金属工艺学[M]. 北京:高等教育出版社,1997.
[28] 邓文英,宋力宏. 金属工艺学[M]. 北京:高等教育出版社,2008.
[29] 朱征. 机械工程材料[M]. 北京:国防工业出版社,2010.